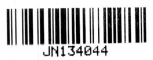

口絵 1　歌川国芳の浮世絵《うき世又平 女房於とく》(黒木・塚本, 2011 より)

口絵 2　京都・三嶋神社の鰻絵馬

口絵 3　毎年 5 月 13 日に瑞巌寺（宮城県松島町）境内にて開催される鰻供養祭（写真：黒木真理）

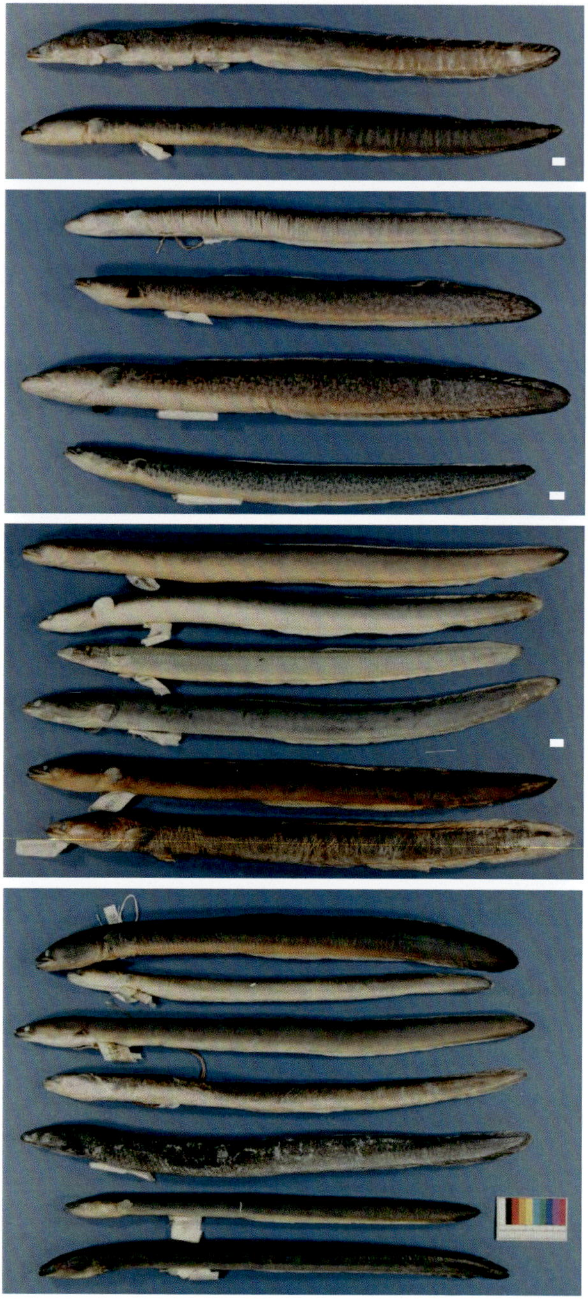

口絵 4　外部形態から識別できるウナギ属魚類の4つのグループ

第1群：*Anguilla interioris*, *A. megastoma*（上から順に），

第2群：*A. bengalensis bengalensis*, *A. marmorata*（2個体），*A. reinhardtii*

第3群：*A. borneensis*, *A. japonica*, *A. anguilla*（2個体），*A. mossambica*, *A. dieffenbachii*

第4群：*A. bicolor pacifica*, *A. bicolor bicolor*（2個体），*A. obscura*, *A. australis schmidtii*, *A. australis australis*（2個体）

スケールバーは1cmで，カラーバーのスケールは5cm.

口絵5　ニホンウナギの人工受精卵

口絵6　ニホンウナギの孵化の瞬間（人工授精卵）

口絵7　マリアナの産卵場付近で採集されたプレレプトセファルス．上は孵化後2日，下は5日と耳石日周輪解析から推定された．

口絵 8　1991 年 7 月，フィリピン海中央部で採集されたニホンウナギのレプトセファルス（上から全長 9.8，21.6，33.5mm）.

口絵 9　ニホンウナギの人工レプトセファルス

口絵 10　豊川上流の寒狭川で採集された降海時の銀ウナギ．大きさから判断しておそらくメス．

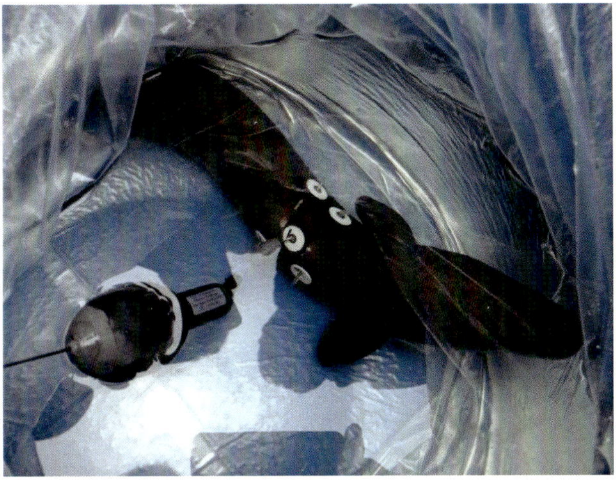

口絵 11　ポップアップタグを装着させた銀ウナギ

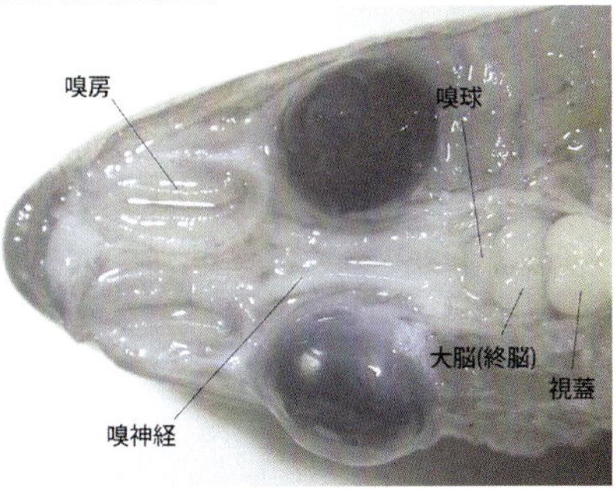

口絵 12　ウナギの頭部
皮膚と頭蓋骨を解剖して，嗅覚器と脳を露出したもの．

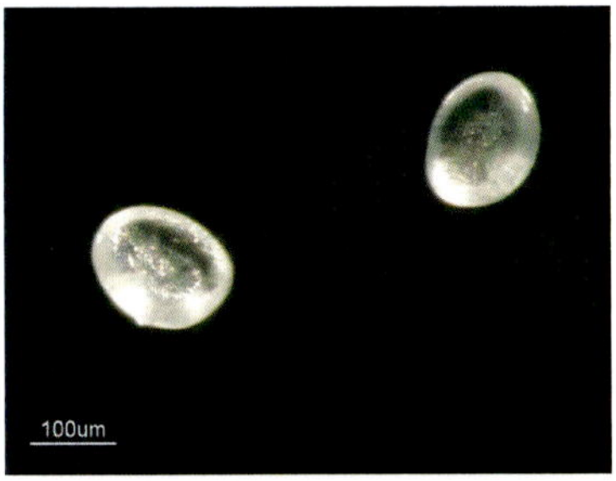

口絵 13　シラスウナギの耳石（左）とレプトセファルスの耳石断面(下：走査型電子顕微鏡写真)
1日1本ずつできる日周輪がみえる．これを解析して日齢・孵化日・成長率などの生活史特性がわかる（写真：黒木真理）．

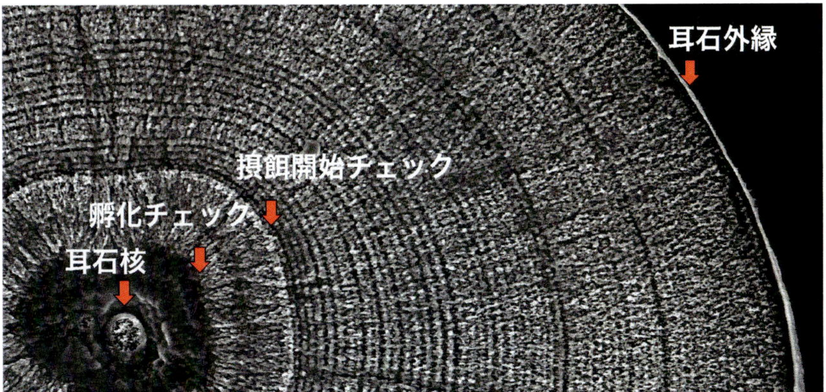

口絵 14　オオウナギ（左）とオオウナギの上顎の歯帯（右）（写真：黒木真理）

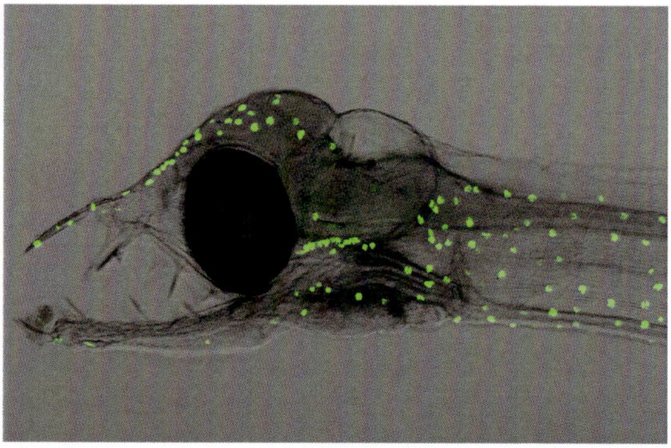

口絵 15　ウナギ仔魚の体表の塩類細胞（会田・金子編, 2013）［p.93, 図 3.13 参照］
ウナギの孵化仔魚は鰓が未発達だが, 塩類細胞は体表に広く分布する.

口絵 16　ニホンウナギの黄ウナギと銀ウナギ（Okamura *et al.*, 2007）［p.108, 図 3.22 参照］
上から銀化の進行順に Y1, Y2（黄ウナギ）, S3, S4（銀ウナギ）.

口絵 17　有明海のウナギ掻き漁(写真提供：中尾勘悟氏)

口絵 18　インドネシアでのシラスウナギ漁の様子(写真：吉永龍起，インドネシア・ジャワ島 Pelabuhan Ratu にて 2017 年 1 月撮影)

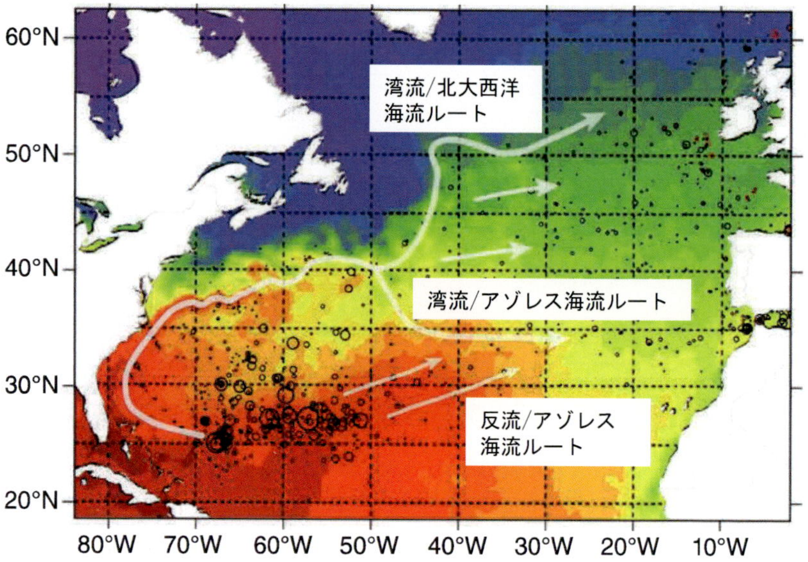

口絵 19　幼生分布から推定した北大西洋におけるヨーロッパウナギとアメリカウナギの分散過程（Miller *et al.* を改変）［p.140，図 4.12 参照］

図中の黒点は小型幼生が採取された地点を示す．カラースケールは水温の相対値．

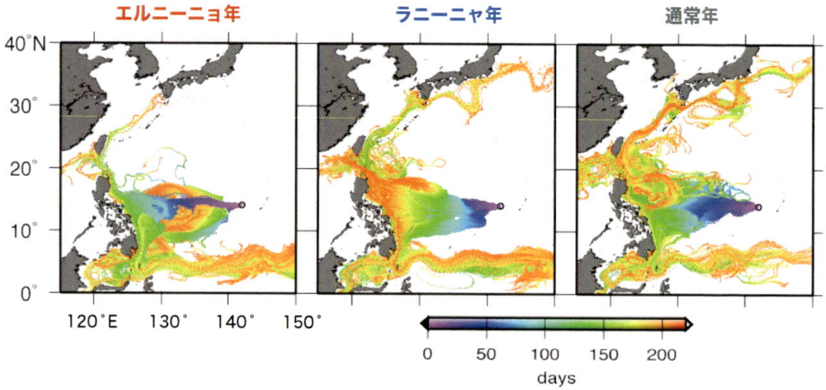

口絵 20　ENSO（エルニーニョ・南方振動）と対応したニホンウナギの輸送分散過程（Zenimoto *et al.*, 2009 を改変）［p.141，図 4.13 参照］

産卵場の丸印は粒子の投入点を示し，カラースケールは産卵してからの経過日数を示す．

シリーズ 水産の科学 ②

良永知義［総編集］

ウナギの科学

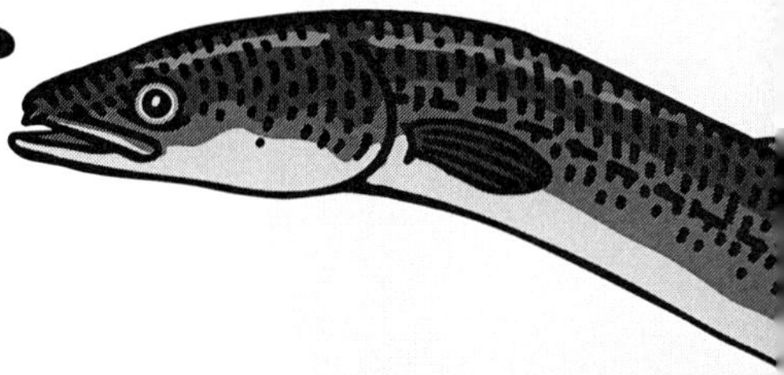

塚本勝巳［編著］

朝倉書店

はじめに

人はいつ頃からウナギを食べるようになったのだろうか．おそらくわれわれの祖先がアフリカの森の樹上から地上に降り立ったとき，すぐに食べ始めたのではないかと思われる．川岸の浅瀬でのんびりと昼寝をしていた，ちょっと気持ち悪い生き物を素手で捕まえ，恐る恐る食べてみたのがその始まりかもしれない．ウナギという生き物の起源は古く，今から数千万年前とも1億年前ともいわれている．たかだか100万年単位で語られるわれわれ人類の歴史に比べれば，ずっと昔からこの地球に住み暮らしてきた，いわばこの地球で大先輩の生き物である．

当時川で比較的簡単に捕獲できたウナギは，生で食べた場合，粘液や血液に含まれる弱い毒に多少あたって腹を下したりしたかもしれないが，それでも人々の空腹を癒やし，貴重な食料資源になっていったに違いない．食べ物として利用するから，ウナギは人にとって特別な生き物になっていった．ヘビに似たその体つきや強靱な生命力から，いつしかこの魚のもつ高栄養にも気づいて滋養強壮の食べ物として珍重し，神秘的な力を備えた生き物として畏敬の念をもって接するようになっていった．また，魚であるにもかかわらず長時間の陸上移動ができる超能力や，身体を覆う多量の粘液，さらには何となくユーモラスな動きから，様々な伝説やことわざ，神話や文化が生まれ，われわれの生活の中に根づいていった．

一方で，人はウナギの謎の生態に深く魅了されてきた．川や池にいる身近なウナギが一体どこで卵を産むのか，広い大洋でウナギの雄と雌はどのように繁殖相手を見つけるのか，そもそもなぜ，何千 km もの大回遊をしなければならなくなったのか，多くの不思議がある．近年，海洋におけるウナギの産卵生態や回遊生態の研究は大きく進展しつつあるが，まだまだ多くの解明すべき問題が残っている．また，比較的観察が容易な川における生活にしても，興味深い研究課題が山積している．最新の電子機器を駆使して，ウナギの回遊行動や活動リズムに関して新しい取り組みも始まった．ウナギは限りなく興味深い研究対象であるといえる．

しかし今，ウナギの資源は世界的に大きく減少している．その原因を明らかにして，適切な対策を講じなければ，大切な食資源の一つが絶えてしまうことさえあるかもしれない．事実，国際自然保護連合はヨーロッパウナギ，ニホンウナギ，アメリカウナギ，ボルネオウナギの4種を絶滅危惧種に指定している．

しかし，ウナギの保全は容易ではない．まず，ウナギが何千kmもの大規模な回遊を行うため，その間に様々な要素が資源変動に関係し，原因の特定が難しいのである．次に,温帯ウナギは分布域が広く,多国に跨がる国際資源であるため,各国で足並みが揃わず，実効性ある行政措置を講じにくい点もあげられる．さらに，地球温暖化やエルニーニョなど人の力ではいかんともしがたい全球規模の自然現象が資源減少にかかわっていることも，資源回復を困難にしている．そして何よりも，美味なるがゆえにわれわれは大量消費を止めることができず，高価なるがゆえに乱獲や不正な経済行為が後を絶たないことが問題である．

ウナギ資源の保全を実現するには，ウナギの様々な側面を包括的に理解した上で，その生活史全般にわたる総合的な長期保全構想を打ち立てることが必要である．包括的理解とは，ウナギという生き物の自然科学だけでなく，これをとりまく様々な自然環境や政治・経済に関する社会科学的問題，それに人とウナギのかかわりや文化に関する人文科学的側面も全てひっくるめて研究した結果として得られる深い理解のことだ．すなわち,ウナギに関するあらゆる科学を統合した「ウナギ学」の確立と普及が必要なのである．「ウナギ学」確立の過程で，100年後のウナギ資源を見通した総合保全計画が生まれてくるはずである．

そこで本書はウナギの全貌を理解することを目的に，現在わかっているウナギの自然科学の最先端知識を丹念に網羅した．これに加え，人文科学，社会科学などあらゆる分野のウナギ研究も紹介した．つまり,ウナギの総合科学「ウナギ学」を広く世に伝えることを目指した．本書によってウナギに関する総合的理解が社会に浸透し，社会全体で共有できれば，それは孫子の代まで続く食文化の継承と資源の持続的利用に繋がるものと期待される．また本書は，難しい内容でも平易に伝えることに努め，農学水産系・食品系の学部学生のみならず魚や水産食品に関心をもつ一般の方々も対象としている．この『ウナギの科学』一冊を読めばウナギの現在の全体像がわかることを狙いとしている．いつもお手元においていただき，ウナギに関する疑問がわく度に頁をめくっていただければ幸いである．

2019年5月

塚 本 勝 巳

編著者

塚本勝巳　東京大学名誉教授

執筆者

相原　修　ハリウッド大学院大学

青山　潤　東京大学大気海洋研究所

足立伸次　北海道大学大学院水産科学研究院

井尻成保　北海道大学大学院水産科学研究院

板倉　光　メリーランド大学環境科学センター

井上　潤　国立遺伝学研究所

岡村明浩　株式会社いらご研究所

香川浩彦　宮崎大学名誉教授

金子豊二　東京大学大学院農学生命科学研究科

木下滋晴　東京大学大学院農学生命科学研究科

木村伸吾　東京大学大学院新領域創成科学研究科／大気海洋研究所

黒木真理　東京大学大学院農学生命科学研究科

坂本　崇　東京海洋大学学術研究院

篠田　章　東京医科大学医学部

白石広美　TRAFFIC

須藤竜介　水産研究・教育機構増養殖研究所

都木靖彰　北海道大学大学院水産科学研究院

田中秀樹　近畿大学水産研究所

田中　眞　前 静岡県水産技術研究所所長

塚本勝巳　東京大学名誉教授

筒井繁行　北里大学海洋生命科学部

萩尾華子　名古屋大学大学院理学研究科

萩原聖士　東京大学大学院農学生命科学研究科

半田岳志　水産研究・教育機構水産大学校

福田野歩人　水産研究・教育機構中央水産研究所

堀江則行　株式会社いらご研究所

三河直美　株式会社いらご研究所

峰岸有紀　東京大学大気海洋研究所

望岡典隆　九州大学大学院農学研究院

山川　卓　東京大学大学院農学生命科学研究科

山田祥朗　株式会社いらご研究所

山本敏博　水産研究・教育機構中央水産研究所

山本直之　名古屋大学大学院生命農学研究科

横内一樹　水産研究・教育機構中央水産研究所

吉永龍起　北里大学海洋生命科学部

良永知義　東京大学大学院農学生命科学研究科

良永裕子　麻布大学生命・環境科学部

渡邊　俊　近畿大学農学部

渡邊壮一　東京大学大学院農学生命科学研究科

（五十音順）

目　　次

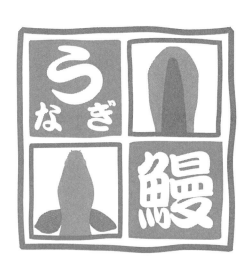

1 人 文 科 学

1.1 人とウナギ

ウナギは人にとって特別な魚である．川や池で見かけるこの生き物は，その独特の形態や生態で人々の知的好奇心を掻き立てる．一方で，古くから人気のある食べ物として多様な食文化を生み出してきた．身近ながら，謎めいた習性や行動をもつがゆえに，慣用句やことわざになり，伝説や信仰の世界にも登場するようになった．われわれはウナギとどんなかかわりをもち，どのように付き合ってきたのだろうか．

1.1.1 呼び名

ウナギは形態がヘビに似ているので，その呼称はヘビという単語から変化したものが多い．古代ギリシャ語のウナギ ἔγχελυς（enkhelūs）は，ヘビを指す ἔχις（ekhis）に由来し，ラテン語のウナギ anguilla もヘビの anguis が変化したものである．これはウナギ属の学名 *Anguilla* にもなっている．広大な領土を誇ったローマ帝国の名残であろうか，ヨーロッパ諸国にはラテン語の anguilla から派生したウナギの呼称が多い（表 1.1）．

日本語の「ウナギ」の語源には諸説ある．よくいわれるのは，ウナギの胸にあたる体の部分が黄色であることから「胸黄《むねぎ》」が「むなぎ」に変じて，ウナギになったという説である．また体形の特徴から身が長いという意味の「みなが」と呼ばれ，これが次第に訛って最終的にウナギになったという説，さらには，古民家の屋根に架けられた太くて黒々とした「棟木《むなぎ》」がウナギのようにみえるので，ここから派生したとする説もある．

日本では地域や形態によってウナギを指す呼び名が数多くある．1958 年刊行の『日本魚名集覧』によると，アオ，シロ，スジ，ビリ，リンズ，ギラ，ボク，

表 1.1　様々な言語におけるウナギの呼称

アイスランド語	Áll	ポルトガル語	Enguia	ポーランド語	Wegorz
フェロー語	Álakálvur	イタリア語	Anguilla	スロバキア語	Úhor
アイルランド語	Eacann	ハンガリー語	Angolna	ロシア語	Ugor'
マン島語	Astan	ルーマニア語	Anghila	トルコ語	Yilan balyghi
ウェールズ語	Llsywen	ブルガリア語	Zmiorca	ペルシャ語	Mar Mahi Ma'muli
英語	Eel	アルバニア語	Njala	アラビア語	H'anklyss
ノルウェー語	Ål	スロベニア語	Jegula	ヒンディー語	Goli
スウェーデン語	Ål	セルビア語	Jegulja	中国語	Man yu
フィンランド語	Ankerias	マケドニア語	Jagula	韓国語	Paem jang o
デンマーク語	Aal/Ål	ギリシャ語	Chéli	日本語	Unagi
オランダ語	Aal/Paling	マルタ語	Sallura	フィリピン語	Igat
ドイツ語	Aal/Aalpricken	エストニア語	Angerjas	インドネシア語	Sidat
フランス語	Anguille	ラトビア語	Zutis	タイ語	Ai
スペイン語	Anguila	リトアニア語	Ungurys	マオリ語	Tuna

メソ，カニクイなど，全部で114もある．これは，かつて日本の川で至るところにみられたメダカの呼び名がたくさんあるのと同様である．モンゴル人にとっての馬やアラブの人々にとってのラクダと同じく，人は自分たちの生活において身近で大切な生き物について，大きさや齢，性別，体色によって区別し，いくつもの呼称によって細かく呼び分けていたものと思われる．この意味でも，日本人にとっていかにウナギが身近で重要な生き物であるか，想像に難くない．

1.1.2　慣用句・ことわざ

ウナギは人々の日常の暮らしの中に，何気ない自然な言葉として溶け込んでいる．ウナギの行動や生態から容易に連想される慣用句があり，様々な教訓を含むことわざの中にもウナギが登場する．いずれも掴みどころがなく，その謎めいた行動や驚くべきパワーに起源しているようだ．

うなぎ登り：予期せず急激に増大して，止まるところのないさま

うなぎの寝床：間口が狭く奥の深い家屋や店舗

うなぎ荷蔵：のらりくらりとして要領を得ないさま

塗り箸でうなぎを挟む：やりにくい物事や状況のこと

うなぎに梅干し（生梅）：食い合わせが悪いこと

うなぎの片登り：過去は顧みず，ただひたすら前進すること

うなぎの木登り：できるはずのないこと

蕪《かぶ》は鶉《うずら》となり，山芋はうなぎとなる／山の芋うなぎになる：世の中には想像

もつかないようなことが起こりうること

鯊《はぜ》は飛んでも一代，うなぎはのめっても一代：どんな生活をしようとも貴賎の別なく同じ一生であること，踠いても天分以上のことはできないこと

日本のみならず，ウナギが生息する海外においても，日常の様々な状況をウナギに喩えて表す言葉は多い.

［中］鰻似蛇，蚕似蠋（ウナギはヘビに，蚕は蠋《いもむし》に似る）／漁者持鰻，婦人拾蚕（漁師はウナギを持ち，婦人は蚕を拾う）：不快な物事も利益となるのであれば人の扱いが変わること

［英］As thin as an eel,（as）slippery as an eel（ウナギのように掴み難い）：掴み難い状況

［英］Every eel hopes to become a whale（全てのウナギは鯨になりたい）：誰しも大きな野心や欲望があり，手に入るものもあればそうでないものもあること

［英］Hold an eel by the tail（尾を掴んでウナギを捕らえる）：人や物事を何とか拘束しようとすること

［英］To get used to it as a skinned eel（ウナギのように皮を剝かれても平気になる）：はじめは不快でもじきに馴れること

［英］To skin an eel by the tail（ウナギの皮を尾から剝ぐ）：ことの本末を誤ること

［仏］Il y a anguille sous roche（岩の下にウナギあり）：深い陰謀があること

［仏］Rompre I'anguille au genou（ウナギを膝にぶつける）：力を不適切に使うこと

［仏］Se faufiler comme une anguille（ウナギのように逃げる）：困難な状況や凶悪な力から巧みに逃げ出すさま

［仏］E'est e'anguille de Melun, il crie devant qu'on I'ecorche（ムラン（パリ郊外の町名)のウナギは皮を剝かれる前に泣き叫ぶ)：理由なく恐れること

1.1.3 研究小史

ウナギは，研究対象として絶えることなく人々の知的好奇心を掻き立ててきた.古代ギリシャの博物学者アリストテレスがウナギの不思議な繁殖生態について，『動物誌』に「ウナギは泥の中から自然発生する」と書き記したことはあまりにも有名である．日本における本格的な魚類学は18世紀の江戸中期に始まり，19

世紀には主にヨーロッパの研究者によって多くの日本産魚類が記載された．ニホンウナギが学界に登場したのもちょうどこの頃で，1847年のオランダにおいて学名がつけられた．『日本動物誌』で有名なフィリップ・フランツ・バルタザール・フォン・シーボルト（P. F. B. von Siebold）が長崎の出島からオランダに持ち帰った膨大な魚類標本の中に，ニホンウナギが含まれていた．液浸標本と一緒に送られた文献資料や水彩画をもとに，当時ライデン王立自然史博物館の初代館長であったコンラート・ヤコブ・テミンク（C. J. Temminck）と脊椎動物部門管理者のヘルマン・シュレーゲル（H. Schlegel）が記載した．それゆえ，ニホンウナギの学名 *Anguilla japonica* Temminck and Schlegel, 1846 には彼らの名前が入っている．

ウナギ属全体を見ると，最初に記載されたのはヨーロッパウナギ *Anguilla anguilla*（Linnaeus, 1758）で，動植物の分類法を創始したスウェーデンの植物学者カール・フォン・リンネ（C. von Linné）によるものである．その後，大半の種については19世紀にヨーロッパ諸国の動物学者によって記載された．そして，大西洋のウナギ産卵場調査で有名なデンマークの海洋生物学者ヨハネス・シュミット（J. Schmidt）と，その弟子であるヴィルヘルム・エーゲ（V. Ege），ポール・ジェスパーセン（P. Jespersen）らによって世界中から集められた標本をもとに，1939年にエーゲがウナギ属魚類の分類体系の基礎を築いた（2.1節参照）．

ウナギは典型的な降河回遊魚として知られるが，その回遊の起点であり，終点でもある産卵場は長らく謎とされてきた．ウナギはどこでどのように繁殖するのか，人々は長い間不思議に思っていた．成熟した卵巣をもつ親魚や孵化したばかりの仔魚がどこにも見つからなかったためである．17世紀のイタリアでは，ヨーロッパウナギの生殖腺の観察から繁殖生理を明らかにしようと医学者らによって盛んに研究がなされた．外洋における産卵場調査は20世紀初頭，シュミットによって始まり，北大西洋西部のサルガッソー海がヨーロッパウナギとアメリカウナギ *Anguilla rostrata*（Lesueur, 1817）の産卵場と突き止められた．

一方，ニホンウナギの産卵場に関する本格的な海洋調査は1970年初頭から始まった（表1.2）．調査の進展に伴い次第に回遊経路が絞り込まれ，初期生活史が明らかになっていった（2.4節参照）．本種の仔魚はマリアナ諸島西方海域で孵化し，北赤道海流と黒潮によって輸送され，やがてシラスウナギに変態して東アジアに加入する（2.8節参照）．2008年にはニホンウナギの産卵親魚，2009年には受精卵が発見されて，ニホンウナギの産卵場問題は決着した（2.9節参照）．こう

表 1.2 ウナギの産卵場調査と人工種苗生産研究の年表

	産卵場調査	
1896	イタリアの Grassi らがレプトセファルスはウナギの仔魚と証明	E
1904	デンマークの Schmidt がフェロー諸島沖合で仔魚を採集	E
1922	デンマークの Schmidt がサルガッソー海で約 10 mm の仔魚を採集	E/A
1928	デンマークの Schmidt が Dana II 号で世界一周ウナギ調査航海	O
1973	東京大学海洋研究所が白鳳丸で産卵場調査を開始	J
1991	東京大学の塚本らがマリアナ諸島西方海域で約 10 mm の仔魚を採集	J
2000	ニュージーランドの Jellyman らが PSAT により親魚の回遊追跡	O
2005	東京大学の塚本らがマリアナ諸島西方海域で約 5 mm の仔魚を採集	J
2006	デンマークの Aarestrup らが PSAT により親魚の回遊追跡	E
2008	東京大学の塚本らが PSAT により親魚の回遊追跡	J
2008	水研センターの張らがマリアナ諸島西方海域で産卵親魚を捕獲	J
2009	東京大学の塚本らがマリアナ諸島西方海域で卵を採集	J
	人工種苗生産	
1936	フランスの Fontaine がホルモン投与により雌の性成熟を促進	E
1961	東京大学の日比谷らがホルモン投与により雄の排精確認	J
1971	北海道大学と千葉水試がサケ脳下垂体投与により雌の排卵確認	J
1973	北海道大学の山本らが人工孵化に成功して 5 日間飼育	J
1976	北海道大学の山内らが仔魚を 14 日間飼育	J
1977	デンマークの Boëtius 夫妻が人工催熟させた雌雄ペアの産卵行動を観察	E
1978	東京大学の佐藤らが親魚の自然産卵から得た仔魚を 17 日間飼育	J
1990	養殖研究所の香川らが DHP を導入して雌の排卵促進	J
1991	愛知水試の立木らが雌性ホルモン投与により雌化に成功	J
2003	養殖研究所の田中らが人工シラスウナギまで飼育	J
2008	デンマークの Tomkiewicz らが仔魚を 14 日間飼育	E
2010	水研センターで F2 世代を得て完全養殖を達成	J

E：ヨーロッパウナギ，A：アメリカウナギ，J：ニホンウナギ，O：その他のウナギ

した確かな証拠に基づいて，ここまで厳密に産卵場が特定されているのは，今のところ世界 19 種・亜種のウナギの中でもニホンウナギただ一種である．

ニホンウナギの産卵場調査と並行して，人工種苗生産研究も今から半世紀以上前に始まっている（表 1.2，5.4 節参照）．現在，養鰻に使われるシラスウナギ種苗は 100％天然の資源に依存しており，養鰻業の成否は天然種苗の漁獲高の大きな変動に翻弄されている（5.1 節参照）．このため，人工的に生産したシラスウナギで種苗の安定供給を図ろうと，古くからウナギ人工種苗の生産技術開発研究が行われてきた．

1.2 文　化

ウナギは洞窟画から絵画，彫刻，モザイク画，織物など，様々な時代の美術世界に登場する．ときにウナギは敬い畏れる対象として，伝説や信仰の世界にも現れる．ヘビに似た特異な形態，陸地を移動できる能力，驚異的な生命力や神秘性がウナギを神格化し，人知を超えた魔物や怪物のイメージを与えているのだろうか．ほかの魚とは一線を画し，稀代な生き物として人々を強烈に惹きつける何かをもっているようだ．

1.2.1 絵　画

ウナギが描かれた絵画で最も有名なのは，レオナルド・ダ・ヴィンチ（Leonardo da Vinci）の名画《最後の晩餐》だろうか．画中のテーブルの中央に座るキリストの左手にある皿に盛られた料理が，オレンジのスライスを添えたウナギのグリルであるという．アドリア海に面するイタリアではヨーロッパウナギが豊富に獲れていたため，ダ・ヴィンチが生きたルネサンス期のイタリアでもウナギ料理はよく食卓に並んでいたようだ．パブロ・ピカソ（P. Picasso）やエドゥアール・マネ（É. Manet）など著名な画家の静物画にもウナギがあり，異彩を放っている．

華やかな日本の浮世絵にもウナギは登場する．葛飾北斎のスケッチ画集『北斎漫画』に描かれた躍動感あふれる《鰻登り》は有名である（図 1.1 左）．勝川春亭，歌川広重，歌川国政，豊原国周などの絵にも食事の様子や川や町の風景など，日々の生活の中にウナギが描かれている．しかし何といってもウナギの浮世絵師といえば歌川国芳で，《見立五行 火 かがり火》《東都宮戸川之図》《ご存じいづ栄》《山海会度図絵 にがしてやりたい》など数多くの作品でウナギを扱っており，国芳のウナギ好きが窺える（図 1.1 右）．

1.2.2 文　学

文学の世界にもウナギが登場する．ウナギの一生を描いた『長鼻くんといううなぎの話』は，日本語に翻訳されて広く読まれているロシアの児童書である．その他，『狐物語』（フランス），『不思議の国のアリス』（英国），『ごんぎつね』（日本）でも，それぞれの物語の中でウナギが重要な役割を担っている．文人・歌人にはウナギ好きが多いが，中でも斉藤茂吉は群を抜いている．茂吉の詠んだ歌や

図 1.1　『北斎漫画』の《鰻登り》（左）と《見立五行 火 かがり火》大判三枚続のうち, 中（右）

日記を見ると，ウナギに対する強い執着が感じられる．

ゆふぐれし机のまへにひとり居りて鰻を食ふは楽しかりけり（『ともしび』, 1950 年）

鰻の子さかのぼるらむ大き川われは渡りてこころ楽しも（『つきかげ』, 1954 年）

汗垂れてわれ鰻くふしかすがに吾よりさきに食ふ人のあり（『つきかげ』, 1954 年）

1.2.3 芸 能

日本では，江戸時代から綿々と続く落語や川柳などの伝統芸能にウナギがたびたび登場する．最高の話芸といわれる落語においては,「鰻屋」「鰻の幇間」「鰻谷」「素人鰻」「月宮殿」「後生鰻」など，ウナギを扱った演目が多くある．1600 年代前半にできた落語の源流とされる『醒睡笑《せいすいしょう》』の一節には，「山芋変じてウナギとなる」という言葉も出てくる．不殺生を旨とする仏教の高僧がこっそりと庫裡でウナギを捌いているところへ折悪しく檀家が現れる．すると高僧は「昔から山の芋がウナギになるというのはてっきりでたらめと思っていたが，ほれごらん，芋汁を作ろうとするうちにウナギになってしまった」と平然と言いわけする.「鰻屋」の原話は，1777 年に刊行された『時勢噺綱目』の「俄旅」である．開業したての鰻屋がぬるぬるとしたウナギを上手く掴めず格闘しながら町内を一周してしまう．待ちぼうけしている客にどこに行くのかと問われて「前にまわってウナギに聞いてくれ」と答えるのは，有名な落ちである．「鰻谷」は，はじめヌルマと呼ばれて気味悪がられていた魚が，あるときウナギと呼ばれるようになった経緯を語る噺である．そのヌルマを蒲焼きにしてはじめて客に出した料理屋「菱又《ひしまた》」の店名をとって，魚編に日四又で鰻という字をあて，そこの女将を「お内儀，お内儀」と客が連呼したのが訛ってウナギになったという．古典落語の「ちはやふる」同様，全編絶妙なこじつけでできた名作だ．落語のもつ滑稽味とペーソスが，ウナギののらりくらりとした動きや鰻屋というちょっと粋で小洒落た舞台とよく合うのかもしれない．

1.2.4　伝説・信仰

日本各地にウナギを食べない人や地域がある．ウナギを神の使いや化身とする神社仏閣では鰻食を禁じている．虚空蔵菩薩信仰では，ウナギは神の使いとされているため食べない．岐阜・郡上の粥川では妖怪退治の折にウナギが虚空蔵菩薩を加護，案内したとしてウナギの捕獲が禁じられている．京都・三島神社には鰻禁食文書が残っている（図 1.2）．東北の宇名明神，運難明神ではウナギ神を祀る．洪水を起こすウナギを慰撫して祀り込めたものと考えられる．河川の氾濫がよく起きていた関東の利根川流域には，磐裂神社，宝寿院虚空蔵堂，正蔵院虚空蔵堂，星宮社，村松山虚空蔵堂，随願寺虚空蔵堂，彦倉延命院虚空蔵堂など，ウナギを祀った神社仏閣が多い．埼玉・三郷や東京・日野では，洪水時にウナギが多数現れて村人を救ったという伝承が残っている．

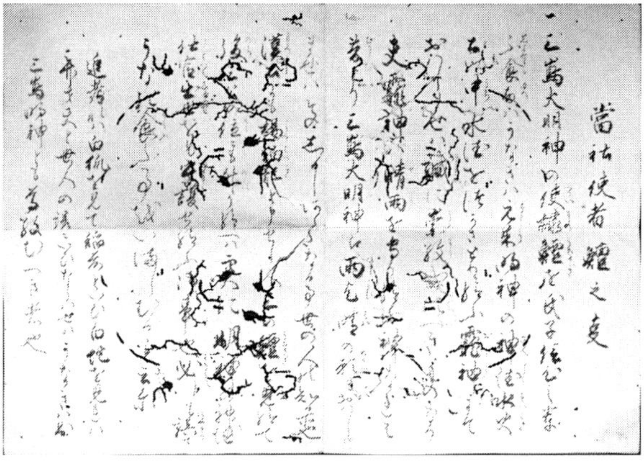

図 1.2　京都・三島神社の鰻禁食文書

仏教では不殺生の精神から万物の生命を慈しみ，慰霊するとともに感謝の念を捧げる「放生会」と呼ばれる儀式がある．江戸時代にはこの時期になると寺社の境内や川の近くの露店や行商人から小さなウナギを買い，それを川に放して供養する慣習があった．前述の国芳作の浮世絵《山海会度図絵 にがしてやりたい》は，この放生会の様子を描いたものである．

ときに老成した巨大なウナギは，池や川の主として祀られる．志摩・天龍が池，岡山・美作の山手川，伊豆・三島に残る「雨乞いウナギ」の伝説では，長期間降水がなくて川が干上がったり，池を掻堀りしたりすると，耳をもつウナギが姿を現し，まもなく雨に恵まれるという．雨乞いウナギに耳があるのは，天空の雨を支配する龍の耳にあやかったものという考察もある．三島の二宮神社には白いウナギが現れれば雨となり，黒いウナギなら雨は降らないという雨乞い占いも伝わる．

ニュージーランドのマオリやオーストラリアのアボリジニ，ポリネシアの民族は，棒状の石にウナギを象ったり，それを神霊として崇拝する．棒状のものに細長いウナギの形を重ね合わせて拝むことは洋の東西問わず共通しており，一種のファリシズムと考えられている．子孫繁栄，家内安全，豊穣を祈願するものであり，ウナギが生息する池で沐浴すると子宝に恵まれると信じる地域もある．

太平洋の熱帯に点在するミクロネシア，メラネシア，ポリネシアの島々では，ウナギに関するタブーが多い．人を食べたり咬みついたりするという話から恐れ忌み嫌う部族もあれば，自分たちの直系の先祖となるトーテムとして神聖な生き物と崇めたり，神や神使とみなす信仰をもつ部族もある．また，ヒーナ Hina という美しい少女とツーナ Tuna と呼ばれるウナギが恋をして，最後は死んでしまったツーナの頭から椰子の木が生えたことを椰子の実の起源とする物語も南太平洋の島々に広く伝わっている．ポリネシア神話の英雄マウイ Māui とツーナが闘った伝説は，少しずつ変化しながら語り継がれている．

アイルランドやスコットランドなどの北欧諸国では，しばしば巨大なウナギは湖に生息するモンスターや神話上の生き物として描かれている．これらの地域では，巨大で醜い「毛深いウナギ」が存在するという伝説がある．この生き物は，頭が馬，尾がウナギの形をしていたので，ホース＝イール Horse-eel（またはケルピー Kelpie）と呼ばれている．スコットランド・ネス湖の水面に突如現れるという謎の生き物ネッシー Nessie も，この巨大なウナギのモンスターと関連しているのかもしれない．

1.3 食 文 化

人が生き物を食べ物として利用すると，それは食資源動物となる．おそらく人類が樹上から地面に降り立って以来，川岸で獲れるウナギは貴重なタンパク源だったに違いない．事実，日本では 120 カ所以上の縄文・弥生遺跡からウナギの骨が出土する．ウナギは脂質含量が高く，冬季の低水温環境でも摂餌せずに長期間生存できるエネルギーを蓄積している．ビタミンやカルシウムも豊富な滋養強壮食品の代表格といえる．いずれの国や地域でもその認識は共通しているようだ．一方，ウナギの血液や粘液にはタンパク質の弱毒がある（3.4 節参照）．毒と薬の両要素を併せもつウナギには，独特の食文化が生まれた．

1.3.1 日 本

沖縄から北海道まで，ウナギの骨が遺跡から出土する範囲は広く，特に黒潮の洗う太平洋岸に多い．日本最古の歌集『萬葉集』で大伴家持が詠んだ歌からもわかるように，奈良時代にはすでにウナギは夏バテに効く滋養強壮の魚として認識されていた．

石麻呂爾吾物申夏痩尓吉跡云物曽武奈伎取喫

（石麻呂にわれ物申す夏痩せに良しといふ物ぞ鰻とりめせ）

痩々母生有者将在乎波多也波多武奈伎乎漁取跡河爾流勿

（痩すも痩すも生けらばあらむをはたやはた鰻とると川に流るな）

ウナギの食文化の特徴の一つは，生食がない点である．ほぼ全ての水産物を刺身で食べる日本人だが，ウナギは弱いながらも毒をもつため生食は避け，火を通して食べるのが一般的だ．

室町時代刊行の『大草家料理書』では，京都の宇治川で多く獲れたウナギの鮨が「宇治丸」という愛称で紹介されている．江戸時代初期，ウナギは庶民のファストフードであった．現代のように裂かず，丸ごとぶつ切りにして串刺しにし，道端の屋台で焼いて売られていた．その様子が蒲の穂に似ていたことから，「蒲の穂焼き」が「蒲焼き」になったと斎藤彦麿の随筆『傍廂』で紹介されている．また，元禄時代に刊行された浮世草子『好色産毛』の挿絵には，道端の露天商がウナギを裂いて串に刺した蒲焼きを団扇で扇いで商いしている様子が描かれている（図 1.3）．

日本のウナギ料理の中で圧倒的に人気が高いのは，蒲焼きである．醤油，味醂，砂糖，酒を混ぜて作った甘辛いタレに何度も漬け込み，備長炭の上で丁寧に焼き上げると，タレとウナギの脂が混ざりあって芳ばしい蒲焼きができあがる．江戸時代後期，この調理法が洗練されるに伴って蒲焼き人気は上昇し，鰻屋の座敷で酒とともに供される高級食となっていった（図 1.4）．

『俗事百工起源』によると，鰻丼は江戸・文化年間の頃，芝居小屋が立ち並ぶ東京・日本橋の堺町で芝居の金主（興行の資本主）をしていたウナギ好きの大久

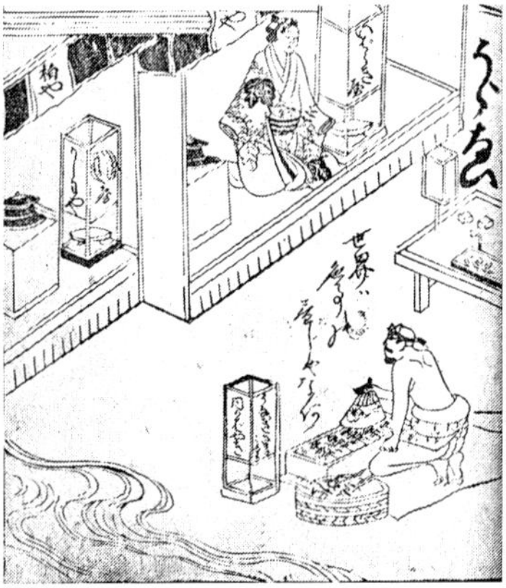

図 1.3　『好色産毛』に描かれた江戸前期の鰻売り

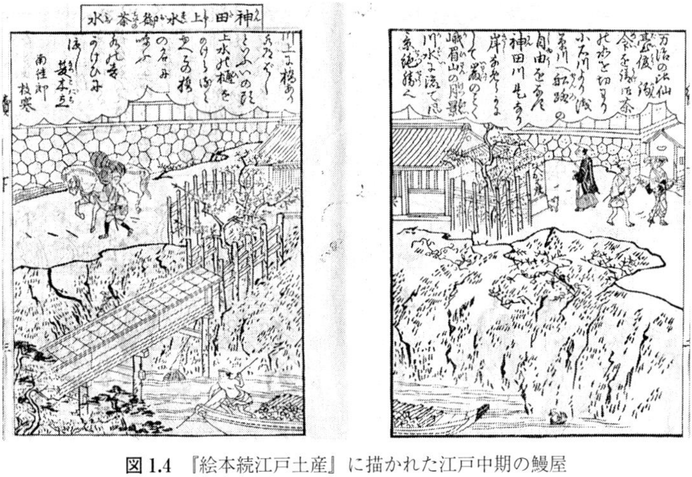

図 1.4　『絵本続江戸土産』に描かれた江戸中期の鰻屋

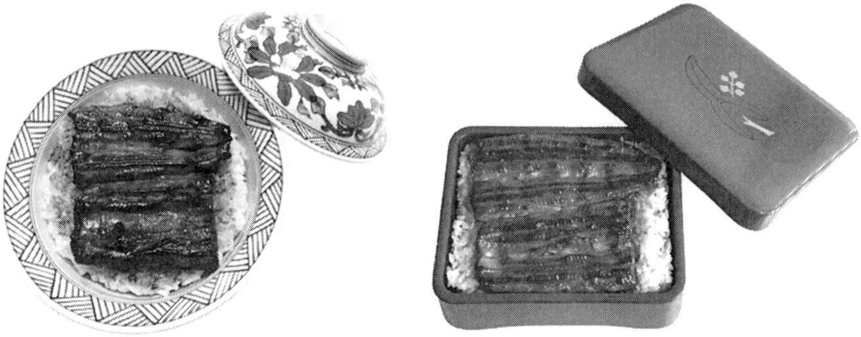

図 2.5　鰻丼（左）と鰻重（右）

保今助が発案したとされる．現在は，ご飯と蒲焼きが陶器の丼に盛られた「鰻丼」や，軽くて割れにくく保温性に優れ，高級感ある漆器に盛られた「鰻重」として提供されるのが主流となっている（図 2.5）．名古屋や津では，刻んだ蒲焼きをお櫃に入れて供する「ひつまぶし」が郷土料理となっている．長崎では，中に湯を入れた楽焼製の容器で蒲焼きを蒸すもの（諫早），蒸籠に盛って提供するもの（柳川）が名物となっている．ほかにも白焼き，う巻き，うざく，肝焼き，ヒレ焼き，肝吸い，半助，ぼく煮，骨煎餅など，様々なウナギ料理がある．

今でこそ「江戸前」とは東京湾で獲れる新鮮な魚介類を使った鮨や天ぷらを指すが，江戸時代には江戸城の東から大川（現在の隅田川）に至る範囲，すなわち江戸城の前の水路や河川，東京湾沿岸で獲れるウナギのことを江戸前といった．当時，品質は江戸前のウナギが最上と評価され，江戸以外から運ばれてくるウナギは「旅鰻」「旅もの」として区別されていた．『近世職人尽絵巻』の台詞や浮世絵にも「江戸前大蒲焼」と書かれた看板行燈が描かれ，往時の江戸前ウナギの評判が察せられる．

夏の土用の丑の日にウナギの蒲焼きを食べる習慣は江戸中期に始まった．もともと丑の日に「ウ」のつくものを食べるとよいとされていたが，その代表格がウナギであった．平賀源内が考案したといわれるキャッチコピー「本日，土用丑の日」を鰻屋の店頭に張り出したところ，その店が大いに繁盛したという．この慣習は現在でも続いており，夏の土用の丑の日を中心として 7，8 月の蒲焼き消費量は年間消費量の約 4 割が食されている（7.2 節参照）．同様に，韓国でも夏にウナギを食べる習慣があるが，台湾では逆にウナギが脂肪を多く蓄積している冬至に食べる習慣があるようだ.

日本において，単一魚種のみを扱って営業する料理屋が伝統的に引き継がれているのは,調理が難しいが美味とされるフグとウナギくらいだろう.「串打ち三年,裂き八年,焼き一生」といわれるように,ウナギの調理は熟練の職人技を要する.ウナギを捌く包丁は代表的な型だけでも 4 種類ある．切り出し刃の大阪型，重くて裂きに特化した京都型，小ぶりで長方形の名古屋型，裂きと同時に開いたウナギを切り分ける機能を備えた関東型である．調理法については,もともと上方(関西）では内臓のある腹側から開き，金串に刺して焼いていたが，武家社会の江戸では腹側から裂くのは切腹を連想させて縁起が悪いと嫌われたため，背側から包丁を入れる背開きになったといわれる．しかし，東西の裂き方の違いは両者の調理法にも関係しているようだ．関東では背側から裂き，背骨と内臓をとって頭部を落とす．短冊状に切った身を竹串に刺してまず白焼きにする．その後，タレをつけて本焼きする前に，余分な脂分を取り除いてふっくらと仕上げるために蒸しの工程が入る．このとき関西式のように腹開きにすると，蒸す過程で両端にくる腹側の身の薄い部分が崩れて串から外れやすくなるため，厚みがあって身持ちのよい背側が両端にくる背開きにした方が調理しやすい．一方，関西では蒸しの工程はなく，頭部を残したまま丸ごと焼き上げるため，腹開きであっても身崩れの心配はない．職人の技術も含めてウナギ食の伝統は現代へ脈々と継承され，その料理をこよなく愛する人々がいて，豊かなウナギの食文化が花開いたのである.

1.3.2　アジア

中国では，古代からウナギは食べ物というよりむしろ薬としての意味が強い.例えば，8 世紀初頭の食物本草書『食療本草』では，ウナギは五臓を補い風邪を払うとされている．李時珍があらゆる本草書を収集・整理した 1596 年刊行の『本草綱目』には，ウナギは薬草と一緒に煮込むことで，過労による損傷を取り除き補益し，ヘビと類似して諸病を主治すると記されており，医食同源の思想が窺える．こうした食物本草書は日本にも伝わり大きな影響を与えた.

台湾には，主にニホンウナギとオオウナギの 2 種が生息し，どちらも食されている．なお，オオウナギは 1989 年から 20 年間，台湾国内の絶滅危惧種に指定されて漁業や養殖が禁止となっていたが，現在は解除されている.

韓国の 1613 年刊行の医書『東医宝鑑（東醫寶鑑)』では，ウナギは臓器を活性化させ，エネルギーを高める健康食品とされている．薬草と一緒に煮込み，健康ジュースとして飲まれていた．現在でも真空パックのウナギエキスジュースが売られている．韓国で養鰻が盛んになった1970年代からウナギの人気は上昇し，活魚を店で捌いて網で焼いたウナギにタレを付けて，野菜や薬味などと一緒に食べる．

ウナギが多く分布する東南アジア諸国でも，ウナギは精力増強によいとされており，魚醤，ココナッツミルク，カレー粉などの様々な調味料・香辛料とともに煮込んだり，焼き物・干物にして食べる．

ユダヤ教では，ウナギを食べることは禁じられている．ユダヤ教の戒律では，食べてよい食物「コシェル Kosher」（ヘブライ語で「相応しい」「清浄な」の意）と食べてはならない食物が厳格に定められており，鰭と鱗のある魚は食べてよいとされているが，そこにウナギは含まれていない．実際は，粘液に覆われた皮膚に埋もれて小さな楕円形の鱗が並んでいるが，これらは目立たず，ユダヤの立法学者によってウナギには鱗がないと判断されたため，禁食の対象になってしまったのである．

1.2.3　オセアニア

オセアニアには3種のウナギが分布し，中でもニュージーランドの固有種ニュージーランドオオウナギ *Anguilla dieffenbachii* は全長約2 m以上もの大きさに成長する．ニュージーランドの先住民マオリはツーナ Tuna と呼ぶウナギに対する思い入れが深く，川や沼地に生息するウナギの生態を熟知している．かつて小型のコウモリ以外の哺乳類は生息しなかったニュージーランドにおいてウナギは貴重な動物性タンパク質で，干物にして保存食として利用してきた．オーストラリアの先住民アボリジニの伝統料理ブッシュフード Bushfood でも，ウナギは貴重な食材となっている．特に多く生息するオーストラリア東部の汽水域や湿地帯（バラマタ Burramatta：ウナギが生息する地の意）では，大きなユリの葉で包み焼きにして食べたり，干物・燻製に加工して保存食として利用している．

1.3.4　ヨーロッパ

ヨーロッパで主流のウナギの料理法は燻製である．高緯度の寒冷地域に生息するヨーロッパウナギは他種と比べて脂質含量が高いため，燻すことで過剰な脂が落ちて臭みも消える．ほかにも，焼き物，フライ，酢漬け，スープ，煮込み，ゼリー寄せ，パイなど豊富なウナギ料理のレシピがある（図1.6）．これらの料理に

図 1.6　イタリア・ウナギ酢漬けの缶詰（左），英国・ウナギゼリー寄せ（中），ベトナム・ウナギの炒め物（右）

は，ハーブやニンニク，唐辛子，カレー粉など，臭みを消す様々な香辛料が使われることが多い．17 世紀初期にデンマークで出版された料理本には，すでに 40 種類以上のウナギ料理のレシピが紹介されている．ヨーロッパ北部のスカンジナビアでは，数百年前から続くウナギ料理を楽しむ伝統イベントがある．以前は男性しか参加できなかったが，現在は女性や子供も参加している．

英国・ロンドンのテムズ川周辺では，ウナギのゼリー寄せが栄養のあるファストフードとして有名である．かつて街中にはウナギのゼリーやパイを売る専門店もあった．また，ロンドン北部のイリー Ely（eel-y と発音）ではかつてウナギが通貨として利用されていたこともあり，その広大な湿地帯にはウナギが多く生息し，約 3000 年前の遺跡からは今とほぼ同じ形状のウナギ筒も見つかっている．教会への納税にウナギが使われ，住民は年間約 1 万尾を納めていたという．現在も毎年ウナギ祭りが開催されている．

フランスでは，フリカッセ（ホワイトソース煮込み）やマトロート（赤ワイン煮込み）にウナギが使われている．大西洋に面するフランス南部やスペインのバスク地方では，シラスウナギをニンニクと唐辛子の入ったオリーブオイルで炒めたアンギュラス Angulas という料理がある．現在はウナギの価格が高騰しているため，ほかの魚を使ってシラスウナギを模したすり身がオリーブオイル漬けにして売られている．白く細長いシラスウナギの形をしたすり身には眼を模した黒い点までつけてあるという芸の細かさである．

イタリア・ローマ郊外のブラッチャーノ湖畔にあるアングイッラーラ Anguillara は，町の名前からしてウナギに由来しており，ウナギ料理が名物である．眼前の火山湖で獲れたものを様々に料理して客に供する．イタリア北東部のコマッキオ Comacchio は，運河が発達して小ヴェニスとも呼ばれ，ウナギ漁とウナギの加工食品で有名な町である．広大なラグーンに大掛かりな簗を仕掛け，かつては下りウナギを大量に捕獲していた．獲れたウナギを湖畔の加工場（現在はウナギの博物館となっている）に運び込み，金串に刺して大きな炉で炙る．アングイッラ・マリナータ Anguilla marinata というウナギの酢漬けを大量生産していた．

1.3.5　北　米

ウナギは広く世界中で食べられているが，北米は例外で，ヘビに似ているためゲテモノという扱いで敬遠されることが多く，現在はほとんど食べられていない．しかし，北米東海岸の先住民の間にはアメリカウナギを食べる食文化があり，ヤスで湖底のウナギを狙う漁の様子を描いた古い絵も残っている．オンタリオ湖近くの先住民であるイロコイやアルゴンキンは，ウナギを火で炙ったり煮込んだりして食べ，干物・燻製として保存食にする．カナダ・ノバスコシアの先住民ミクマクは，ウナギをカット Kat と呼び，貴重な食料とするほか，皮や脂を薬として利用したり，精神的存在として儀式の供物とする．

1620 年にイギリスからの入植者らがアメリカ東海岸のプリマスに上陸した当時，先住民からウナギの獲り方を教わり，これを越冬食にしたという．新天地で迎えた最初の極寒の冬，入植した人々が飢えや寒さで苦しむ中，これを何とか乗りきって次の春を迎えられたのは，高栄養のウナギが貴重な保存食としてあったおかげかもしれない．

北米では食文化はあまり育たなかったが，近年はメイン州を中心としてシラスウナギの輸出によってウナギへの関心が高まっている．今後，ウナギ食の習慣が再び芽生えることがあるかもしれない．　〔**黒木真理**〕

文　献

Tsukamoto, K. and Kuroki, M. eds.(2013). *Eels and Humans*, Springer.
黒木真理編著（2012）．ウナギの博物誌—謎多き生物の生態から文化まで，化学同人．
黒木真理・塚本勝巳（2011）．旅するウナギ—1 億年の時空をこえて，東海大学出版会．
松井　魁（1972）．鰻学〈生物学的研究篇〉，恒星社厚生閣．
松井　魁（1972）．鰻学〈養成技術篇〉，恒星社厚生閣．

2
ウナギの生態

2.1　分類・形態

生物の種をいかに定義するか，様々な基準が提唱されている．現在，動物界において最も一般的に用いられる種の概念は，エルンスト・マイアが提唱した生物学的種概念（Mayr, 1942）である．しかし，この概念の根底をなす種間の生殖的隔離を直接的に観察することや交配実験で検討することは，多くの場合困難である．そこで種分類の現状として，種間の形態や分子遺伝学的形質などの違いを遺伝子交流の隔離（生殖的隔離）の具現と考え，これをもとに生物学的種を認識し，種名を与えている．さて，ウナギ属魚類（*Anguilla*，本節ではウナギと略す）の場合，その種をどう認識するのがよいのだろうか？

2.1.1　分類体系

ヨハネス・シュミットの高弟，ヴィルヘルム・エーゲは1939年，シュミットが全世界から長年にわたって蒐集したウナギの標本とそれまでに記載された模式標本をもとに，ウナギの分類学的再検討を行い，その分類体系を確立した（Ege, 1939）．この分類体系は若干の変更を経て（Castle and Williamson, 1974; Watanabe *et al.*, 2009a），現在では16種3亜種が認識されている（表2.1）．しかし，改めてエーゲの分類について詳細に検討してみると，種を判別するために記載された形態形質の多くがほかの種と重複しており，これらを用いて種を明確に区別することはできないことがわかる（Watanabe *et al.*, 2004）．

それではエーゲはいかにウナギの種を認識し，分類体系を構築しえたのであろうか？実は，エーゲの分類にはどこでその個体が採集されたかという地理的な情報が種を分類するための形質の一つとして組み込まれており，それによって形態形質のみでは判別できない違いを補っていたのだ．エーゲは，あらかじめ比較的

表 2.1 ウナギ属魚類の学名に対応する英名と和名

	学名	英名	和名
第 1 グループ	***Anguilla celebesensis*** Kaup, 1856	Celebes eel	セレベスウナギ
	A. interioris Whitley, 1938	New Guinea eel	ニューギニアウナギ
	A. megastoma Kaup, 1856	Polynesian longfin eel	ポリネシアロングフィンウナギ
	A. luzonensis Watanabe, Aoyama and Tsukamoto, 2009	Luzon eel	ルソンウナギ
第 2 グループ	(*A. bengalensis*)	(Bengal eel)	(ベンガルウナギ)
	A. bengalensis bengalensis (Gray, 1831)	Indian Bengal eel	インドベンガルウナギ
	A. bengalensis labiata (Peters, 1852)	African Bengal eel	アフリカベンガルウナギ
	A. marmorata Quoy and Gaimard, 1824	Indo-Pacific eel	オオウナギ
	A. reinhardtii Steindachner, 1867	Australian longfin eel	オーストラリアロングフィンウナギ
第 3 グループ	***A. borneensis*** Popta, 1924	Borneo eel	ボルネオウナギ
	A. japonica Temminck and Schlegel, 1846	Japanese eel	ニホンウナギ
	A. rostrata (Lesueur, 1817)	American eel	アメリカウナギ
	A. anguilla (Linnaeus, 1758)	European eel	ヨーロッパウナギ
	A. dieffenbachii Gray, 1842	New Zealand longfin eel	ニュージーランドオオウナギ
	A. mossambica (Peters, 1852)	Mozambique eel	モザンビークウナギ
第 4 グループ	(*A. bicolor*)	(Bicolor eel)	(バイカラウナギ)
	A. bicolor bicolor McClelland, 1844	Indian bicolor eel	インドヨウバイカラウナギ
	A. bicolor pacifica Schmidt, 1928	Pacific bicolor eel	タイヘイヨウバイカラウナギ
	A. obscura Günther, 1872	Polynesian shortfin eel	ポリネシアショートフィンウナギ
	(*A. australis*)	(Australian eel)	(オーストラリアウナギ)
	A. australis australis Richardson, 1841	Australian shortfin eel	オーストラリアショートフィンウナギ
	A. australis schmidtii Phillipps, 1925	New Zealand shortfin eel	ニュージーランドショートフィンウナギ

英名と和名は Tsukamoto *et al.* unpublished

に種ごとの違いが現れやすい 3 つの形態形質，(1) 体全体の斑紋の有無，(2) 歯帯の広狭と溝の有無，(3) 背鰭の長さを用いて，ウナギをまず 4 つの形態学的グループに分けた．すなわち，第 1 グループは斑紋があり，主上顎骨と歯骨上の歯帯が広く，溝がない種，第 2 グループは斑紋があり，主上顎骨と歯骨上の歯帯に溝をもつ種，第 3 グループは斑紋がなく，長鰭型の種（背鰭が長く，始部が前方にあるウナギ)，第 4 グループは斑紋がなく，短鰭型の種（背鰭が短く，始部が後方にあるウナギ）である．これら4つのグループごとのそれぞれに含まれる各種の分布域を地図上にプロットすると，各種の分布域は「原則として」重複することはなく，地理的にウナギの各種を識別することができる．このようにエーゲは，あらかじめ形態で分けた4グループに地理的な分布情報を重ね合わせることでウナギの全種を認識したのである．

2.1.2 形 態

ウナギの全種は細長い円筒形をしており，形態的によく似通っている．斑紋の有無はウナギでは明確な形態形質であると前述したが，これはウナギの生活史で考えると成長期にあたる黄ウナギのみ有効な形態形質であり，仔稚魚や繁殖準備の整った銀ウナギでは有効でない．一方，脊椎骨数はレプトセファルス期にはほぼ決まり（体節数に関与），シラス期から繁殖時の親ウナギまで数が変わらない形態形質である．しかし，ウナギの脊椎骨数の変異は属内で100～119の範囲にあり，各種内の脊椎骨数の変異は4～11の範囲である（Ege, 1939）．ウナギ各種の形態形質はその多くが，このように種間でわずかな差異しか認められない．これらの形態差異を詳細に記載したエーゲの研究は，その情報のみでも十分に価値がある．今後, ウナギの生態や行動, さらには系統と進化の研究の進展とともに，種間に確認できるこのわずかな形態差異がどのような理由から生じたのか，またその差異にどのような意義があるのかを考えることが重要である．

2.1.3 回遊環

回遊魚の産卵場と成育場を結ぶ環状の回遊経路は回遊環と呼ばれる（Tsukamoto *et al.*, 2002）．この回遊環は，種（もしくは集団）によってそれぞれ厳密に決まっており，産卵場か成育場のいずれかのずれにより，新しい種（もしくは集団）が生じると考えられている．回遊環は種分化・集団分化の過程やメカニズムを考える際の鍵となっている（2.3節参照）．また，この概念は，生態学的には生活史に時空間を加えたものであり，分類学的には生物学的種概念とほぼ同義である．

1922年にヨーロッパウナギとアメリカウナギの産卵場を発見したシュミットは，その後，世界のウナギの産卵場調査にも力を注いだ．これらの研究を引き継ぎ，ポール・ジェスパーセンはレプトセファルスの分布に海洋環境の特徴を考慮し，太平洋とインド洋におけるウナギの産卵場を推定している（Jespersen,

1942).

シュミットが行った研究には，常にウナギの産卵場と成育場を結ぶ回遊環が意識されていた．エーゲはその分類体系を作るにあたり，種の地理分布（成育場）情報だけではなく，種の産卵場，海流，レプトセファルスの回遊経路など，回遊環の諸要素を考慮に入れていたので，自然と分類体系へ種間の生殖隔離の概念が組み込まれていたものと考えられる．形態が類似するウナギの分類体系が，分子遺伝学的形質を使用せず約80年も前に構築されたのは，降河回遊魚であるウナギの回遊環と進化過程がしっかりと考慮されていた結果であろう．

2.1.4 分類体系の問題点

ウナギの種を形態形質のみに基づいて同定する検索表は，エーゲが提示したものだけである．しかし，この検索表は解像度の悪い形質が標徴として用いられていることから，明確に判別できない個体が多く生じる．例えば，主上顎骨上の歯帯の溝は種内での個体変異が大きく，また体長に対する体幹部長の比は二分岐の各群間の範囲が大きく重複しているので，これらの形質は標徴として適当ではない．さらに，この検索表に用いられている量的形質に関する標徴は，平均値のみが示されており，むしろ種同定の際に重要な意味をもつようになる変異の幅は書かれていない．以上の例から考えても，この検索表はあまり実用的ではない．

さらには4グループに分けられたうちの第1グループのセレベスウナギ *Anguilla celebesensis* とニューギニアウナギ *Anguilla interioris*，第2グループのインドベンガルウナギ *Anguilla bengalensis bengalensis* とオオウナギ *Anguilla marmorata* など計4組8種において両者の分布域の一部が重複している．このため，これらの地域から採集された個体は，同一グループ内の2種の形態形質があまりにも類似しているので，形態形質と分布情報のみで種の同定をすることができない．さらには，採集された地域が不明の場合，形態形質のみで種を同定するのは困難きわまる．このことはウナギの全種についてあてはまる．

そこで現在，種の同定の際に地理分布の情報や形態形質の代わりとなり，上記の不備を補うものとして分子遺伝学的形質がある．すでに種内の変異や種間の違いについての研究がされており，さらにはその応用として，ニホンウナギの卵，孵化仔魚，親魚の発見（Tsukamoto *et al.*, 2011）などにも大きく寄与している．

種同定についての問題はすでに解決されている．しかし，強固に見えるウナギの分類体系には，1つ大きな未解決の問題が存在している．それは集団や亜種をどのように判断するかである（2.3 節参照）．エーゲの分類体系では，3 つの種内の各地域集団に亜種名をつけている．しかし，オオウナギの中にはいくつかの集団が存在することを認知しておりながら，これらには亜種名を与えてはいない．よって，エーゲの分類体系には，種，亜種，集団の 3 つのレベルの概念が存在していることになる．現在，オオウナギには集団が存在し，その構造はメタポピュレーションであることがよく知られている（Minegishi *et al.*, 2008; Watanabe *et al.*, 2009b）．エーゲの分類体系で亜種とされている地域集団については，今後，遺伝子の交流頻度や集団構造の解析が必要である．これに基づき，はっきりと認識できる種にのみ学名を与えるのが適切と考えている．そして，亜種名は用いず，種内の集団は認識するにとどめるのがよい方法である．今後，これら集団と亜種の取扱いがウナギの分類体系における最大の課題である． 〔渡邊　俊〕

2.2　系統・進化

ウナギの系統と進化の研究は，世界中の研究者がしのぎを削る人気の高い分野である．化石と DNA データから種の分岐年代を概算することで，地球の歴史と照らし合わせたウナギ進化の道筋が考察されている．しかし，分岐年代推定の精度は低く，ウナギ進化と地史の対応関係に迫るまでには至っていない．

2.2.1　ウナギ目の起源

ウナギ（ウナギ科魚類，またはウナギ属魚類）はウツボやアナゴとともにウナギ目に含まれる（図 2.1）．ウナギ目はレプトセファルス幼生をもつことを根拠に，カライワシ目やソトイワシ目とともにカライワシ上目を形成する．カライワシ上目より分岐の古いアロワナ上目やガーパイクなどの古代魚のほぼ全てが淡水に生息するため，化石データの整備が待たれるが，現生種に残された証拠のみを考えると，真骨魚類の祖先は淡水域に生息していたと推定される（Betancur *et al.*, 2015）．この場合，2 億 5000 万年前にカライワシ上目の祖先は海域に進出したことになる（図 2.1）．海流に乗るための適応とされるレプトセファルス幼生は，当初は海への進出に利用されたのかもしれない．カライワシ上目内部を見ると，カライワシ目やソトイワシ目，ウナギ目の中でも分岐の古いウツボ科の成魚は沿岸に生息するため，ウナギ目の祖先は，最初に沿岸域に生息したようだ．ウナギ目で初期に生じたウツボ科の分岐は 1 億 5000 万年前と推定されている（Inoue *et al.*, 2009). この頃陸上ではヒトの祖先と有袋類が分岐している.

ウナギ目は共通して細長い円筒形の体形をもつ一方で, 外側に位置するカライワシ目やソトイワシ目は主に尾の二叉した通常の魚の体形をもつ (図 2.1). このため, 2 億年前までウナギの祖先が一般的な魚類の体形をもっていたのは間違いない. ウナギ目の細長い体形は, 当初は砂に潜るために特化したと考えられる. 一見この体形は遊泳に不向きなようだが, 餌を食べずに数千 km の遊泳が可能なことがヨーロッパウナギから証明されているため (Ginneken and Thillart, 2000), 長距離の回遊も可能なようだ.

2.2.2 ウナギ科の起源

ウナギは一般に淡水魚と思われているが, 外洋に産卵場をもつ. そしてウナギ以外のウナギ目魚類は全て海域のみに生息する. このためウナギは, 海水魚起源の降河回遊魚といえる. 細長い体形に特化したためウナギ目の科間では進化史の構築に利用可能な形態的な差異がほとんどなく, ウナギの系統的位置は明らかになっていなかった. しかし分子系統解析によると. ウナギに最も近縁な魚類は,

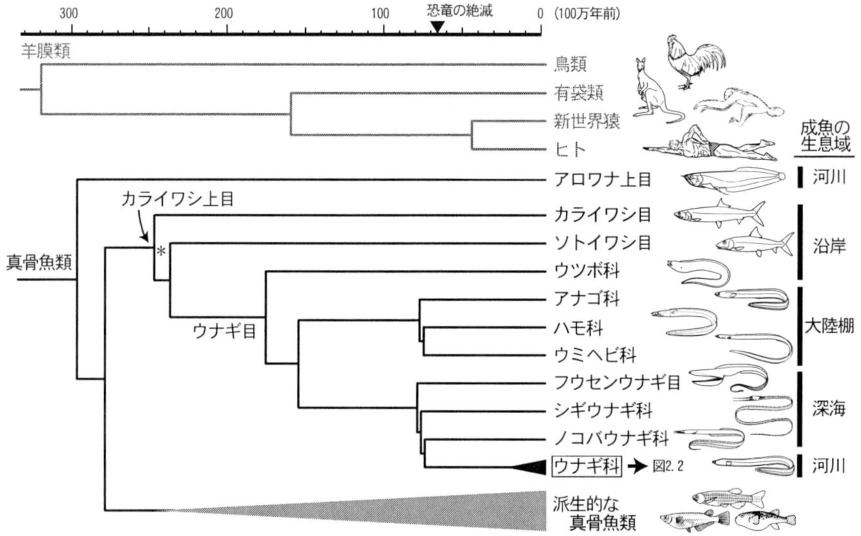

図 2.1 ウナギはカライワシ上目に含まれ, ノコバウナギ科など深海魚の一群から派生した (Inoue *et al.* (2004; 2010) より作成. 分岐年代 (＊以外) は TIMETREE (http://www.timetree.org [2018 年 12 月]) に基づく)

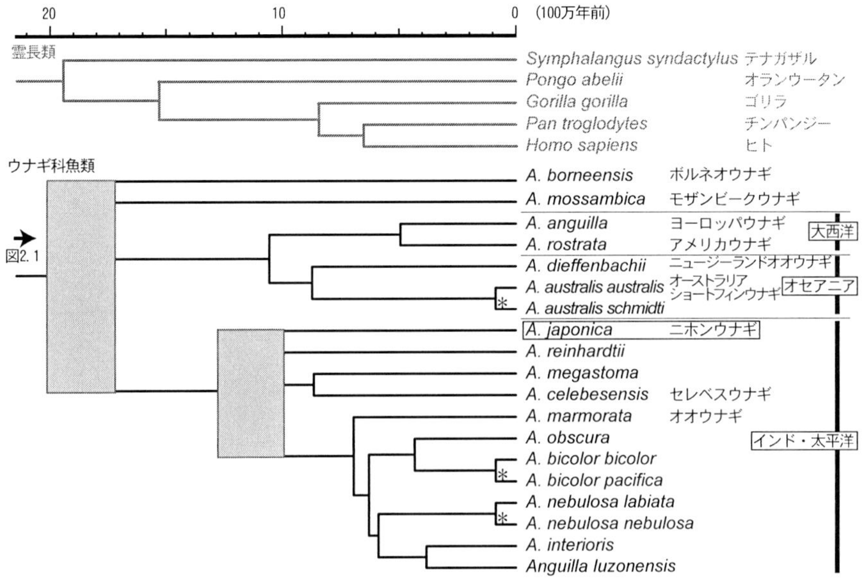

図 2.2 ウナギ科内部では 2000 万年前に系統が分岐し始め，海域ごとに分離した 3 グループが形成された (Minegishi *et al.* (2005), Teng *et al.* (2009) より作成．分岐年代（＊以外）は TIMETREE (http://www.timetree.org［2018 年 12 月］に基づく）
灰色の四角は分岐関係が不明瞭な部分を示す．

外洋中深層に棲むフウセンウナギ目やシギウナギ科，ノコバウナギ科であった（図 2.1）．このことから，淡水域に侵入する前のウナギの祖先は深海に生息していたと考えられる．

現生するニホンウナギの産卵場所は西マリアナ海嶺南端部の海山域 200 m 前後の層と考えられており，近縁種のノコバウナギ科やシギウナギ科も時期的に同じ海域で産卵することが観察されている（Miller *et al.*, 2014）．ウナギは，ノコバウナギ科の系統から分離した後でも，外洋深海域から産卵場所を動かさなかったのだ．その後，深海で産卵を行いながらも比較的生産性の高い熱帯の河川に入る種が現れ，ウナギの降河回遊が始まったらしい．それは少なくとも 2000 万年より前の出来事のようだ（図 2.2）（Santini *et al.*, 2013）．

2.2.3 世界に広がったウナギ

ウナギ科（＝ウナギ属）には，亜種 3 種を含めて全部で 19 種が存在し，世界中の熱帯と温帯に分布する．このうち数千 km にわたる大回遊を行うのは，温帯

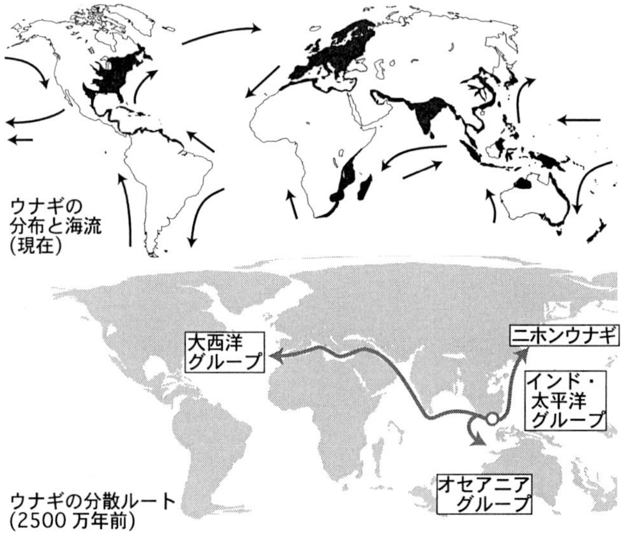

図 2.3　テーティス海ルートの場合，大西洋グループは海流に乗ってユーラシアとアフリカ大陸間を抜けた（Aoyama *et al.*（2001）を改変．古地図の作成は ODSN（http://www.odsn.de）を用いた）

に生息するヨーロッパウナギ，アメリカウナギ，ニホンウナギである．塚本らのグループはウナギ全種を世界各地から独自に収集し，地球上のどこにウナギが現れどのように世界中に広がっていったかの謎に迫った（Aoyama *et al*., 2001; Watanabe *et al*., 2009）．

ウナギの世界分布を見ると（図 2.3），暖流が流れている沿岸部に分布する．これは，熱帯の産卵場から各大洋の西岸境界流を利用してレプトセファルスが高緯度方向に分散し，棲みついた結果である．現在のインドネシア周辺には 7 種・亜種と多くのウナギが分布しているため，ウナギが降河回遊を開始したのはインドネシア周辺と考えてよい．近年行われた分子系統解析の結果も併せて考えると（図 2.2），ウナギは現在のボルネオ島付近に生息していた魚類に起源すると考えられる（Aoyama *et al*., 2001）．

ウナギ世界分布の最大の謎は，ヨーロッパウナギとアメリカウナギの 2 種が，どのようにして大西洋に到達したのかである．分子系統解析の結果，ウナギ全 19 種内部には海域ごとに分かれた 3 グループが存在することが判明した（図 2.2）．その一つが上記 2 種からなる大西洋グループである．このグループがインドネシアから大西洋に至った経路について，東回りに閉鎖前の南北アメリカ大陸間を通過するパナマルート，西回りにアフリカ大陸の南を行く喜望峰ルートなどが提案されているが，ウナギの分布パターンや海流の向きを考えると西回りのテーティス海ルートが最も有力だ（図 2.3）（Aoyama *et al.*, 2001）.

テーティス海ルートによると，インドネシア周辺に出現したウナギ祖先のうち西へ向かった祖先は，かつてユーラシアとアフリカ大陸間に存在したテーティス海を経て大西洋に侵入した．この場合，大西洋グループとオセアニアグループの分離が少なくともテーティス海が閉じる 2000〜3000 万年以前だと整合性が高いが，両グループの分離は 1000 万年前と推定されている（図 2.2, Santini *et al.*, 2013）．しかし，これらの推定値，特に種の分岐年代は不安定なため，新たな証拠によってテーティス海ルートを支持する結果が得られる可能性は十分にある.

2.2.4 ニホンウナギの起源

インドネシア周辺に生息していたウナギの祖先のうち，大西洋あるいはオセアニア方面に流されたグループがあった一方で，太平洋にとどまったグループがあった．このインド・太平洋グループの中でニホンウナギは最も歴史の古い系統の一つである（図 2.2）.

前述のように，マリアナ海溝付近と突き止められたニホンウナギの産卵場はフィリピン海プレートの端にあたる．ウナギは産卵場所を滅多に動かさないと考えられるので，数千万年前，このプレートが開き始めた頃から，ニホンウナギはこの場所を産卵場として利用してきたのではないだろうか．その回遊は当初，産卵場と成育場を行き来する数十 km 程度の小さなものであっただろう．ニホンウナギはレプトセファルス幼生として海流に流され，ついには日本とその周辺まで到達し，何千 km もの大回遊を行うようになったと考えられる（図 2.3）.

〔井上　潤〕

2.3 集 団 構 造

生物は，分類学的に同じ名前であっても，種全体として遺伝的に均一とは限らない．生息地の局地的な環境によって，自然淘汰や遺伝的浮動（集団内で確率論的に起こる遺伝的変化）の影響が異なるためである．また，物理的な障壁などで個体の移動が自由でない場合や，繁殖などの生活史イベントの時期が異なる場合などにも，局所的な遺伝的変異が生じうる．そういった種の中の遺伝的な構造,すなわち集団構造は，生物の生態や進化の理解だけでなく，資源管理や保全策の立案・実施の基礎としてもきわめて重要である．

2.3.1　ニホンウナギの集団構造

ニホンウナギは，フィリピン北部から台湾，中国，韓国，日本まで東アジアの沿岸一帯に広く生息する．本種の集団構造については，1970年代から研究が行われ，分布域の南北で遺伝的な違いがあるとする説と（Chan *et al.*, 1997など），ないとする説（Ishikawa *et al.*, 2001など）で長く議論が分かれていた．しかし，分布域全体と8つの年級群，さらに生後間もないレプトセファルスを用いた大規模な網羅的分析の結果（Minegishi *et al.*, 2011），現在では，本種は分布域全体で一つの繁殖集団からなると考えられている．

このような集団構造はどのように維持されているのだろうか．本種の産卵場は西部北太平洋マリアナ諸島西方のきわめて限られた海域であり，5〜15歳の様々な年齢で降海した個体が，夏の新月の時期に同期して産卵する．そのため，仮に成育場で局所的な遺伝的変異が生じていたとしても，たった1つの産卵場で一斉に産卵が行われれば，その遺伝的変異は混じりあい，局所的な変異として次世代に伝わらない．また，本種の浮遊仔魚期はおよそ半年にわたるため，海流によって産卵場から東アジア沿岸に輸送される間にも混ざりあう．さらに，シラスウナギとなって接岸する場所はランダムに決まり（Tsukamoto and Umezawa, 1994），物理的な輸送環境の変化の影響も大きく受ける．つまり，これらニホンウナギのもつ偶発性に富む回遊生態こそが，本種が時空間的に広く遺伝的均一性を維持している要因と考えられよう．

一方で，資源管理の観点からは，台湾，中国，韓国，日本に分布するウナギが全て同一の繁殖集団に属するということは，近年特に深刻なウナギ資源の危機的減少が，決して日本だけの問題ではないことを意味する．ニホンウナギ資源の適切な保護・管理は東アジア一帯に共通の問題という認識が必要であり，国際協調に基づく対策が急がれる．

2.3.2　世界のウナギ属魚類の集団構造

北大西洋の東岸と西岸にそれぞれ分布するヨーロッパウナギとアメリカウナギもまた，それぞれ分布域全体で一つの繁殖集団を形成していると考えられている．ただしヨーロッパウナギでは，生まれた時期や年で遺伝的に異なる場合があることや（Maes *et al*., 2006），緯度などの環境要因に応じて遺伝的変異のパターンが変化すること（Wirth and Bernatchez, 2001），さらにその要因として局所的な自然選択が示唆された例もあり（Ulrik *et al*., 2014），種全体として遺伝的に均一か否かはいまだ完全には議論に決着がついていない．

これら2種は，ともにサルガッソー海に産卵場をもち，その雑種がアイスランドに生息することが古くから知られている（Avise *et al*., 1990）．2種間の遺伝的交流が世代を超えて続けば，2種は遺伝的に混じりあい，やがて融合していくはずである．ところが近年のゲノム規模の解析により，交雑はしても，互いの遺伝的な特徴は他方のゲノムの中に一様に浸透していくわけではないことがわかった（Albert *et al*., 2006）．つまり，これら2種の間では，遺伝的に完全に混ざりあうことを妨げる生殖後隔離が成立しているのである．その詳細なメカニズムは不明だが，これはウナギ属魚類ではじめて，交雑による種間の遺伝子流動を保ちながら起こる分化が示された例であり，このことは，これら2種が今後も独立してそれぞれの種を維持していくこと，またウナギ属魚類でも個体の移動を妨げる物理的な障壁がない場合にも種分化が起こりうることを示唆している．

南半球では，オーストラリア大陸の東岸とニュージーランドにオーストラリアウナギ *Anguilla australis* が分布する．これらは単一種として扱うべきという議論があるものの（Djikstra and Jellyman, 1999），分類学的には互いに亜種とされており，実際に，これらの間にわずかな遺伝的差異が認められている（Shen and Tzeng, 2007）．本種の産卵場は，バヌアツを挟んでソロモン諸島の南ともフィジーの西ともいわれているが，現時点では確定に至っていない．したがって，その生態は不明な部分が多いが，オーストラリアとニュージーランドに接岸するシラスウナギの日齢が異なることから（Arai *et al*., 1999），産卵場もしくは回遊経路が異なるなどして，別々の繁殖集団を維持しているものと思われる．

ウナギ属魚類の中で最も広い分布域をもつオオウナギは，アフリカ大陸東岸からインドネシア多島海を経て，タヒチまでの東太平洋と，北は日本までの西部北太平洋沿岸に分布する．複数の大洋を跨いで広く分布する本種がたった1つの産卵場に由来するとは考えにくく，実際に北太平洋，南太平洋，インド洋，マリアナ諸島周辺海域に，遺伝的に互いに異なる4つの集団が存在する（図2.4）（Minegishi *et al*., 2008）．すなわち，本種は，場所もしくは産卵時期などを異にする最低4つの産卵場をその分布域のどこかにもつのである．

さらに，これら4つの繁殖集団の中の遺伝的構造も様々である．インドネシア

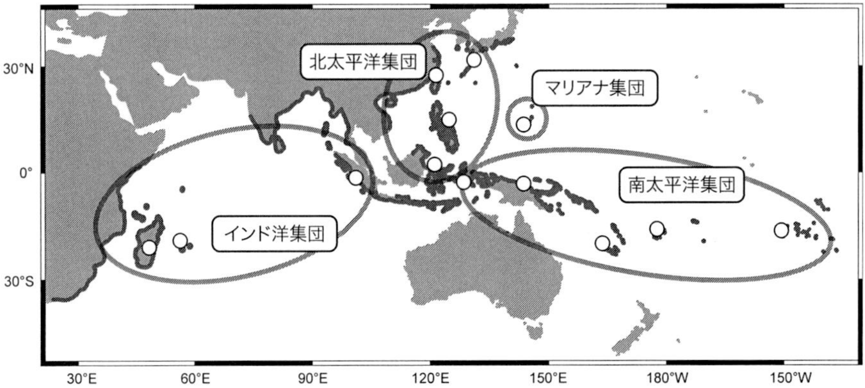

図 2.4　オオウナギの分布域（太線）と遺伝的に異なる 4 つの集団（白丸は Minegishi *et al.*（2008）の標本採集地点を示す）

のスラウェシ島から日本に分布する北太平洋集団は，遺伝的にほぼ均一であるのに対し，パプアニューギニアからタヒチに広がる南太平洋集団の中には部分的に遺伝的に異なる地域があり，南太平洋全体として，ランダムに繁殖を行っているわけではなさそうである．また，マリアナ諸島周辺海域の集団は，地理的には北赤道海流の中に位置するため，北太平洋集団との遺伝的交流が予想されるが，実際には，本集団の遺伝的な特徴はむしろ南太平洋集団のそれに似ている．さらに，インド洋集団は，インド洋全体として遺伝的に混ざってはいるものの，その遺伝子流動の方向は，東部の個体群から西部の個体群へ至る一方向である（Gagnaire *et al.*, 2009）．これらのことは，本種がそれぞれの集団独自の回遊生態をもつことを示唆している．

オオウナギと重複してインド洋に分布するバイカラウナギ *Auguilla bicolor* は，オオウナギのインド洋集団とは対照的に，インド洋の中で遺伝的に均一である．しかし，詳細な分析の結果，本種は今から約 14 万年前に現在の地理分布とは対応しない 2 つの集団に分化していたが，およそ 7 万年前にそれらの集団間で遺伝子流動が始まり，やがて融合して現在の一つの種になったことがわかった（図 2.5）（Minegishi *et al.*, 2012）．本種がかつて 2 つの集団に分化していたときには，集団独自の産卵場や繁殖の時期などがあったはずである．現在本種がインド洋の中で単一の繁殖集団を形成しているということは，かつて分化していた集団それぞれの回遊生態が進化の過程で変化・融合したのかもしれない．

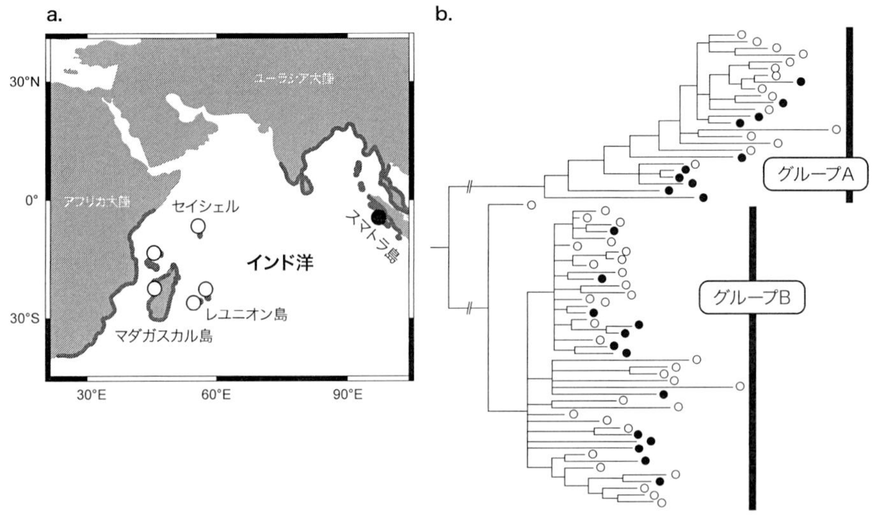

図 2.5　インド洋に分布するバイカラウナギ（a の太線部分）は，かつて，現在の地理分布とは対応しない 2 つの遺伝的なグループ（b）に分化していた（b の遺伝子系統樹上の白丸は，a の地図のインド洋西部の地点から採集した標本を，黒丸はインド洋東部から採集した標本を示す）

近年，ゲノム解析など，大規模な集団解析が可能になり，遺伝子流動を伴う分化や過去の集団分化のシグナルなど，これまで観察することのできなかった遺伝的変異を調べられるようになった．種の中の遺伝的な構造が異なるということは，それぞれの種や集団の生態や歴史が異なることを意味する．また，バイカラウナギで見たように，ウナギ属魚類の現在の多様性を理解するためには，現在だけでなく，過去の遺伝子流動の歴史も知る必要がある．ウナギ属魚類では，集団構造がわかっていない種も少なくない．集団構造を明らかにすることによって，その生態と進化過程解明のヒントを得られるであろう．　〔峰岸有紀〕

2.4 生　活　史

ウナギは熱帯・亜熱帯の外洋で生まれ，柳葉のような形をしたレプトセファルスから透明な稚魚であるシラスウナギを経て河川生活期に入る．色素が発現して黒化したクロコ，腹が黄色味がかった黄ウナギへと成長した後，銀ウナギに変態して外洋の産卵場へ帰る（図 2.6）．ウナギは，一生のうちに外洋から河川までの非常に多様な環境を経験する生物だといえる．そして，各生活史段階ではそれぞ

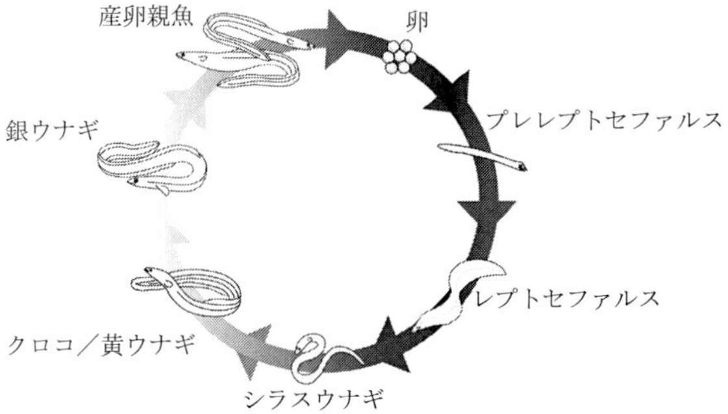

図 2.6　ウナギの生活史（Jacoby *et al.*, 2015 を改変）

れの生息場所に適応した形態や生態をもつ．

2.4.1　卵からレプトセファルス

ウナギの生活史は全て，熱帯・亜熱帯の外洋域から始まる．2009 年，ニホンウナギにおいて，天然で産み出されたウナギの受精卵（以下，卵と略す）がはじめて採集された（Tsukamoto *et al.*, 2011）．その卵の直径はおよそ 1.6 mm，囲卵腔が大きいのが特徴である．卵から孵化した前期仔魚は，プレレプトセファルスと呼ばれ，徐々に平たい葉形へとその体型を変える．このとき，目は黒化し，口には前方に突き出た歯が生え，顎が形成される（図 2.7）．孵化後 7 日目以降になると卵黄と油球は吸収され，外部栄養への転換が起こり，摂餌を始める．これ以

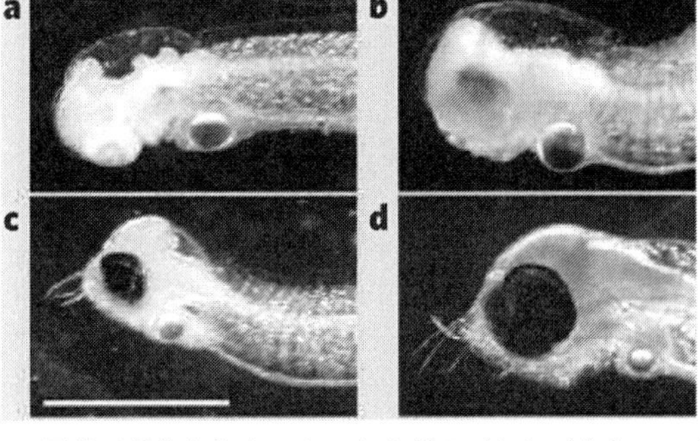

図 2.7　天然で採集されたニホンウナギのプレレプトセファルス（Tsukamoto, 2006）
a. 初期，b. 目が黒化し始める，c. 歯が生える，d. 顎が形成される．

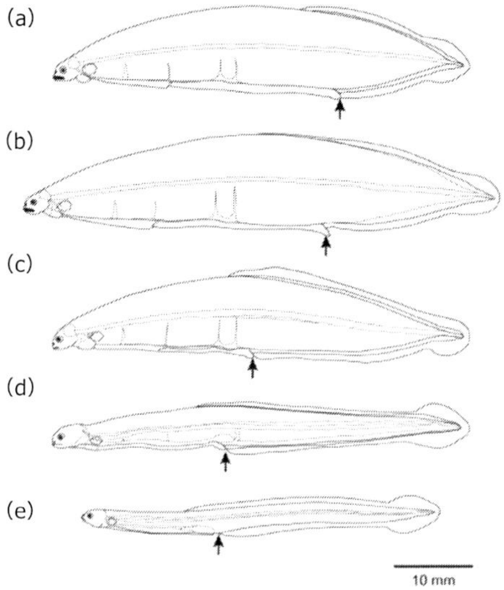

図 2.8　レプトセファルスからシラスウナギへの変態（Kuroki *et al.*, 2010）
a．最大伸長期付近のレプトセファルス，b〜d．変態期，e．シラスウナギ．
矢印は肛門の位置を示す．

降の仔魚は，レプトセファルスと呼ばれる．レプトセファルスの透明な柳葉状の形態は，ウナギを含むカライワシ上目が共通してもつもので，外洋を浮遊して過ごすのに適応した形であると考えられる．ウナギの仔魚期間は種によって異なり，セレベスウナギでは3カ月程度であるのに対し（Arai *et al.*, 2001），ニホンウナギでは4〜5カ月（Fukuda *et al.*, 2018），ヨーロッパウナギでは7〜9カ月，あるいは2年程度もかかるとの説もある（Bonhommeau *et al.*, 2010）．レプトセファルスは十分大きくなるとシラスウナギへと変態する（図2.8）．変態が始まると，肛門，背鰭および尻鰭の始部が前方へと移動し，体高は次第に低くなる．また，全長は収縮し，脊索は硬骨化して脊椎が形成される．変態が終わると，円筒形のウナギ型をした透明な稚魚，シラスウナギになる．

2.4.2　シラスウナギからクロコ

シラスウナギは，成長するための生息場所となる沿岸・河川に向かって移動する．外洋で変態したシラスウナギが沿岸までの間，どの水深を遊泳し，何を手がかりに沿岸の方向を定めているかはまだわかっていない．沿岸に近づくと，潮汐流があるため，上げ潮時に選択的に浮上遊泳を行い（selective tidal stream

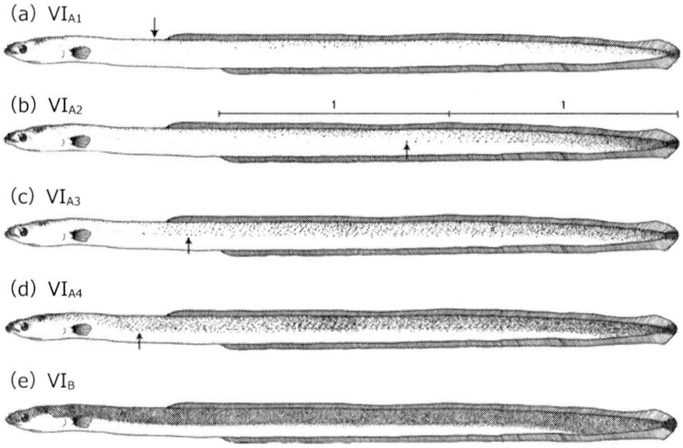

図 2.9 シラスウナギの色素発達段階（Fukuda *et al.*, 2013）
矢印は，各色素発達段階を特徴づける色素発現位置を示す．

transport），効率的に接岸するといわれる（Fukuda *et al.*, 2016）．接岸したシラスウナギは，次第に表皮に色素を発現させ，その後の底生生活に適応した姿に変わる．ニホンウナギにおけるシラスウナギの発達段階は，色素発現の進行程度により V_A〜VI_{A4} の 8 段階に区分されている（図 2.9）．シラスウナギは養殖用種苗として用いられるため，水産上の価値がきわめて高く，ニホンウナギでは冬になると河口を中心に，漁が盛んに行われる．体表に色素が十分発現すると，クロコ（VI_B，英語では elver）と呼ばれる．春以降，水温が上がり始めるとクロコになるが，一般的には 30 cm 以下の小型ウナギは漁獲制限が敷かれるため，サンプル入手が難しくなり，クロコの生態もあまりよくわかっていない．

2.4.3 黄ウナギから銀ウナギ

クロコが成長すると，腹側にうっすらと黄味を帯びた黄ウナギになる．生息環境によっては，体色の青みがかったアオウナギと呼ばれるものや，斑紋のあるゴマウナギと呼ばれるものもいるが，これらも黄ウナギ段階のバリエーションに含まれる．黄ウナギ期には，河川域に生息する川ウナギもいれば，河川に遡上せず汽水に棲む河口ウナギや，海水の干潟・内湾域に棲む海ウナギもいる．これは，海で生まれ川で成長するウナギの降河回遊性は，実際には可塑的なものであり，生活史多型（あるいは回遊多型）があることを意味する．雌雄への分化は，クロコから 30 cm 程度の黄ウナギになる間に受ける環境により左右されると考えら

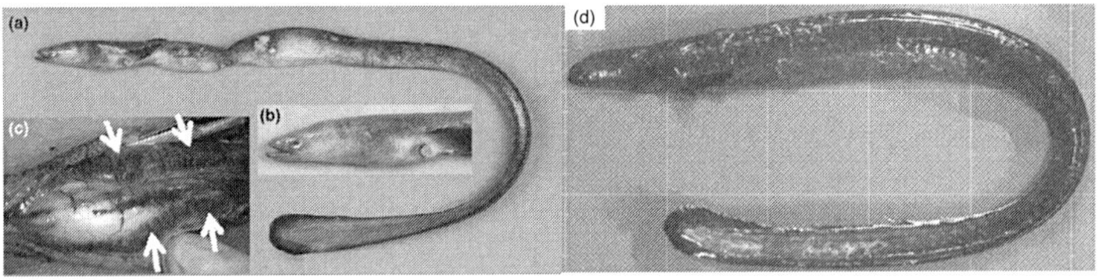

図 2.10　産卵場で捕獲されたニホンウナギ親魚（Chow *et al.*, 2009; Kurogi *et al.*, 2011）
a. 2008 年 9 月に捕獲された雌（全長 55.5 cm), b. 頭部, c. 開腹でみられた排卵痕（矢印),
d. 2008 年 6 月に捕獲された雄（全長 51.3 cm).

れ, 雌雄比は各地の河川や湖, あるいは生活史型によって異なることが知られる. 性比を偏らせる具体的な要因として, 個体数密度などが候補として考えられるが, 遺伝的性の有無も含め, 未解明な点は多い.

ニホンウナギでは, 雄は 5 年前後, 雌は 10 年前後, 黄ウナギとして沿岸・河川で成長した後, 銀ウナギへと変態し, 産卵回遊に向かう. 変態後は, 体表は黒く, 目は大きくなり, 胸鰭は黒化するとともに伸長し, 消化管壁は薄くなって, 生殖腺の成熟が進む（図 3.22). ニホンウナギは秋に銀化し, 増水時や低気圧が通過するとき, 風の吹くときに産卵回遊を開始する. ウナギの産卵場はどの種も熱帯・亜熱帯にあり, 成育場と産卵場を結ぶ産卵回遊距離は, 例えば熱帯種のセレベスウナギでは 80〜300 km, 温帯種のニホンウナギやヨーロッパウナギではそれぞれ 2000〜3500 km, 4000〜8000 km と, 種によって大きく異なる（Aoyama *et al.*, 2003). 2008 年, 世界ではじめてニホンウナギとオオウナギの親魚が, 産卵場で捕獲された（図 2.10). その生殖腺の状態から, ウナギは産卵年に月を跨いで複数回繁殖に参加すると考えられ, その年の繁殖が終わると, 河川に戻ることはなく, ウナギの一生は終わる.

ウナギは, 一生のうちに外洋と陸水域の間を大きな地理的スケールで回遊し, その過程で偶発的に遭遇する多様な環境に対して順応的に生きていることが次第に明らかになってきた. 淡水や海水で成長する個体がいたり, 水系や生息場所によって性比が異なったり, 成長に幅広い個体差がみられたりするのは, 多様な環境へ適応したウナギの生活史戦略と密接に関係するものと考えられ, その全容の解明が今後期待される.

〔**福田野歩人**〕

2.5 食　　性

餌を摂ることは成長の必須条件である．何をどのように食べているのか，またそれは成長や環境によってどう変わっていくのか，いろいろと興味深い課題がある．しかし，ウナギの摂餌に関する知見は多くない．本節では黄ウナギの食性に関する現在の情報をまとめた．

2.5.1 黄ウナギの食性と環境による違い

河川生活期の黄ウナギは様々な分類群の餌生物を捕食することが知られている．例えばニホンウナギでは，小型魚類，甲殻類（エビ，カニ，ザリガニ類），多毛類（ゴカイ類），貝類，水生昆虫（トンボやカゲロウ類），ヒル類などの水生生物に加えて，貧毛類（ミミズ類），昆虫やその幼虫などの陸生生物も摂食することが，通常の胃内容物調査や炭素と窒素の安定同位体比分析を用いた調査から報告されている（図 2.11）（Kaifu *et al.*, 2013a; Itakura *et al.*, 2015; Kan *et al.*, 2016）．黄ウナギの胃内容物から植物が出現したとの報告例もあるが，ウナギが偶然捕食した可能性も否定できない．黄ウナギは原則肉食性であり，彼らが生息する河川生態系の高次捕食者であると考えられる．

黄ウナギの食性は環境によって変化する．岡山県児島湾－旭川水系における研究例では，汽水域に生息するニホンウナギは主にアナジャコ *Upogebia major* を摂餌するのに対して，同水系の淡水域に生息する個体は，主に外来種のアメリカザリガニ *Procambarus clarkii* を摂餌することが報告されている（Kaifu *et al.*, 2013a）．また，汽水域に生息する黄ウナギの年間摂餌量は淡水域のそれと比べて高い．このため汽水域に生息する個体の年間成長速度の方が淡水域に生息する個体よりも大きくなっているようである（Kaifu *et al.*, 2013b）．利根川水系の淡水域の研究例では，河岸が土や植生で形成された水域（自然河岸域）周辺に生息する黄ウナギは陸生のミミズ類を摂餌していたが，河岸がコンクリート護岸で形成された水域（護岸域）周辺に生息する個体からはこれらの餌生物は出てこなかった（Itakura *et al.*, 2015）．また同研究の中で，護岸域に比べて自然河岸域に生息する個体の方が肥満度が高いことが示されているが，その一因として，自然河岸域に生息する個体の摂餌量が護岸域に生息する個体のそれと比べて多いことがあげられている．

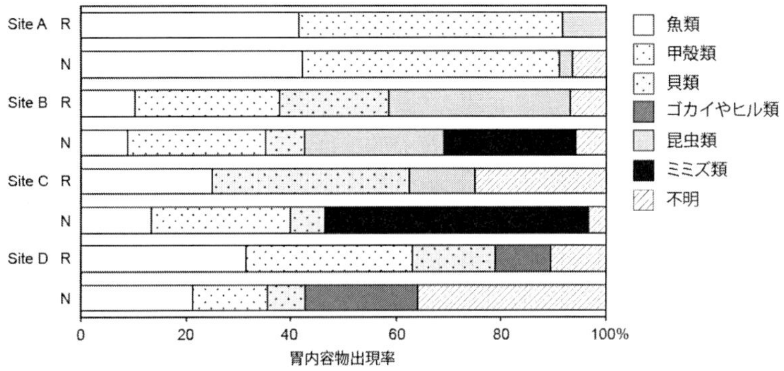

図 2.11　胃内容物分析から明らかになった利根川水系下流域における黄ウナギの摂餌メニュー（Itakura *et al.*, 2015 を改変）

Site A は印旛沼, Site B と Site C は本流淡水域, Site D は本流汽水域を示す．R は護岸域, N は河岸が土や植生からなる河岸域を示す．各分類群の主な種としては，ヌマチチブ *Tridentiger brevispinis*, アシシロハゼ *Acanthogobius lactipes*，テナガエビ *Macrobrachium nipponense*，アメリカザリガニ *Procambarus clarkii*, モクズガニ *Eriocheir japonica*, カワヒバリガイ *Limnoperna fortunei*, ヒメヤマトゴカイ *Hediste atoka*, フトミミズ科 *Metaphire* 属，オオユスリカ *Chironomus plumosus* 幼生，アカツキシロカゲロウ *Ephoron eophilum* 幼生，コシアキトンボ *Pseudothemis zonata* 幼生，ボクトウガ科 *Streltzoviella insularis* 幼生，ヒダビル *Limnotrachelobdella okae* などが黄ウナギの胃から出現している．

2.5.2　成長による食性の変化

黄ウナギの食性は成長に伴って変化することが報告されている．ヨーロッパウナギでは，小型のウナギが無脊椎動物を摂餌する一方で，大型のウナギは魚食性を示す（Michel and Oberdorff, 1995）．ニホンウナギでは，小型個体は主にミミズ類や多毛類などを捕食し，大型個体は魚類に加えて甲殻類を捕食するようになる（Tzeng *et al.*, 1995）．また，ニュージーランドに生息するオーストラリアウナギやニュージーランドオオウナギでは，小型個体は端脚類，ミミズ類，水生昆虫を利用するが，大型個体になると魚食性が強くなる（Jellyman, 1989）．小型個体は比較的サイズが小さく体が柔軟な生物を捕食するが，成長して大型個体になると，比較的大きな，体の硬い生物を捕食するようになる．一般に，餌を丸ごと食べる魚類の利用可能な餌のサイズは口の大きさに制限されるため，成長して魚体サイズが増大すると，それに伴って最適な餌サイズも大きくなる．そのため，黄ウナギは成長に伴って摂餌メニューを変化させ，自分の体サイズに最適な餌生物を捕食することで，摂餌から得られるエネルギーを最大化させている．

2.5.3 摂餌時間と時期

ウナギは夜行性であるため，摂餌は主に夜間行われる（2.7 節参照）．そのため，午後に採集された個体は午前中に採集された個体に比べて摂餌をしてから時間が経ち，消化が進んでいるため，空胃率が高い（Kaifu *et al.*, 2013）．また，黄ウナギの年間の摂餌時期にも季節性が認められる．ニホンウナギの活動の最適水温範囲は 13.2〜25℃で，これを下回ると摂餌を行わなくなることが報告されている（松井，1972）．バイオテレメトリーによって河川の淡水域におけるニホンウナギの活動を調べた調査では，黄ウナギは水温が 13℃以上になる春〜秋季にかけて活動を行う一方で，水温が 13℃を下回る冬季には活動が低下，あるいは停止することが示されている（2.7 節参照）．こうした活動度の季節変化同様，摂餌行動も春〜秋季に行われ，水温が 13℃を下回る冬季の間には摂餌を停止するものと推察される．ところが，淡水域よりも水温が高い汽水・海水域の内湾では，捕食に伴う寄生虫の感染動態に関する最近の研究から，ニホンウナギが年間を通して摂餌を行っている可能性のあることが示されている（Katahira *et al.*, 2016）．今後，こうした摂餌活動の季節変化については，海水〜淡水域まで連続した環境下で，周年にわたって詳細に調査していくことが求められる．

2.5.4 摂餌戦略

ウナギは水系単位あるいは個体群全体で見ると実に多様な分類群の餌生物を利用している．しかし，個体レベルや各回の摂餌行動においては単一の餌生物種を専食する傾向があることがニホンウナギ（Kaifu *et al.*, 2013a）やヨーロッパウナギ（Dörner *et al.*, 2009），オーストラリアウナギやニュージーランドオオウナギ（Jellyman, 1989）などで報告されている．ウナギの中には，生息する餌生物組成が大きく異なる環境（例えば，汽水域と淡水域）の間を移動する個体も存在するため，それぞれ移動先の環境に応じて柔軟に捕食対象種を変化させるものと考えられる．実際，ヨーロッパウナギでは各回の摂餌では単一の餌生物種を専食する傾向がある一方で，餌生物の分布密度に応じて捕食対象種を変化させることが報告されている（Dörner *et al.*, 2009）．すなわちウナギは，様々な生息環境や餌生物の量に応じて柔軟に捕食対象種を変化させることができると同時に，各回の摂餌においては量的に豊富な単一の餌生物種を専食することによって，生息域の餌資源を最小の努力で最大限効率よく利用しているものと考えられる．

摂餌は個体の成長を決定する重要な要因であり，好適な摂餌は好成長を生む．

ここでは，ウナギが成長段階や時期，環境に合わせて最適な食性を選ぶことを見てきたが，こうしたウナギの食性の柔軟性や可塑性こそが，様々な水圏環境にウナギを適応させ，したたかに繁栄させてきた一因であろう．〔板倉　光〕

2.6 成　　長

ウナギの成長速度は環境で大きく異なる．例えばニホンウナギでは，天然水域で成長に10年以上を費やすサイズに，養鰻場ではわずか1年で達する．また，変温動物のウナギの成長は，第一に温度環境に依存するが，ウナギ属全体を見ると，赤道直下の熱帯からアイスランドの亜寒帯まで，非常に幅広い温度環境に適応している．同時に，可塑的な降河回遊生態をもつウナギ属魚類の成長は，小河川から大河川，河口域や内湾域といった様々な生息環境からも影響を受ける．さらに，同一の環境下においてもウナギの成長には大きな個体差が生じうることがよく知られている．そのため，ウナギの成長は，環境に依存した変幻自在の柔軟性をもつ特性であるといえる．

2.6.1 トビとビリ

養殖環境では，ウナギの成長にきわめて大きな個体差があり，また，天然水域での成長と比べて，非常に高成長であることがよく知られている．日本でのウナギ養殖のサイクルには単年養殖と周年養殖がある．単年養殖では，シラスウナギを12月～翌1月に池入れし，その年の夏（7月下旬～8月上旬）の「土用の丑の日」に間にあうよう約6カ月間養殖する．周年養殖では，2～4月にかけて稚魚を池入れし，その年の土用の丑の後の9月～翌7月の出荷を目指して養殖する．つまり池入れ時点で体重0.2gであったシラスウナギを，6カ月から1年半かけて日本で食用とされる体重（150～250gほど）にまで育てて出荷している（白石・クルーク，2015）．養鰻場という単一の環境においても，ウナギの成長には大きな個体差がある．養鰻場でシラスウナギ・クロコ期に餌付けされた後，成魚用池で養成されているウナギから，非常に成長が早い大型個体の「トビ」と成長の遅い小型個体の「ビリ」がみられるようになる．

2.6.2 成長の性差

ウナギは稚魚の時点で性別が決まっておらず，シラスウナギ期から黄ウナギ期初期にかけて経験した環境により，雄に分化するか雌に分化するかが決まると考えられている．また，養殖ウナギではそのほとんどが雄となることが経験的に知られている．ウナギの成長には性差があるといわれているが，科学的には未解明な点も多い．雄は黄ウナギ期初期の成長が早く，雌は大型になると雄よりも成長が早くなると理解されている．この現象は，以下のように解釈することもできる．すなわち，雌より小型で銀ウナギとなる雄は，天然水域で大型の黄ウナギとなることがなく，高成長・若齢で銀化サイズに到達した個体より成育場から移出する．その結果，残った大型個体の雄は主に低成長の個体で構成され，見かけ上，性差があるように観察されているのかもしれない．初期成長の性差については，初期の成長によってウナギの性分化が影響を受ける可能性と，実際に性別ごとに成長速度が異なる可能性の両方が考えられる．

2.6.3 年齢と生息域

天然水域におけるウナギの成長にも大きな変異がみられる．これに伴って，それぞれの生息域に辿り着いた黄ウナギの性比や銀化サイズ，降海年齢も，成育場の各河川・水系の環境によって大きく変化する．ウナギの年齢ごとの平均的な成長速度を，個体のサイズと耳石から推定される年齢の関係から算出すると，ウナギの成長速度は黄ウナギ期初期に高く，年齢とともに低下し，大型・高齢個体になると下げ止まる傾向が観察される（図 2.12）．推定された年齢と全長の関係を von Bertalanffy の成長式にあてはめてみると（図 2.13），基本的には体サイズに依存する銀化による成育場からの移出のため，見かけ上，高齢個体の成長が停滞しているように誤解されやすい．しかし，耳石輪紋間隔を用いて，個体ごとに成長履歴を推定すると，高齢での成長停滞は必ずしもみられるものではない．例えば，銀化するまでの黄ウナギ期を通して毎年一律の成長を示す個体から，銀化する直前の数年間に大きく成長した個体など，成長履歴には大きな個体差が観察される．そのため，再生産へのエネルギー投資のため初回成熟以降に成長が停滞する多回産卵の魚類とは異なり，ウナギにおいては，高成長個体の銀化による移出を考慮して成長を理解する必要がある．さらに，河川淡水域や河口域，あるいは内湾域などの生息環境によっても成長率は異なり，一般に，汽水域における成長が淡水域よりも早いことが報告されている．そのため，河口域はウナギにとって生産的な生息域であるといわれている．実際に，静岡県浜名湖，岡山県児島湾などで行われた研究では，汽水域における若齢時のウナギの成長は，河川淡水域に

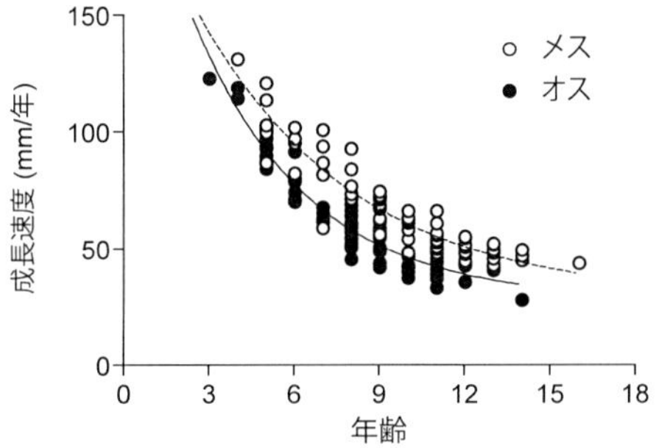

図 2.12　浜名湖における銀ウナギ期のニホンウナギの年齢と成長速度の関係(Yokouchi *et al.*, 2012 より作成)

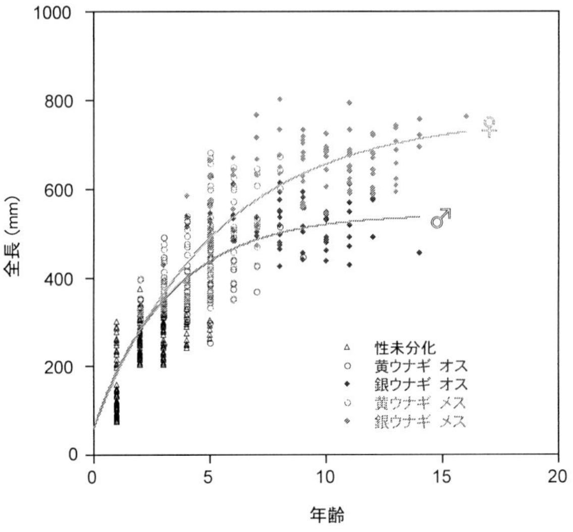

図 2.13　浜名湖と流入河川におけるニホンウナギの全長と年齢の関係と von Bertalanffy の成長曲線 (Yokouchi *et al.*, 2008; 2012 をもとに作成)

比べて早いことが報告されている (図 2.14).

2.6.4　分布緯度

世界に 19 種・亜種が知られているウナギ属魚類において，個体の成長は，温度との関係を切り離すことができない．分布緯度範囲の異なる複数のウナギ属魚類において，好適水温帯は異なり，最も高緯度まで分布するヨーロッパウナギでは 23℃ (Sadler, 1979), 台湾から日本まで分布するニホンウナギでは 26℃ (松井,

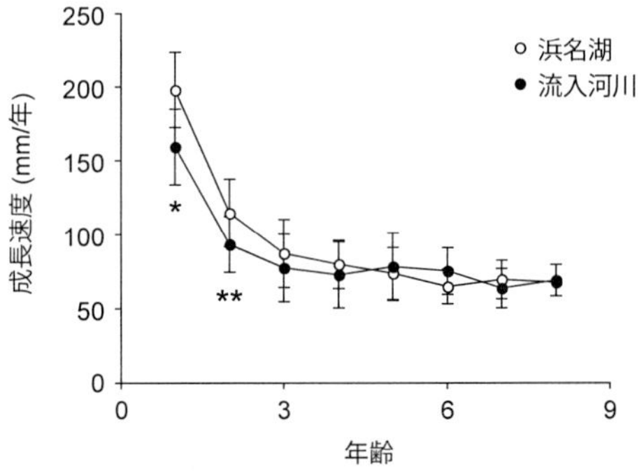

図 2.14 汽水域と淡水域のニホンウナギの年齢ごとの成長速度（Yokouchi *et al.*, 2008 より作成）

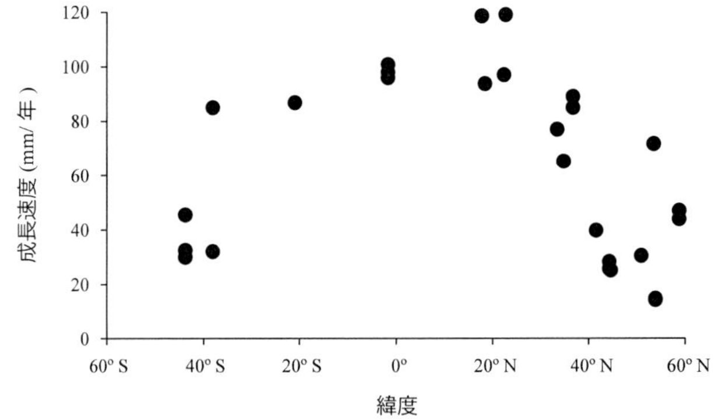

図 2.15 ウナギ属魚類の銀ウナギの成長速度と緯度の関係（Hagihara *et al.*, 2018 より作成）

1972）が好適水温として報告されており，ニホンウナギの好適水温帯はヨーロッパウナギと比べるとやや高い可能性がある．

天然水域に生息する個体から推定されたウナギの成長速度をみてみると，属内の成長速度にも大きな幅がある．これまでに推定された銀ウナギの成長速度は，北緯 37° の北アフリカから北緯 70° の北欧にかけて，ヨーロッパウナギの成長に関する知見をとりまとめた研究では（Vøllestad, 1992），雄は平均 70.5 mm/年，雌で平均 71.7 mm/年であると報告されている．高緯度域での低成長については，アイルランド Burrishoole 水系（北緯 53°）で，平均 13.8～14.8 mm/年であったとの報告もある（Poole and Reynolds, 1996）．アメリカウナギでは，北緯 41° から 50° にかけて，平均 20.5～39.8 mm/年と報告されている（Oliveira, 1999;

Jessop, 1987; Jessop *et al.*, 2004; 2009). 一方，熱帯域に分布するウナギでは，研究例が限られているが，標本数の多いものでは例えば，インドネシア（南緯 1°）のセレベスウナギで平均 100.7 mm/年，オオウナギで平均 97.9 mm/年であると報告されている（Hagihara *et al.*, 2018). ウナギの成長速度と緯度との関係は，温帯域では 20～80 mm/年，赤道から南北 20° の範囲の熱帯域では 80～100 mm/年であることから，熱帯域におけるウナギは温帯に比べ，その成長は早いものと考えられる（図 2.15）（Yokouchi *et al.*, 2008; Hagihara *et al.*, 2018). 〔横内一樹〕

2.7 行　　　動

ウナギが大陸の成育場と外洋の産卵場の間で行う大規模な回遊行動は，古くから人々の興味を掻き立ててきたが，生活史の大部分の期間を占める河川や湖沼などにおける定住生活中の行動については，これまであまり注意が払われてこなかった．しかし，近年の電子機器の発達により，河川定住生活中の行動を長期にわたって詳細に観察することができるようになった．

2.7.1 活動の日周性

ウナギ属魚類が夜行性であることは広く知られている．黄ウナギは日中，植生や岩の間，泥や砂の中の巣穴に身を潜めて生活しているが，日没後暗くなると，巣穴から出てきて活動を開始する．河川の淡水域におけるバイオテレメトリーを用いたニホンウナギの調査例では，ウナギの活動度は昼よりも夜間の方が高いこと，一晩の最大移動距離は平均約 150 m で，昼間のそれ（約 60 m）よりも長いことが報告されている（図 2.16）．夜間の活動の目的は主に摂餌であると考えられる．ウナギが最も釣獲される時間帯は日没直後であると漁業者はいうが，実際，活動は日没直後の 18：00～20：00 頃と日の出直前の 3：00～4：00 頃に最大になる（Itakura *et al.*, 2017)．

一方で，飼育下では昼夜を問わず活動する様子がしばしば観察され，餌を与えると昼間でも摂餌する．また，上の研究例にもあるように，ウナギは昼間でもある程度は活動しており，弱い夜行性と考えられている（Walker *et al.*, 2014; Itakura *et al.*, 2017)．その活動は光と密接に関係していると考えられているが，このような昼間にみられる活動は，曇りや雨など光量を減少させる気象条件と関係しているのかもしれない（LaBar *et al.*, 1987; Baras *et al.*, 1998)．

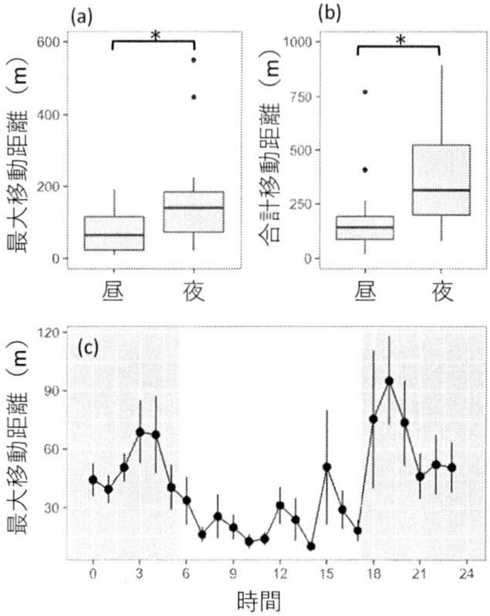

図 2.16　バイオテレメトリーで推定された黄ウナギの昼夜における（a）最大移動距離と（b）合計移動距離，および（c）時間ごとの最大移動距離（Itakura *et al.*, 2017 を改変）

アスタリスクは統計的に有意な差があることを示している．(c)の白の背景は昼，灰色の背景は夜間を示す．昼に比べて夜に移動距離が長いことがわかる．

2.7.2　活動の季節性

年間のウナギの活動には季節性が認められる．一般に，水温が高くなる春季から秋季にかけて活発に摂餌を行い成長するのに対し，水温が低下する冬季には活動度が低下する傾向がみられる．ニホンウナギは最適水温範囲（13.2〜25℃）を下回ると摂餌を行わなくなることが報告されている（2.5 節参照）．実際，河川の淡水域では，ニホンウナギは水温が 13℃ 以上となる春〜秋季（3〜11 月）にかけて活動し，13℃ を下回る冬季（12〜2 月）には活動が低下，あるいは停止する（Itakura *et al.*, 2017）．このような年間でウナギが活動する水温帯は種によって異なるものの，低水温下で活動度が低下する傾向はウナギ種間で共通している．ヨーロッパウナギでは春季（水温 12℃）に最も活発となるのに対し，冬季には活動量が減少し，水温が 3℃ となる時期に活動量が最小となることが示されている（Baras *et al.*, 1998; Ovidio *et al.*, 2013）．また，ニュージーランドに生息するオーストラリアウナギやニュージーランドオオウナギでは，水温が 6℃ 以下になると活動量が低下するが（Jellyman, 1991; 1997），水温がこの温度を下回らない限り活動に変化がみられないと報告されている（Jellyman and Sykes, 2003）．

上述の研究例では，ウナギは季節を通して特定の生息場所にとどまる傾向がみられた．これに対し，季節によって活動場所を変化させる個体の存在も確認されている．アメリカウナギでは，河川淡水域に生息する個体の一部が摂餌のために春〜秋季に河口（汽水・海水）へ降ることや，その一部が冬季になると再び河川淡水域へ遡上して越冬することが報告されている（Thibault *et al.*, 2007; Hedger *et al.*, 2010; Béguer-Pon *et al.*, 2015）．

2.7.3　回帰行動とホームレンジ

ウナギが回帰性をもつことは，移送放流実験によって確認されている．古くは捕獲したウナギに外部標識をつけ，捕獲場所から離れた場所に移送して放流し，その後どこで再捕獲されるか観察した結果である．最近では，超音波発信機を装着して，これを追跡・観察するテレメトリー法がよく用いられる．例えばニホンウナギでは，河川淡水域において，捕獲地点から約800 m離れた場所から放流したところ，平均6日以内にもと生息していた捕獲場所周辺に回帰したことが報告されている（図2.17）．さらにアメリカウナギやヨーロッパウナギでは，様々なスケールでの移送放流実験の結果，もとの場所へ回帰することが知られている（Tesch, 1967; Parker, 1995; Béguer-Pon *et al.*, 2015）．中には同一水系内の淡水〜汽水域間における十数kmの移送例や水系外への数百kmの移送実験も含まれている．このような成育場内での回帰行動に加えて，ウナギ属魚類は大陸の成育場から外洋の産卵場まで数千kmにも及ぶ大規模な産卵回遊行動を示す．このためウナギは，移送距離や生息場所，生活史段階にかかわらず正確な方位決定能力と回帰性をもっているのかもしれない．

大規模回遊を行う海洋での移動性とは対照的に，黄ウナギ期は定住性が強い時期である．個体差は大きいものの，移動してもその距離は概して短く，数年にわたって同じ場所にとどまる．その行動範囲のことをホームレンジと呼ぶ．例えば，ニホンウナギの年間のホームレンジと移動距離は平均してそれぞれ0.085 km^2，744 mであると見積もられている（Itakura *et al.*, 2017）．また，ヨーロッパウナギでは年間の移動距離が数km以下にとどまることが報告されている（Walker *et al.*, 2014; Verhelst *et al.*, 2017）．オーストラリアウナギやニュージーランドオオウナギではさらに短く，年間の移動距離が150 m以下にとどまるとの報告もある（Jellyman and Sykes, 2003）．アメリカウナギでは，上述のように数百kmに及ぶ淡水－汽水域間のハビタットを季節的に移動する個体の存在も確認されてい

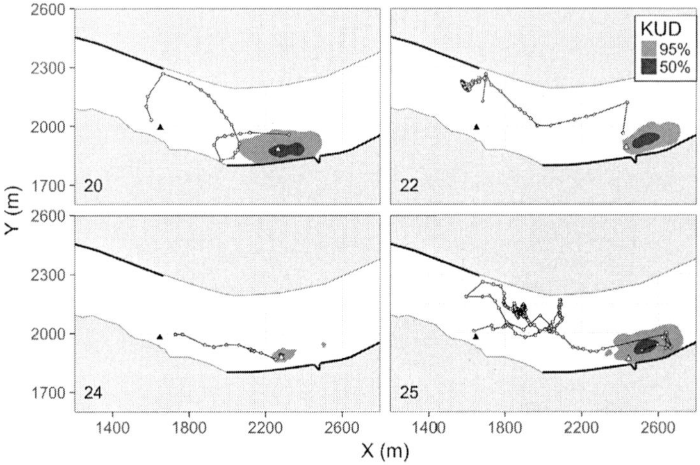

図 2.17 バイオテレメトリーで明らかになった黄ウナギの回帰行動と行動範囲
白と黒の三角はそれぞれ捕獲場所と放流場所を示す．白丸と線は黄ウナギの移動の軌跡を示す．河川内の灰色と黒色のエリアは，カーネル密度によって推定された利用エリア（kernel utilisation distributions：KUD）で，それぞれホームレンジ（行動範囲）とコアエリア（分布の中心）を示す．岸辺のグレー線と黒線はそれぞれ植生とコンクリート護岸を示す．各パネルの左下の数字は個体番号を示す．

るが，定着期の移動距離はせいぜい数 km 以下にとどまることが報告されている（Hedger *et al.*, 2010; Béguer-Pon *et al.*, 2015）．さらに，ウナギは岸辺に近い水域を主な活動場所としており，岸辺に沿った移動がみられるものの，対岸への移動はあまりみられず，限定的な空間利用をしているらしい（Jellyman and Sykes, 2003; Thibault *et al.*, 2007; Itakura *et al.*, 2017）．強い回帰性に加えて，狭いホームレンジや限定的な空間利用は，黄ウナギの強い生息環境への定着性を示している．個体ごとに慣れたホームレンジ内において餌を探すことで，効率的な摂餌が可能になっているのだろう．結果的に，このような黄ウナギ期の定着性の強さは，成長後に銀ウナギとして産卵場までの大規模回遊を行うためのエネルギーを，効率よく獲得するための戦略であるのかもしれない．すなわち，淡水生活期の黄ウナギの行動の最大の特徴は定着性であるといえよう．それはとりもなおさず，成長を効率よく進めるための特性であるといえそうだ．〔板倉　光〕

2.8　回　　　遊

生物の誕生から繁殖，死亡までの一生のサイクルを生活史という．その生活史の中で最重要のイベントは，個体の成長と子孫を残すための繁殖である．多くの魚類は，その成長段階や環境変化に応じて生息域を移す．この生息域の移動が特定の季節や生活史のある段階に対応し，定期的に起こる場合を回遊と呼ぶ．魚類の回遊の多くは産卵場と成育場の間の移動と定義できる．したがって，回遊は生活史と切り離しては考えられない．ウナギはその生活史の中に回遊をどのように組み込んでいるのだろうか．

2.8.1　降河回遊

海と川を行き来する回遊を通し回遊と呼ぶ．この回遊は，移動した先の塩分がもといた環境と大きく異なる点で，河川あるいは海洋のみで行われる回遊とは区別される．通し回遊には3つの型がある．すなわち産卵のために川を下る降河回遊，産卵のために川を上る遡河回遊，産卵とは無関係に川と海を行き来する両側回遊である．ウナギは降河回遊を行う代表的なグループで，遡河回遊はサケ科魚類に広くみられる．また両側回遊にはアユ，ボウズハゼ，ボラ，スズキなどがあげられる．ちなみに，日本における降河回遊魚には，ニホンウナギやオオウナギのほかに，アユカケ，ヤマノカミ，ユゴイ，オオクチユゴイなどがある．

2.8.2　回遊の進化

通し回遊魚の地理分布に着目すると，降河回遊魚は赤道を中心に両半球の低緯度域に多く分布するのに対し，遡河回遊魚は北半球の高緯度域に多い．低緯度域では海の生産力が低く，川の生産力は高いので，深海魚に起源をもつウナギの祖先が，偶発的に川へ遡上した結果，高成長を示し，海にとどまった個体より多くの子孫を残すことになった．この川を成育場とした個体の遺伝子が集団内に広まり，やがて海と川の間の定型的な回遊が定着していった．その結果，低緯度域では降河回遊現象が多くみられるようになったと考えられている．一方，高緯度域は逆に川より海の生産力が高いため，上述した進化過程と反対の事象が起こり，サケ科魚類のような遡河回遊魚が多くなったと考えられている．

ウナギの地理分布は広く，太平洋の東端と南大西洋を除けば，ほぼ全世界に分布する．その中で種数が多い場所はインドネシア周辺で，7 種・亜種が生息している．ウナギは熱帯に産卵場をもつことからも，その起源は熱帯であるものと考えられる．

ウナギの回遊は，小規模なものから大規模なものへ進化したと考えられている (Tsukamoto *et al.*, 2002; Kuroki *et al.*, 2014)．ウナギの祖先種は，熱帯の産卵場と比較的近くの河川との間で局地的な小規模回遊を行っていたと推察されている．現存種で最も祖先種に近いボルネオウナギ *Anguilla borneensis* は，ボルネオ島とセレベス海やマカッサル海峡などの沿辺海の間で小規模回遊を行っている (Aoyama *et al.*, 2003)．しかし，ウナギの長い進化過程において，レプトセファルスの浮遊適応によって長距離分散が可能になった. 産卵場を熱帯に残したまま，レプトセファルスが高緯度方向へ分散し, シラスウナギが接岸した亜熱帯, 温帯，亜寒帯へと成育場を拡大した．これはレプトセファルスの浮遊適応の結果だけでなく，地質年代をかけて生じた大陸と大洋の配置変化や，それに追随する暖流起源の西岸境界流の変化によるものである．その結果，現在のヨーロッパウナギやニホンウナギのような数千 km に及ぶ大規模回遊が成立した.

2.8.3　仔魚の回遊

孵化してシラスウナギに変態するまでの期間が仔魚期で，この仔魚の浮遊適応機能が産卵場から成育場に至る往路の回遊で重要な鍵となる．ウナギ，アナゴ，ウツボ，ウミヘビなどのウナギ目魚類は皆，仔魚期にレプトセファルス幼生となるが，近縁のカライワシ目，ソトイワシ目，ソコギス目の魚類も同様にレプトセファルス幼生期を経る．しかし, ウナギ目レプトセファルスの尾部後端は丸いが, ソコギス目はフィラメント状に延長しており，カライワシ目とソトイワシ目のレプトセファルスの尾部は二叉する.

形態形質を用いてウナギのレプトセファルスを種同定することは難しい．有用な分類形質が総筋節数と肛門・背鰭始部間の筋節数しかないからである．同所的に数多くの種が分布する熱帯海域では, これらの形質の値が種間で重複するので, 分子遺伝学的手法で同定するしかない．ウナギの仔魚の回遊研究には調査航海が不可欠であるが, その回数は少なく, 例えばニュージーランド固有種のニュージーランドオオウナギのレプトセファルスは，まだ 1 例も採集記録がない.

レプトセファルスは西岸境界流に乗ってそれぞれの成育場へ向かって輸送される．また，成長に伴い日周鉛直移動を開始する．ニホンウナギの場合，毎日夜は水深100 m前後の浅い層に浮上し，昼は200 m前後の深い層へ潜降する（Otake *et al.*, 1998）．昼の深い層への潜降は外敵による捕食を軽減し，夜間の表層への浮上は餌との遭遇を確実にする．さらには，エクマン輸送の影響を強く受け，北赤道海流から黒潮への乗り換えが促進される（Kimura *et al.*, 1994）．レプトセファルスは浮遊適応として体内にグリコサミノグリカンと呼ばれる粘液多糖類を大量に蓄積し，水分含量を上げ，さらには日周鉛直移動を行うことで海流を上手く使い，往路の回遊を行っている．

レプトセファルスは最大伸長期の体サイズまで成長すると，シラスウナギへ変態を始める．最大伸長期の体サイズは種によってほぼ決まっており，それにより河口へ加入するシラスウナギの体サイズも変わってくる．熱帯種は一般に温帯種に比べて小さい．変態期間は約3週間と考えられており，完了すると海流を離脱し，シラスウナギは沖合から岸を目指して接岸回遊する．変態の期間は餌を摂らない．変態する場所は，ニホンウナギの場合黒潮の中と予想されるが，まだ黒潮中で変態期のレプトセファルスが採集された例はない．

2.8.4　回遊多型

黄ウナギ期に河川へ遡上せず，海で一生を過ごす海ウナギと呼ばれる個体群がある（Tsukamoto *et al.*, 1998）．さらに，河口で暮らす個体や，黄ウナギ期の間に淡水域と海水域を一度もしくは複数回移動する個体の報告もある．このような回遊パターンの多様性は「回遊多型」あるいは「生活史多型」と呼ばれている．これらの個体群間で現在，遺伝的な差異は見つかっていない．同種内の単なる生態的表現型の違いと考えられている．よりよい成長のため，個々が成育場の中で行動を変化させ，生息域を移動した結果であろう．

2.8.5　親魚の回遊

成育場で十分に成長した黄ウナギは，目が大きくなり，金属光沢をもつ銀ウナギへ変態する．産卵場へ至る回遊復路の旅支度だ．体サイズや年齢は性や種により異なるが，一般に雄より雌の方が高齢で大型となる．親魚は成育場で蓄積した多くの脂肪を海洋で効率よく使い，産卵場へ回帰する．回遊中にも成熟は進むが，捕食者回避を考えると運動能力を損なうほど成熟は進まないものと推測される．最終成熟に達するのは産卵場に着いてからと考えられる．産卵回遊が始まるともはや摂餌しない．

成育場から産卵場へ至る復路に関する情報は乏しかったが，最近バイオロギング技術がその謎を解き明かしつつある．切り離し装置のついたデータロガーのポップアップタグを海洋生物に装着することにより，生物の遊泳水深や経験水温，また，照度や塩分などの環境情報を記録・入手することができる．設定時刻がくるとポップアップタグは自動で生物から切り離され，海上に浮かび，得られたデータを人工衛星へ送信する．人工衛星から転送されたデータを地上局で回収し，タグを付けた個体の行動を知ることができる．このタグの使用により，海で回遊中の親ウナギの日周鉛直移動が明らかとなった．この日周移動はレプトセファルスのそれよりもダイナミックで，昼は600〜800 m に停滞し，夜は200〜300 m の浅い層へ浮上する．また，種によって深さが異なることも明らかになりつつある（Schabetsberger *et al*., 2016）．この潜降と浮上のタイミングは日出前と日没時と時間が決まっている（Chow *et al*., 2015）．また，この日周鉛直移動の水深の上限，下限の決定要因は，太陽と月による光の閾値と水温限界であるらしい．この行動の意義として，日中は視覚を使った捕食者からの回避，夜間は成熟の促進と考えられている（Jellyman and Tsukamoto, 2010）．

大海原を回遊する親ウナギがどうやって産卵場の方角を知り，また何を感知して産卵地点へ到着したとわかり回遊を止めるのかは，まだ謎のままである．さらに，雌雄が連れ立って回遊するのか，あるいは単独なのかなど，ウナギの回遊には多くの謎が残っている．回遊の諸問題は，魅力溢れるウナギ学究極の問となっている．

〔渡邊　俊〕

2.9　産　卵

ウナギの生態は謎に包まれているといわれるが，中でも最大の謎が繁殖生態である．ウナギがどこで，どのようにして生まれるか，今から2400年前，古代ギリシャの大博物学者アリストテレスも大いに悩んだ．100年ほど前，イタリアの動物学者ジョバンニ・バティスタ・グラッシーらがレプトセファルスという名の奇妙な魚がウナギの仔魚であることを発見し，デンマークの海洋生物学者ヨハネス・シュミットが大西洋のウナギの産卵場がサルガッソー海であることを証明するまで，ウナギ繁殖生態の謎はほとんど手つかずの状態にあった．

2.9.1　世界のウナギの産卵場

世界にはこれまでに19種・亜種のウナギが知られている．したがって，生殖隔離の原則からいくと，それぞれの種・亜種に1つずつ，計19カ所の産卵場があるはずである．しかし，サルガッソー海におけるアメリカウナギとヨーロッパウナギの例，マリアナ諸島西方海域におけるニホンウナギとオオウナギの例のように，同じ海域を複数種が産卵場に使っている場合があったり，逆に，1種が複数の遺伝的集団に分かれ，それぞれが別の産卵場を使っていたりするので，ことは簡単ではない．おそらく種・亜種の数よりも産卵場は多いと思われるが，その大多数が未解明である．

産卵場であることを証明するには，その種の卵や産卵親魚を採集するか，直接産卵シーンを発見するかのどちらかである．この条件を満たしているのは世界のウナギの中でニホンウナギとオオウナギの2種のみである．しかし，条件をプレレプトセファルスや全長10 mm前後の小型レプトセファルスにまで広げると，産卵場が推定できている種はサルガッソー海のアメリカウナギとヨーロッパウナギ（Schmidt, 1925），セレベス海やトミニ湾のセレベスウナギやボルネオウナギ，西部南太平洋のオーストラリアウナギなど，さらに数種が加わる（図2.18）．このほか，分子遺伝学的な種判別法のなかった時代の調査にまで範囲を広げると，スマトラ・ディープと呼ばれるスマトラ島沖の海溝海域もウナギの産卵場らしい（Jespersen, 1942）．

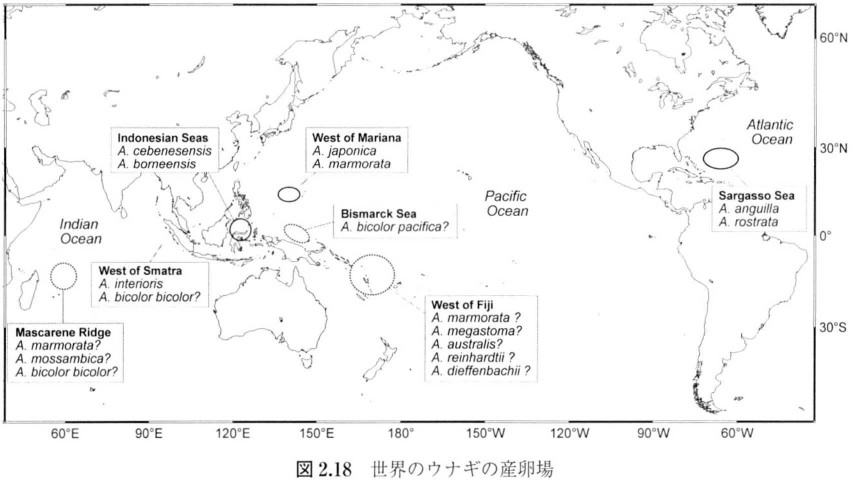

図2.18　世界のウナギの産卵場

2.9.2 産卵場と産卵地点

主に温帯に生息する温帯ウナギの産卵場は各大洋の亜熱帯循環の西部熱帯・亜熱帯域に位置し，そこで生まれた仔魚（レプトセファルス）は海流で西へ運ばれ，西岸境界流で大陸沿いに高緯度方向に移動する．海流の中で変態を完了した稚魚（シラスウナギ）は海流を離れて，温帯域に接岸する．成育場がその種の広大な地理分布域のどこでもよいのに比べると，産卵場は厳密に決まった狭い範囲の海域に限られる．しかし，空間的に狭く限定的であることには意味がある．それはまず，雌雄の親魚が出会いやすくなり，繁殖成功に繋がる．次に，産卵場として仔魚の回遊の出発点が狭い範囲に決まっていることで，種の地理分布の範囲が自ずから決まる．海流の速さがほぼ一定で，変異はあるものの種によって仔魚の成長率がほぼ決まっているとすれば，変態終了して海流を降りるまでの輸送期間と輸送距離が決まり，その種の地理分布域にほぼ収まって接岸することができるからである．つまり，産卵場の位置と広さは種の地理分布と密接に関係しているのである．

ニホンウナギの場合，産卵場はマリアナ諸島西方海域の北赤道海流の中にある（Tsukamoto, 1992）．そこは西マリアナ海嶺と呼ばれる海底山脈の南端部の海域で，海嶺沿いに南北およそ 200 km の広がりがあるが，実際に産卵の起こる産卵地点はこの産卵場の中の数地点に限られているらしい．その地点にどんな地形的特徴があるのか，どんな流れの特徴があるのかまだ明らかではない．しかし，ウナギにはその地点がどこかわかり，いざ産卵となるとその地点に集まってきて産卵に至るようだ．

2.9.3 産卵地点の決定

ウナギたちはどうやって，この数点ある産卵地点の中から自分が卵を産む地点を選んでいるのか．どうやら，その年，その月の塩分フロントの位置が鍵となるようである．マリアナ海域の北緯 13〜15° より南の海域では激しいスコールによって海表面近くに低塩分の水塊ができ，その北では水分の蒸発によって高塩分の水塊ができる．これら塩分の異なる 2 水塊の境界を塩分フロントという．これまでのウナギ仔魚の採集例は，塩分フロントの南側に多いことから，ウナギは塩分フロントのすぐ南の海域で産卵すると考えられている．つまり，西マリアナ海嶺沿いに北から回遊してきた親ウナギは，ほぼ東西に走るこの塩分フロントを越えた途端，おそらく水塊特有の匂いなどによって自分の産卵場に帰ってきたことを知り，産卵回遊をやめて繁殖相手を探しだすのであろう．その塩分フロントと海嶺の交点からすぐ南にある産卵地点が，集合場所として選ばれるのではないかと考えられる（Tsukamoto *et al.*, 2011）．

2.9.4　産卵行動

ニホンウナギは5，6月を盛期として4〜8月が産卵期と考えられている．産卵するタイミングは毎日連続してでもランダムでもなく，産卵期の各月の新月2〜4日前に限られていることが外洋で採れた仔魚の耳石日周輪による孵化日解析からわかった．新月の闇夜と大潮は，親と卵を見つかりにくくし，また1カ所に産み出された卵を一気に分散させて被食機会を減らす効果がある．しかし何より，雌雄の親魚の出会いのタイミングを確実な天体の運行に合わせて取り決めておくことで，出会いの成功確率を格段に向上させる（Tsukamoto *et al.*, 2003）．

ウナギの実際の産卵行動はどの種においても観察されたことがないので，実験室において人工的に成熟させた親ウナギの行動観察の結果から想像するしかない．その産卵は，サケやクマノミのように厳密な1対1のペア産卵ではなく，少なくとも雌1尾に対して複数個体の雄が関与する一妻多夫の繁殖システムのようだ．しかし天然でどのくらいの規模の繁殖集団を作るかはまだ不明である．もちろん繁殖集団を構成する親魚の性比もわからない．

ホルモン注射で成熟させた雌ウナギ1尾に雄ウナギ3尾を大型水槽に入れて産卵の様子を観察すると，まず雄たちが雌を追尾する行動が，次いで鰓蓋や肛門周辺の匂いを嗅ぐ行動がみられる．これはヨーロッパウナギでもニホンウナギでも同様で，鰓や肛門から漏れ出る雌のフェロモンによるものらしい．その後，雄が雌の体の下に潜って雌の体を持ち上げるような行動をとる．そして，いよいよ放卵と放精に至るのであるが，その瞬間の詳細な観察はまだない．

2.9.5　産卵親魚

2008年6月，西マリアナ海嶺の南端でニホンウナギとオオウナギの雄親魚が採集された（Chow *et al.*, 2009）．同一の曳網によって2種の親魚が同時に採集され，両種のウナギが同じ産卵場を使っていることが示された．両者の同所的産卵は，オオウナギの孵化仔魚がニホンウナギの産卵場で採集されていたことからも頷ける（Kuroki *et al.*, 2009）．その後，2008年の8月，2009年，2010年の調査で雌親魚も採集され，2010年の時点でニホンウナギ雄7，雌6，オオウナギ雄2，雌2の合計17尾の親魚が捕獲されている（Chow *et al.*, 2009; Tsukamoto *et al.*, 2011; Kurogi *et al.*, 2011; このうち2010年の2尾は黒木ほか未発表）.

これまでウナギは，シロサケ同様一度産卵した後は死ぬと考えられていた．しかし天然で採集された産卵親魚の卵巣を観察すると，発達途上の卵巣の組織像には多数の排卵後濾胞が残っていた（Tsukamoto *et al.*, 2011）．これは少なくとも過去に1回以上の排卵経験があり，今後さらに排卵が可能であることを示している．雄の精巣にも様々な発育段階の精原細胞や精子がみられ，ウナギが一度の産卵期に複数回産卵することが証明された.

産卵場における親魚や卵の採集により，ウナギの謎の繁殖生態も次第にそのベールが剝がされつつある．しかし，雄と雌の出会いのメカニズム，産卵地点の物理化学的特徴，産卵行動の詳細など，解明すべき課題は山積している．これらの問題は，実際の産卵シーンの直接観察によってブレークスルーが得られることだろう.

〔塚本勝巳〕

文　　献

［2.1 節　分類・形態］

Castle, P. H. J. and Williamson, G. R. (1974). On the validity of the freshwater eel species *Anguilla ancestralis* Ege from Celebes. *Copeia*, **1974**, 569–570.

Ege, V. (1939). A revision of the genus *Anguilla* Shaw, a systematic, phylogenetic and geographical study. *Dana Rep.*, **16**, 1–256.

Jespersen, P. (1942). Indo-Pacific leptocephalids of the genus *Anguilla*: systematic and biological studies. *Dana Rep.*, **22**, 1–127.

Mayr, E. (1942). *Systematics and the Origin of Species*, Columbia University Press.

Minegishi, Y., Aoyama, J. *et al.* (2008). Multiple population structure of the giant mottled eel, *Anguilla marmorata*. *Mol. Ecol.*, **17**, 3109–3122.

Tsukamoto, K., Aoyama, J. *et al.* (2002). Migration, speciation and the evolution of diadromy in anguillid eels. *Can. J. Fish. Aquat. Sci.*, **59**, 1989–1998.

Tsukamoto, K., Chow, S. *et al.* (2011). Oceanic spawning ecology of freshwater eels in the western North Pacific. *Nat. Commun.*, DOI: 10.1038/ncomms1174.

Watanabe, S., Aoyama, J. *et al.* (2004). Reexamination of Ege's (1939) use of taxonomic characters of the genus *Anguilla*. *Bull. Mar. Sci.*, **74**, 337–351.

Watanabe, S., Aoyama, J. *et al.* (2009a). A new species of freshwater eel, *Anguilla luzonensis* (Teleostei: Anguillidae) from Luzon Island of the Philippines. *Fish. Sci.*, **75**, 387–392.

Watanabe, S., Miller, M. J. *et al.* (2009b). Morphological and meristic evaluation of the population structure of *Anguilla marmorata* across its range. *J. Fish Biol.*, **74**, 2069–2093.

[2.2 節　系統・進化]

Aoyama, J., Nishida, M. *et al.* (2001). Molecular phylogeny and evolution of the freshwater eel, genus *Anguilla*. *Mol. Phylogenet. Evol.*, **20**, 450–459.

Betancur, R. R., Orti, G. *et al.* (2015). Fossil-based comparative analyses reveal ancient marine ancestry erased by extinction in ray-finned fishes. *Ecol. Lett.*, **18**, 441–450.

Inoue, J. G., Kumazawa, Y. *et al.* (2009). The historical biogeography of the freshwater knifefishes using mitogenomic approaches: A Mesozoic origin of the Asian notopterids (Actinopterygii: Osteoglossomorpha). *Mol. Phylogenet. Evol.*, **51**, 486–499.

Inoue, J. G., Miya, M. *et al.* (2004). Mitogenomic evidence for the monophyly of elopomorph fishes (Teleostei) and the evolutionary origin of the leptocephalus larva. *Mol. Phylogenet. Evol.*, **32**, 274–286.

Inoue, J. G., Miya, M. *et al.* (2010). Deep-ocean origin of the freshwater eels. *Biol. Lett.*, **6**, 363–366.

Miller, M. J., Koyama, S. *et al.* (2014). Vertical body orientation by a snipe eel (Nemichthyidae, Anguilliformes) in the deep mesopelagic zone along the West Mariana Ridge. *Mar. Freshwater Behav. Physiol.*, **47**, 265–272.

Minegishi, Y., Aoyama, J. *et al.* (2005). Molecular phylogeny and evolution of the freshwater eels genus *Anguilla* based on the whole mitochondrial genome sequences. *Mol. Phylogenet. Evol.*, **34**, 134–146.

Santini, F., Kong, X. *et al.* (2013). A multi-locus molecular timescale for the origin and diversification of eels (Order: Anguilliformes). *Mol. Phylogenet. Evol.*, **69**, 884–894.

Teng, H. Y., Lin, Y. S. *et al.* (2009). A new *Anguilla* species and a reanalysis of the phylogeny of freshwater eels. *Zool. Stud.*, **48**, 808–822.

van Ginneken, V. and van den Thillart, G. (2000). Eel fat stores are enough to reach the Sargasso. *Nature*, **403**, 156–157.

Watanabe, S., Aoyama, J. *et al.* (2009). A new species of freshwater eel *Anguilla luzonensis* (Teleostei: Anguillidae) from Luzon Island of the Philippines. *Fish. Sci.*, **75**, 387–392.

[2.3 節　集団構造]

Albert, V., Jonsson, B. *et al.* (2006). Natural hybrids in Atlantic eels (*Anguilla anguilla*, *A. rostrata*) : evidence for successful reproduction and fluctuating abundance in space and time. *Mol. Ecol.*, **15**, 1903–1916.

Arai, T., Otake, T. *et al.* (1999). Differences in the early life history of the Australasian shortfinned eel *Anguilla australis* from Australia and New Zealand, as revealed by otolith microstructure and microchemistry. *Mar. Biol.*, **135**, 381–389.

Avise, J. C., Nelson, W. S. *et al.* (1990). The evolutionary genetic status of Icelandic eels. *Evolution*, **44**, 1254–1262.

Chan, I. K. K., Chan, D. K. O. *et al.* (1997). Genetic variability of the Japanese eel *Anguilla japonica* (Temminck & Schlegel) related to latitude. *Ecol. Freshwater Fish*, **6**, 45–49.

Djikstra, L. H. and Jellyman, D. (1999). Is the subspecies classification of the freshwater eels *Anguilla australis australis* Richardson and *A. schmidtii* Phillipps still valid? *Mar. Freshwater Res.*, **50**, 261–263.

Gagnaire, P.-A., Minegishi, Y. *et al.* (2009). Ocean currents drive secondary contact between *Anguilla marmorata* populations in the Indian Ocean. *Mar. Ecol. Prog. Ser.*, **379**, 267–278.

Ishikawa, S., Aoyama, J. *et al.*(2001). Population structure of the Japanese eel *Anguilla japonica* as examined by mitochondrial DNA sequencing. *Fish. Sci.*, **67**, 246-253.

Maes, G. E., Pujolar, J. M. *et al.*(2006). Evidence for isolation by time in the European eel (*Anguilla anguilla* L.). *Mol. Ecol.*, **15**, 2095-2107.

Minegishi, Y., Aoyama, J. *et al.*(2008). Multiple population structure of the giant mottled eel *Anguilla marmorata*. *Mol. Ecol.*, **17**, 3109-3122.

Minegishi, Y., Aoyama, J. *et al.*(2011). Lack of genetic heterogeneity in the Japanese eel based on a spatiotemporal sampling. *Coast. Mar. Sci.*, **35**, 269-276.

Minegishi, Y., Gagnaire, P.-A. *et al.*(2012). Present and past genetic connectivity of the Indo-Pacific tropical eel species, *Anguilla bicolor*. *J. Biogeogr.*, **39**, 408-420.

Shen, K. N. and Tzeng, W. N.(2007). Genetic differentiation among populations of the shortfinned eel *Anguilla australis* from East Australia and New Zealand. *J. Fish. Biol.*, **70**, 177-190.

Tsukamoto, K. and Umezawa, A.(1994). *Systematics and Evolution of Indo-Pacific Fishes* (Faculty of Fish series, Kasetart University). Proceedings, fourth Indo-Pacific fish conference Bangkok, Thailand, 231-248.

Ulrik, M. G., Pujolar, J. M. *et al.*(2014). Do North Atlantic eels show parallel patterns of spatially varying selection? *BMC. Evol. Biol.*, **14**, 138.

Wirth, T. and Bernatchez L.(2001). Genetic evidence against panmixia in the European eel. *Nature*, **409**, 1037-1040.

[2.4節　生活史]

Aoyama, J., Wouthuyzen, S. *et al.*(2003). Short-distance spawning migration of tropical freshwater eels. *Biol. Bull.*, **204**, 104-108.

Arai, T., Limbong, D. *et al.*(2001). Recruitment mechanisms of tropical eels Anguilla spp. and implications for the evolution of oceanic migration in the genus Anguilla. *Mar. Ecol. Prog. Ser.*, **216**, 253-264.

Bonhommeau, S., Castonguay, M. *et al.*(2010). The duration of migration of Atlantic *Anguilla* larvae. *Fish Fish.*, **11**(3), 289-306.

Chow, S., Kurogi, H. *et al.*(2009). Discovery of mature freshwater eels in the open ocean. *Fish. Sci.*, **75**, 257-259.

Fukuda, N., Aoyama, J. *et al.*(2016). Periodicities of inshore migration and selective tidal stream transport of glass eels, *Anguilla japonica*, in Hamana Lake, Japan. *Environ. Biol. Fishes*, **99**(2-3), 309-323.

Fukuda, N., Kurogi, H. *et al.*(2018). Location, size and age at onset of metamorphosis in the Japanese eel *Anguilla japonica*. *J. Fish Biol.*, **92**, 1342-1358.

Fukuda, N., Miller, M. J. *et al.*(2013). Evaluation of the pigmentation stages and body proportions from the glass eel to yellow eel in *Anguilla japonica*. *Fish. Sci.*, **79**, 425-438.

Jacoby, D. M. P., Casselman, J. M. *et al.*(2015). Synergistic patterns of threat and the challenges facing global anguillid eel conservation. *Glob. Ecol. Conserv.*, **4**, 321-333.

Kurogi, H., Okazaki, M. *et al.*(2011). First capture of post-spawning female of the Japanese eel *Anguilla japonica* at the southern West Mariana Ridge. *Fish. Sci.*, **77**, 199-205.

Kuroki, M., Fukuda, N. *et al.*(2010). Morphological changes and otolith growth during metamorphosis of Japanese eel leptocephali in captivity. *Coast. Mar. Sci.*, **34**, 31-38.

Okamura, A., Yamada, Y. *et al.*(2007). A silvering index for the Japanese eel *Anguilla japonica*.

Environ. Biol. Fishes, **80**, 77–89.

Tsukamoto, K. (2006). Spawning of eels near a seamount. *Nature*, **439**, 929.

Tsukamoto, K., Chow, S. *et al.* (2011). Oceanic spawning ecology of freshwater eels in the western North Pacific. *Nat. Commun.*, **2**, 179.

[2.5 節　食性]

Dörner, H., Skov, C. *et al.* (2009). Piscivory and trophic position of *Anguilla anguilla* in two lakes: Importance of macrozoobenthos density. *J. Fish Biol.*, **74**, 2115–2131. DOI: 10.1111/j.1095-8649.2009.02289.x

Itakura, H., Kaino, T. *et al.* (2015). Feeding, condition, and abundance of Japanese eels from natural and revetment habitats in the Tone River, Japan. *Environ. Biol. Fishes*, **98**, 1871–1888.

Jellyman, D. J. (1989). Diet of two species of freshwater eel (*Anguilla* spp.) in Lake Pounui, New Zealand. *NZJ. Mar. Freshw. Res.*, **23**, 1–10. DOI: 10.1080/00288330.1989.9516334

Kaifu, K., Miyazaki, S. *et al.* (2013a). Diet of Japanese eels *Anguilla japonica* in the Kojima Bay-Asahi River system, Japan. *Environ. Biol. Fishes*, **96**, 439–446. DOI: 10.1007/s10641-012-0027-0

Kaifu, K., Miller, M. J. *et al.* (2013b). Growth differences of Japanese eels *Anguilla japonica* between fresh and brackish water habitats in relation to annual food consumption in the Kojima Bay-Asahi River system, Japan. *Ecol. Freshwater Fish*, **22**, 127–136. DOI: 10.1111/eff.12010

Kan, K., Sato, M. *et al.* (2016). Tidal-Flat Macrobenthos As Diets of the Japanese Eel *Anguilla japonica* in Western Japan, with a Note on the Occurrence of a Parasitic Nematode Heliconema anguillae in Eel Stomachs. *Zool. Sci.*, **33**, 50–62. DOI: 10.2108/zs150032

Katahira, H., Mizuno, K. *et al.* (2016). Year-round infections and complicated demography of a food-transmitted parasite Heliconema anguillae implying the feeding activity of Japanese eels in saline habitats. *Fish. Sci.*, **82**, 863–871. DOI: 10.1007/s12562-016-1017-5

Matsui, I. (1972). Eel biology cultivation techniques, Koseisha-Koseikaku.

Michel, P. and Oberdorff, T. (1995). Feeding habits of fourteen european freshwater fish species. *Cybium*, **19**, 5–46.

Tzeng, W. N., Hsiao, J. J. *et al.* (1995). Feeding habit of the Japanese eel, *Anguilla japonica*, in the streams of Northern Taiwan. *J. Fish. Soc. Taiwan.*, **22**, 279–302.

板倉　光 (2014). 人為的環境改変と関連したニホンウナギの資源生態学的研究. 東京大学博士論文.

松井　魁 (1972). 鰻学〈生物学的研究篇〉, 恒星社厚生閣.

[2.6 節　成長]

Hagihara, S., Aoyama, J. *et al.* (2018). Age and growth of migrating tropical eels, *Anguilla celebesensis* and *Anguilla marmorata*, *J. Fish Biol.* DOI: 10.1111/jfb.13608.

Jessop, B. M. (1987). Migrating American eels in Nova Scotia. *Trans. Am. Fish. Soc.*, **116**, 161–170.

Jessop, B. M., Shiao, J. C. *et al.* (2004). Variation in the annual growth, by sex and migratory history, of silver American eels *Anguilla rostrata*. *Mar. Ecol. Prog. Ser.*, **272**, 231–244.

Jessop, B. M., Shiao, J. C. *et al.* (2009). Life history of American eels from western Newfoundland. *Trans. Am. Fish. Soc.*, **138**, 861–871.

Oliveira, K. (1999). Life history characteristics and strategies of the American eel, *Anguilla rostrata*. *Can. J. Fish. Aquat. Sci.*, **56**, 795–802.

Sadler, K.(1979). Effects of temperature on the growth and survival of the European eel, *Anguilla anguilla* L., *J. Fish Biol.*, **15**, 499-507.

Vøllestad, L. A.(1992). Geographic variation in age and length at metamorphosis of maturing European eel: environmental effects and phenotypic plasticity. *J. Anim. Ecol.*, **61**, 41-48.

Yokouchi, K., Aoyama, J. *et al.*(2008). Variation in the demographic characteristics of yellow-phase Japanese eels in different habitats of the Hamana Lake system, Japan. *Ecol. Freshwater Fish*, **17**, 639-652.

Yokouchi, K., Sudo, R. *et al.*(2009). Biological characteristics of silver-phase Japanese eels, *Anguilla japonica*, collected from Hamana Lake, Japan. *Coast. Mar. Sci.*, **33**, 54-63.

Yokouchi, K., Fukuda, N. *et al.*(2012). Influences of early habitat use on the migratory plasticity and demography of Japanese eels in central Japan. *Estuar. Coast. Shelf Sci.*, **107**, 132-140.

白石広美・ビッキー　クルーク (2015). ウナギの市場の動態：東アジアにおける生産・取引・消費の分析. TRAFFIC.

松井　魁 (1972). 鰻学〈生物学的研究篇〉, 恒星社厚生閣.

[2.7 節　行動]

Baras, E., Jeandrain, D. *et al.*(1998). Seasonal variations in time and space utilization by radio-tagged yellow eels *Anguilla anguilla* (L.) in a small stream. *Hydrobiologia*, **372**, 187-198.

Béguer-Pon, M., Castonguay, M. *et al.*(2015). Large-scale, seasonal habitat use and movements of yellow American eels in the St. Lawrence River revealed by acoustic telemetry. *Ecol. Freshwater Fish*, **24**, 99-111.

Hedger, R. D., Dodson, J. J. *et al.*(2010). River and estuary movements of yellow-stage American eels *Anguilla rostrata*, using a hydrophone array. *J. Fish Biol.*, **76**, 1294-1311.

Itakura, H., Miyake, Y. *et al.*(2017). Site fidelity, diel and seasonal activities of yellow-phase Japanese eels (*Anguilla japonica*) in a freshwater habitat as inferred from acoustic telemetry. *Ecol. Freshwater Fish.*, 1-15.

Jellyman, D. J.(1991). Factors affecting the activity of two species of eel (*Anguilla* spp.) in a small New Zealand lake. *J. Fish Biol.*, **39**, 7-14.

Jellyman, D. J.(1997). Variability in growth rates of freshwater eels (*Anguilla* spp.) in New Zealand. *Ecol. Freshwater Fish.*, **6**, 108-115.

Jellyman, D. J., Sykes, J. R. E.(2003). Diel and seasonal movements of radio-tagged freshwater eels, *Anguilla* spp., in two New Zealand streams. *Environ. Biol. Fishes*, **66**, 143-154

LaBar, G. W., Hernando-Casal, J. A., *et al.*(1987). Local movements and population size of European eels, *Anguilla anguilla*, in a small lake in southwestern Spain. *Environ. Biol. Fishes*, **19**, 111-117.

Ovidio, M., Seredynski, A. L., *et al.*(2013). A bit of quiet between the migrations: The resting life of the European eel during their freshwater growth phase in a small stream. *Aquat. Ecol.*, **47**, 291-301.

Parker, S. J.(1995). Homing Ability and Home Range of Yellow-Phase American Eels in a Tidally Dominated Estuary. *J. Mar. Biol. Assoc. U. K.*, **75**, 127-140.

Tesch, F.(1967). Homing of eels (*Anguilla anguilla*) in the southern North Sea. *Mar. Biol.*, **1**, 2-9.

Thibault, I., Dodson, J. J. *et al.*(2007). Yellow-stage American eel movements determined by microtagging and acoustic telemetry in the St Jean River watershed, Gaspé, Quebec, Canada. *J.*

Fish. Biol., **71**, 1095-1112.

Verhelst, P., Reubens, J. *et al.*(2017). Movement behaviour of large female yellow European eel (*Anguilla anguilla* L.) in a freshwater polder area. *Ecol. Freshwater Fish*, 1-10.

Walker, A. M., Godard, M. J. *et al.*(2014). The home range and behaviour of yellow-stage European eel *Anguilla anguilla* in an estuarine environment. *Aquat. Conserv. Mar. Freshw. Ecosyst.*, **24**, 155-165.

[2.8 節　回遊]

Aoyama, J., Wouthuyzen, S. *et al.*(2003). Short-distance spawning migration of tropical freshwater eels. *Biol. Bull.*, **204**, 104-108.

Chow, S., Okazaki, M. *et al.*(2015). Light-sensitive vertical migration of the Japanese eel *Anguilla japonica* revealed by real-time tracking and its utilization for geolocation. *PLoS ONE*, **10**, e0121801.

Jellyman, D. and Tsukamoto, K.(2010). Vertical migrations may control maturation in migrating female *Anguilla dieffenbachii*. *Mar. Ecol. Prog. Ser.*, **404**, 241-247.

Kimura, S., Tsukamoto, K. *et al.*(1994). A model for the larval migration of the Japanese eel: roles of the trade winds and salinity front. *Mar. Biol.*, **119**, 185-190.

Kuroki, M., Miller, M. J. *et al.*(2014). Diversity of early life-history traits in freshwater eels and the evolution of their oceanic migrations. *Can. J. Zool.*, **92**, 749-770.

Otake, T., Inagaki, T. *et al.*(1998). Diel vertical distribution of *Anguilla japonica* leptocephali. *Ichthyol. Res.*, **45**, 208-211.

Schabetsberger, R., Miller, M. J. *et al.*(2016). Hydrographic features of anguillid spawning areas: potential signposts for migrating eels. *Mar. Ecol. Prog. Ser.*, **554**, 141-155.

Tsukamoto, K., Aoyama, J. *et al.*(2002). Migration, speciation and the evolution of diadromy in anguillid eels. *Can. J. Fish. Aquat. Sci.*, **59**, 1989-1998.

Tsukamoto, K., Nakai, I. *et al.*(1998). Do all freshwater eels migrate?. *Nature*, **396**, 635-636.

[2.9 節　産卵]

Chow, S., Kurogi, H. *et al.*(2009). Discovery of mature freshwater eels in the open ocean. *Fish. Sci.*, **75**, 257-259.

Jespersen, P.(1942). Indo-Pacific leptocephalids of the genus *Anguilla*: systematic and biological studies. *Dana Rep.*, **22**, 1-128.

Kurogi, H., Okazaki, M. *et al.*(2011). First capture of post-spawning female of the Japanese eel *Anguilla japonica* at the southern West Mariana Ridge. *Fish. Sci.*, **77**, 199-205.

Kuroki, M., Aoyama, J. *et al.*(2006). Sympatric spawning of *Anguilla marmorata* and *Anguilla japonica* in the western North Pacific Ocean. *J. Fish Biol.*, **74**, 1853-1865.

Schmidt, J.(1922). The breeding places of the eel. *Philos. Trans. R. Soc. London Ser B*, **211**, 179-208.

Tsukamoto, K.(1992). Discovery of the spawning area for the Japanese eel. *Nature*, **356**, 789-791.

Tsukamoto, K., Otake, K. *et al.*(2003). Seamounts, new moon and eel spawning: the search for the spawning site of Japanese eel. *Environ. Biol. Fishes*, **66**, 221-229.

Tsukamoto K., Chow, S. *et al.*(2011). Oceanic spawning ecology of freshwater eels in the western North Pacific. *Nat. Commun.*, **2**, 179.

van Ginneken, V., Vianen, G. *et al.*(2005). Gonad development and spawning behaviour of artificially-matured European eel (*Anguilla anguilla* L.). *Anim. Biol.*, **55**, 203-218.

3 ウナギの生理

3.1 脳・神　経

脳・神経系は，摂餌，攻撃，回遊，繁殖など，個体が生活していく上で必要なあらゆる行動を司っている．脳・神経系は中枢神経系（図 3.1）と末梢神経系（図 3.2）に分けることができる．中枢神経系は，末梢神経を通じて感覚情報を受けとって処理し，また逆に，末梢神経を通じて筋肉などに指令を伝える．末梢神経系には，脳から発する脳神経と脊髄から発する脊髄神経がある．

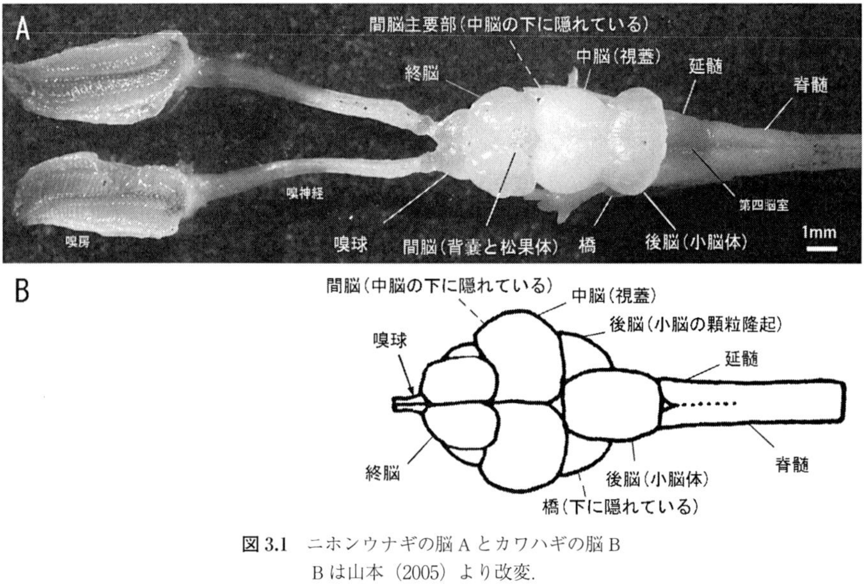

図 3.1　ニホンウナギの脳 A とカワハギの脳 B
B は山本（2005）より改変．

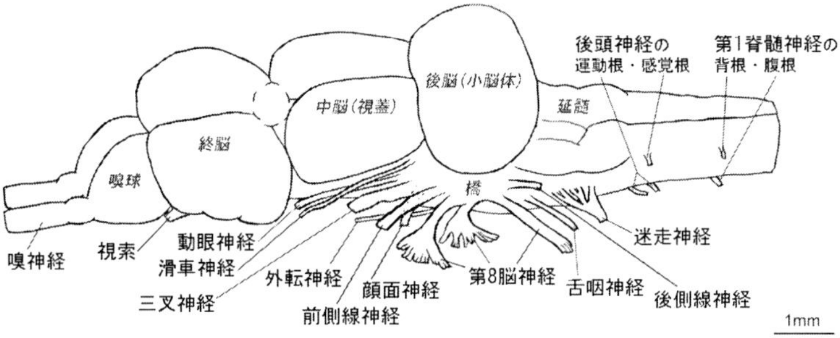

図 3.2　ニホンウナギの末梢神経

3.1.1　中枢神経系

ウナギの脳は，ほかの真骨魚と同様に，前方から終脳，間脳，中脳，後脳，延髄の順番に並んでいる．情報を伝え処理するのはニューロン（神経細胞）で，軸索（線維）という長い突起をもつ．中枢神経系には，ニューロンの本体（細胞体）が集合した神経核と軸索が集まって走行する神経路がある．脳の中心部には，脳脊髄液と呼ばれる液体のつまった脳室がある．

a.　終　脳

終脳は，嗅球と終脳本体（大脳，大脳半球）からなる．嗅球は嗅覚情報が到着する中枢である（一次嗅覚中枢）．ニホンウナギの嗅球は大きい．夜行性で嗅覚に依存して餌を探すためと思われ，昼行性のカワハギと比較するとその巨大さは歴然としている（図 3.1）．終脳本体は哺乳類の大脳外套に相当する背側野と外套下部に相当する腹側野に分けられる．かつて魚類の終脳は嗅覚のみを受けとる場所とされ「嗅葉」とも呼ばれていた．しかし実際には，背側野に各種感覚が到達することがキンギョの研究でわかっており（山本，2008），ウナギも同じと考えられる．

b.　間　脳

真骨魚の間脳は，背側から順に視床上部（松果体，副松果体，背嚢），視床，視床下部から構成されている．松果体と副松果体は光受容能をもち，松果体は光に依存した概日リズム形成にかかわる．副松果体はヨーロッパウナギでは存在するとされるが（Borg *et al*., 1983），ニホンウナギでは見つからない（Mukuda and Ando, 2003；筆者未発表）．哺乳類では感覚情報を大脳皮質（外套）へ中継する神経核が視床に集まっているが，真骨魚では，従来「視床」と呼ばれてきた場所ではなくて，糸球体前核群と呼ばれる核群が各種感覚を終脳背側野に中継しており，ニホンウナギにも中程度に発達した糸球体前核群がある．視床下部はホルモン分泌や行動制御にかかわる．ウナギの視床下部にも生殖腺刺激ホルモン放出ホルモン(GnRH)やドーパミンなどを分泌する様々なニューロンが存在する(Nozaki *et al.*, 1985; Roberts *et al.*, 1989)．また，逃避行動や攻撃行動などの制御にも重要と思われる．真骨魚の視床下部の外側部分は，下葉と呼ばれる膨隆を形成している．ウナギにも下葉があるが，あまり大きくない．

c. 中　脳

中脳の背側部には一次視覚中枢である視蓋がある．ウナギの視蓋は小さい（図3.1；カワハギと比較）．夜行性であまり視覚に依存しないためと考えられる．真骨魚の視蓋は，眼球運動や視覚依存性の行動制御にかかわるほか，糸球体前核群を介して大脳に視覚情報を送ると考えられる（山本，2008）．視蓋の腹側は中脳被蓋と呼ばれる．中脳被蓋の外側領域には半円堤と呼ばれる構造があり，ウナギでは明瞭な層状構造を示す．ここは延髄から主に側線感覚と聴覚を受け，糸球体前核群に伝える．中脳被蓋の正中付近には動眼神経核と滑車神経核があり，眼球運動を制御している．中脳と間脳の境界領域には，脊髄に軸索を送る内側縦束核があり（Bosch and Roberts, 2001），おそらく遊泳運動を制御している．

d. 後　脳

後脳は背側部分を小脳，腹側部分を橋《きょう》と呼ぶ．橋には，延髄から味覚情報を受け糸球体前核群に伝える二次味覚核や頭部の触覚を受ける三叉神経主感覚核や顎運動を司る三叉神経運動核などがある．小脳は，背側からよく見える小脳体，中脳脳室の中へと前方に突き出た小脳弁，小脳体の外側に接する顆粒隆起，尾側部の小脳尾側葉からなる．ニホンウナギの小脳は全体的によく発達している．

e. 延　髄

ニホンウナギの後脳と延髄の脳室である第四脳室は大きく，腹側に深く窪んでいる．延髄の吻側部は，側線感覚，聴覚，および平衡感覚の情報を受ける．ニホンウナギでは平衡感覚を受ける領域がかなり発達している．味覚が発達している魚種では，延髄尾側部の一次味覚中枢が巨大な膨隆を形成しているが，ニホンウナギでは小さい．第四脳室の天井が閉じる高さに最後野と呼ばれる場所があり，ニホンウナギの海水中での飲水抑制にかかわる（Tsukada *et al.*, 2007）．

f. 脊　髄

脊髄は，外見からはわかりにくいが髄節と呼ばれる節状構造が繰り返し並んでいる．個々の髄節の背側に皮膚などの感覚情報を伝える背根が入ってきていて，腹側から筋肉などに運動指令を伝える腹根が出る（図 3.2）．したがって感覚性のニューロンは脊髄の背側部にあり，運動ニューロンは腹側部にある．これらの特徴はニホンウナギを含む脊椎動物に共通である．

3.1.2　末梢神経系

末梢神経を通る線維は，感覚を中枢に伝えるもの（感覚性，求心性）と，指令を末梢に送るもの（運動性，遠心性）がある．遠心性線維には，横紋筋を直接支配するもの，血管と内臓の平滑筋や腺の調節にかかわる自律神経系の線維，感覚器にいたって感覚処理を調節するものがある．自律神経系には，線維が脳から発する副交感神経系と脊髄から発する交感神経系がある．

a.　脳神経

全部で 12 種の脳神経があり，番号が付けられている．まず先頭の嗅神経（I）は，嗅覚情報を嗅球に伝える．ニホンウナギの嗅神経は太く，4〜5 本の線維束が集まってできている．視神経（II）は網膜から中脳や間脳に視覚情報を伝える．眼があまり発達しないニホンウナギの視神経は細い．動眼神経（III）は，動眼神経核からの軸索の集まりで，眼の周りにある外眼筋（上直筋，下直筋，内側直筋，下斜筋）を支配する．水晶体筋を支配して遠近調節を行う軸索も含む．滑車神経（IV）は，滑車神経核からの軸索の集まりで，外眼筋のうち上斜筋を支配する．脳神経としては例外的に，脳の背側から出てくる．

三叉神経（V）は頭部の皮膚感覚を脳に伝える神経で，眼神経，上顎神経，下顎神経の 3 本に分かれることから三叉という．下顎神経は，顎と鰓蓋の運動を支配する線維も含む．ニホンウナギの三叉神経は太くて発達がよい．外転神経（VI）は外眼筋のうち外側直筋を支配する．顔面神経（VII）は，口腔前部からの味覚を延髄の一次味覚中枢に伝える．顔面神経運動核から発し，鰓蓋運動を制御する運動性線維も含む．第 8 脳神経（内耳神経；VIII）は，内耳の耳石器官や半規管からの聴覚と平衡感覚を延髄の内耳側線野に伝える．

側線神経には番号がついていないが，頭部と胴体の側線感覚器からの情報をそれぞれ延髄の内耳側線野に伝える．舌咽神経（IX）は，口腔後部と咽頭前部からの味覚を延髄に伝える．ニホンウナギの舌咽神経は比較的太い．迷走神経（X）は，咽頭後部からの味覚と内臓感覚を延髄に伝える．胸腹部の内臓を支配する線維も含む．

後頭神経は，延髄と脊髄の境界部から発し，胸鰭の運動や感覚を支配する．後頭神経は脳神経ではなく脊髄神経の一種とみなすこともある．

最後は，第0脳神経と呼ばれることもある終神経である．これは，嗅神経や嗅球など，嗅覚神経系に沿って分布するニューロンのグループに由来する軸索の集合体で，嗅覚や視覚処理の調整や性行動の動機付けにかかわると考えられている．ニホンウナギでもGnRHを産生する終神経のニューロンが同定されている(Nozaki *et al.*, 1985)．

b. 脊髄神経

背根と腹根は合流した後，再び細い枝に分かれて，行き先ごとに異なる方向に向かう．腹根は交感神経系の線維も含む．これらは，ウナギを含む様々な魚種やほかの脊椎動物と共通した性質である． **〔山本直之・萩尾華子〕**

3.2 骨　格

本節では骨格を形成する脊索，多様な軟骨様組織，硬骨，歯および鱗について，これらがどのような組織なのか形態学的，生理学的視点から説明する．残念ながらウナギの骨格に特化した研究は少ないので，一般的な真骨魚類の骨格の各要素について説明した後に，できるかぎりウナギに関する情報を付加して説明したい．

3.2.1 脊　索

脊索は胚期に体の背部に頭部から尾部にかけて発達する棒状の組織である．孵化後脊椎骨が発達するまでの間は脊索が支持組織として機能する．横断面を見ると，脊索は（1）最外層を包む結合組織，（2）II型コラーゲン線維を豊富に含む脊索鞘，（3）その内側に配列して脊索鞘のII型コラーゲンを分泌する脊索上皮細胞，そして（4）脊索内部を埋める大きな液胞をもつ脊索細胞からなる．液胞内部にはゲル状物質がつまっていて，そのゲルに保持される水分により生じる内水圧が支持組織として体を支えるのに重要である．脊椎骨の発生時には，脊索鞘の石灰化が引き起こす規則正しい分節形成（石灰化部位と石灰化しない部位の繰り返し構造）がその後の椎体形成の引き金になり，脊索鞘の石灰化部位には後に椎体（硬骨）が形成され，非石灰化部位は椎体間の靱帯部を形成する．

ニホンウナギの場合，椎体形成はレプトセファルス期では起こらず，変態開始頃に尾部後端部から始まり前方へ進行する（Irago Institute, unpublished data)．また，人工孵化で得られたニホンウナギのレプトセファルス幼生のほとんどに，脊索の前弯，後弯，側弯異常が認められ，摂餌行動に影響を与えて生残率を下げることが報告されている（Okamura *et al*., 2011）．ニホンウナギにおける仔魚期の正常な脊索形成機構とその後の椎体形成機構の解明，またそれに基づくニホンウナギ種苗生産技術の改良が待たれる．

3.2.2 軟骨様組織

軟骨は，軟骨細胞が自身の周囲に大量の軟骨基質を分泌することにより形成される組織である．軟骨基質はII型コラーゲンとプロテオグリカン（タンパク質からなるコアに多量の糖鎖が結合した物質）から構成され，プロテオグリカンが水分を保持することにより強い弾性を示す．真骨魚類は，以上の定義にあてはまる典型的な軟骨（ガラス軟骨）のほかに，軟骨と硬骨の中間的性状を示す組織（石灰化した軟骨様組織，軟骨から硬骨への移行途中の組織）や軟骨内に多量のI型コラーゲン線維をもつ軟骨と結合組織の中間的性状を示す組織など，軟骨に類似する多様な組織をもつ．これらの組織は形成後その性状をずっと保つわけではない．特に個体の成長過程では，細胞死や組織の破壊を伴わない軟骨様組織からほかの軟骨様組織への移行や，軟骨様組織から硬骨への移行が頻繁にみられる．しかし，ウナギの軟骨様組織に関する詳細な研究論文は見あたらず，ウナギの骨格のどこにどのような軟骨様組織が存在するのかはよくわからない．

3.2.3 硬　骨

硬骨は石灰化した細胞外基質（骨基質）を多量にもつ組織である．骨基質の主要な有機成分はI型コラーゲン，無機成分はリン酸カルシウムのハイドロキシアパタイト結晶である．硬骨の代謝には骨基質を形成する骨芽細胞，骨基質を破壊・吸収する破骨細胞，骨芽細胞自身が分泌した骨基質中に埋め込まれた骨細胞が関与する．骨芽細胞と破骨細胞は硬骨の表面に存在する細胞である．

骨芽細胞はその活性により形態を変え，活発に骨基質を合成・分泌しているときには立方体を呈し，活性が低くなるにつれて扁平化する．魚類の破骨細胞は単核で扁平な細胞が多く，活性が高い多核で巨大な破骨細胞は特殊な部位や生理条件下でのみ観察される．成長期にある魚においては，活発な骨芽細胞や破骨細胞が観察される部位が多いが，成魚では硬骨の表面の相当部分は代謝活性をほとんどもたない扁平な休止期骨芽細胞により覆われている．骨細胞は，哺乳類においては骨基質中に細胞質突起を伸ばして互いに連結し，重力刺激の受容や血液中カルシウム濃度の恒常性維持，リン酸の代謝に関与するホルモンの分泌などの機能をもつことが知られている．しかし，真骨魚類は骨基質中に骨細胞をもつ魚種ともたない魚種とがいる．形成途中の骨基質中には骨細胞があるものの形成が終了して成熟した骨基質中には骨細胞を全く欠く硬骨を，無細胞性骨と呼ぶ．これに対して，成熟した骨基質中にも骨細胞がある硬骨を細胞性骨と呼ぶ．ウナギは細胞性骨をもつ魚である（Lopez, 1970）．しかし，ウナギも含めて真骨魚類の骨細胞は哺乳類のそれと比べると小型で分布密度が小さいため，骨細胞どうしも遠く離れている場合が多く，これらの細胞が本当に哺乳類の骨細胞のように細胞どうしのネットワークを形成して機能しているのかに関してはよくわかっていない．ヨーロッパウナギでは，骨細胞が哺乳類の骨細胞同様に骨からカルシウムを溶解する機能をもつことが知られているものの（Lopez, 1970），哺乳類の骨細胞が果たす多様な機能を魚類のどのような組織や細胞が担っているのかまだよくわかっておらず，興味が持たれる点である．

ウナギは絶食状態で長期間の産卵回遊を行う魚である．回遊中のヨーロッパウナギは破骨細胞が活性化して骨基質を大量に失うことが知られている（Rolvien *et al.*, 2016）．硬骨の脆弱化は人工的に成熟させたニホンウナギでも報告されている（Yamada *et al.*, 2002）．成熟によりウナギの骨が脆弱化する理由は直接的には明らかではないが，絶食により不足するリン，もしくはエネルギーを骨の分解により得るためと考えられている．このように硬骨は大量のリンやカルシウムを含むので，魚のリンやカルシウムの代謝状況に応じて骨芽細胞や破骨細胞の活性が変化し，血中イオン濃度の恒常性維持に寄与している．その際，血中カルシウム濃度を調節するカルシトニンやビタミンD_3，代謝や成長に関与する甲状腺ホルモンが働くことがヨーロッパウナギで報告されている（Lopez *et al.*, 1976; 1977; Sbaihi *et al.*, 2007）．

3.2.4 歯

真骨魚類はその食性と関連して多様な外部形態の歯をもつ．ウナギにも小さな円錐状の歯が多数ある．顎に生える歯（顎歯）のほかに，咽頭部に生える歯（咽頭歯）をもつ魚もいる．歯は顎骨（もしくは咽頭骨）に結合して支えられており，萌出している歯の根元側の結合組織内には形成途中の様々なステージの歯（歯胚）が存在し，歯の生え替わりの準備が行われている．歯の内部構造は基本的に共通で，内層の象牙質と外層のエナメロイドの２層の石灰化組織からなる．無機質は骨と同様にハイドロキシアパタイト結晶である．エナメロイドとはわれわれの歯の最外層のエナメル質に似た高度に石灰化した組織であるが，エナメル質が上皮性（外胚葉性）の細胞により分泌されるのに対し，エナメロイドは中胚葉性の細胞により分泌され，コラーゲン線維を含む点などでエナメル質とは区別される．

3.2.5　鱗

ほとんどの真骨魚類は真皮中に瓦のように一部が重なって配列する薄い板状の鱗をもつ(山田・麦谷, 1988)．鱗は発生学的, 形態学的に歯に近い組織とされ(Sire *et al*., 2009)，外層の薄い骨質層と，内層の厚い線維層板からなる．骨質層は歯と同様にハイドロキシアパタイト結晶が沈着して石灰化している．線維層板はコラーゲン線維層が重層してできており, 石灰化の度合いは魚種により様々である．鱗の後半部の最外層にはわれわれの歯のエナメル質に似たexternal layerと呼ばれる高度に石灰化した層が存在するとの報告もある（Sire *et al*., 2009）．また，鱗は，後半部に突起や棘をもつ櫛鱗とそれらをもたない円鱗とに分けられ，より進化した魚が櫛鱗をもつとされる．ウナギの鱗は円鱗であるが，一般的な真骨魚類の鱗のように瓦状に重なることはなく，真皮中に一つ一つの鱗がぎっしりと隙間なくタイル模様のように埋没している．

〔**都木靖彰**〕

3.3　筋　　　肉

筋肉は体や内臓諸器官の運動を担う組織であり，動物を動物たらしめる組織といえる．筋肉の収縮を分子レベルで見ると，筋細胞中のミオシンとアクチンという2種類のタンパク質が運動の基盤となっている．ミオシンはATPの化学エネルギーを運動エネルギーに変換するモータータンパク質で，繊維状に重合して太いフィラメントを作っている．同様にアクチンも繊維状に重合して細いフィラメントを作っており，ミオシンの働きで太いフィラメントの隙間に細いフィラメントが滑り込むことで，筋肉の収縮が起きる．

筋肉は，規則的な横紋構造がみられる横紋筋と，みられない平滑筋に分けられる．横紋筋には骨格筋と心筋が含まれ，前者は体の運動を，後者は心臓の拍動を担っている．平滑筋は膀胱，血管，消化管，子宮などの内臓諸器官の運動を担っている．われわれが普段食する魚の可食部のほとんどは骨格筋である．ここでは主として骨格筋について，魚類，特にウナギの特徴を説明する．

3.3.1 魚類骨格筋の構造的特徴とウナギの筋肉

骨格筋は速筋と遅筋に分類される．速筋は素早く収縮して大きな力を発揮するが，疲労が早く長時間の運動には適していない．一方，遅筋は長時間の持続的な運動に適する．こうした筋肉の性質の違いは筋細胞レベルで決まっている．哺乳類では，筋肉の中で速筋線維と遅筋線維が混在しており，全体的なバランスで筋肉の性質が決まるが，魚類の場合，遅筋線維と速筋線維の分布は明確に分かれている．

魚の体を断面にすると，皮膚直下に赤色の筋肉が薄く弓状に分布しており，これは血合筋と呼ばれ遅筋線維でできている．一方その他の部分は白色もしくは血合筋に比べると赤味の薄い筋肉で占められており，これは普通筋と呼ばれ速筋線維でできている．血合筋は毛細血管が発達し，酸素結合タンパク質である筋肉色素のミオグロビンを多く含むため赤色を呈する．上述のように遅筋はゆっくりとした持続的な運動に適しており，魚は，通常の遊泳には血合筋を使用する．体の表層に血合筋が分布することで，小さな力でも体全体を効率よく動かすことができる．一方，捕食や逃避行動などでは体の大部分を占める普通筋を用いることで，体全体を強く動かし，瞬間的に大きな力を発揮することができる．

魚には赤身魚と白身魚があるが，赤身魚は普通筋にもミオグロビンが多く含まれ，筋肉全体が赤色を呈する．また，赤身魚は血合筋の含量が多く，特に外洋性回遊魚であるマグロやカツオなどでは，表層だけでなく深部にまで大きく血合筋が発達し，長時間の持続的な遊泳が可能になっている．一方，白身魚は普通筋におけるミオグロビン含量が低く，身は白く見える．血合筋の含量も少なく，筋肉のほとんどが普通筋で占められる．白身魚には底魚，根付の魚，磯魚が多く，通常はじっとしていて運動量が少ないが，捕食時等に瞬間的に強い力を発揮する．ウナギは典型的な白身魚の筋肉構造をしており，白色の普通筋で筋肉の大部分が占められ，血合筋は表層にわずかに弓状に分布しているだけである（図 3.3）．

魚の遊泳様式はいくつかのタイプに分類されるが，サバやマグロのように尾鰭を振動させて遊泳する魚では，吻側に比べて尾側の筋肉が発達している．一方，ウナギは全身を波状にくねらせるウナギ型遊泳運動（anguilliform swimming）をするため，全身の筋肉が均等に発達している．ただし，ゆっくりとした遊泳では尾側の筋肉を主に使用し，遊泳速度が上がると吻側も含め全身の筋肉を使うようである（Gillis, 1998）．ヘビのようなウナギの遊泳運動は，陸上での行動も可能にしており，ウナギは時としてほかの水系へ陸上を這って移動することが知られている．

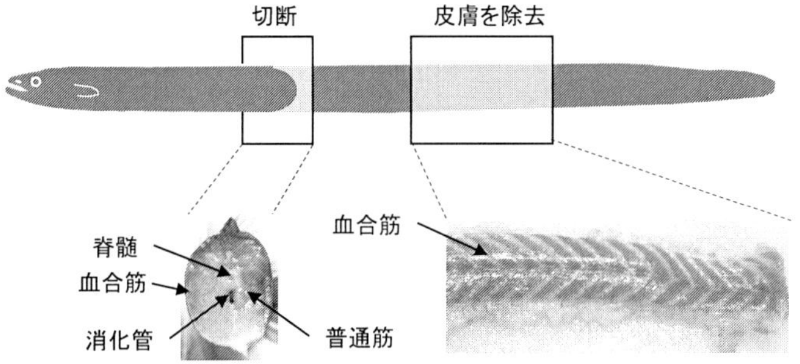

図 3.3　ウナギの体幹部骨格筋における普通筋と血合筋の分布
切断面（左下図）からわかるように，骨格筋は普通筋が大部分を占めており，血合筋はわずかに表層に分布する．皮膚を除去し骨格筋の表面を観察すると（右下図），血合筋を明瞭に観察することができる（写真：三重大学船原大輔氏提供）．

3.3.2　ウナギの筋肉のコラーゲン含量

骨格筋は筋線維が集まってできているが，筋線維は細胞外マトリクスと呼ばれる結合組織によって束ねられ，骨などと結合している．細胞外マトリクスの主要構成タンパク質はコラーゲンで，ウナギの筋肉は特にコラーゲン含量が高い．一般にウナギ型遊泳運動を行う魚は，体の一部を動かすほかの遊泳型に比べて，全身の筋肉の構造強度を高く保つ必要があり，筋肉中のコラーゲン含量が高い（Yoshinaka *et al.*, 1988）．

食品として魚の筋肉を見た場合，筋肉中のコラーゲンの含量は刺身等で生食したときの硬さに影響する．コラーゲン含量が高いトラフグなどの筋肉は硬く，刺身等で生食する際には薄切りにしてコリコリとした食感を楽しむ．一方，コラーゲン含量が低く脂質が多いマグロなどの刺身は厚切りにしてねっとりとした食感を楽しむ．上述のようにウナギは魚類の中でも特に筋肉のコラーゲン含量が高く，ウナギの肉は生では非常に硬い．一方，加熱するとコラーゲンはゼラチン化し柔らかくなるため，加熱した肉はふっくらと柔らかい．

3.3.3　ウナギの筋肉の成長

筋肉量は成長に伴って増大する．骨格筋量の増大は，筋線維の肥大もしくは数の増加によるが，哺乳類の場合，出生後の筋線維数の増加はほとんど起きず，筋肉の成長は筋線維の肥大のみによる．一方，魚類では筋線維数の増加が出生後も続き，筋線維の肥大と数の増加の両方で筋肉が成長するため，その成長度は哺乳類よりはるかに大きい．また，いくつかの魚種ではそうした筋成長が生涯続き，「非限定成長」と称される（Biga and Goetz, 2006）．

ウナギの体サイズは様々で，その成長が非限定的であるかどうかは不明である．ヨーロッパウナギを用いた観察からは，少なくとも黄ウナギまでは，筋線維の増加と肥大の両方で筋成長が起きていることが示されている（Romanello *et al.*, 1987）．

3.3.4 ウナギの筋肉にみられる環境適応

ウナギはその生涯において生息環境を大きく変化させるが，流れの速い河川での定着生活には強い遊泳力を発揮する普通筋が，産卵のための海洋での長距離の回遊では，持続的な遊泳力を発揮する血合筋が必要となる．回遊前の黄ウナギと回遊直前の銀ウナギについて血合筋の運動特性を調べると，銀ウナギの方が血合筋の筋力が向上している（Ellerby *et al.*, 2001）．また，性成熟したヨーロッパウナギの血合筋量は性成熟前に比べて5～13％増加している（Pankhurst, 1982）．さらに，三重大学の舩原らは，ニホンウナギを海水環境下と淡水環境下で飼育すると，淡水環境下では速筋型ミオシンが，海水環境下では遅筋型ミオシンが増えることを示している（舩原ほか未発表）．生活史段階や生息環境の変化に対応し，ウナギは筋肉の構造や機能を柔軟に変化させていると考えられる．

3.3.5 ウナギの筋肉に含まれる蛍光タンパク質

ウナギは筋肉中に蛍光タンパク質を含む．ニホンウナギの骨格筋に励起光をあてると内在性の蛍光タンパク質によって緑色に光る（Hayashi and Toda, 2009）．理化学研究所によってUnaG（ユーナジー）と名付けられた（Kumagai *et al.*, 2013）この蛍光タンパク質は，ウナギの骨格筋で発現し，ヘモグロビンの代謝産物であるビリルビンと結合することで蛍光を発する．その後，ヨーロッパウナギ，ニューギニアウナギ，オーストラリアウナギ等複数種のウナギからUnaGのオーソログ遺伝子が見つかり（Funahashi *et al.*, 2017），さらにはウナギ目のイワアナゴ属でもUnaGのオーソログ遺伝子が報告されている（Gruber *et al.*, 2015）．分子系統解析からUnaGは脂肪酸結合タンパク質であるFABPと類縁関係にあり，長距離回遊における抗酸化作用や海中での視認性向上などが議論されているものの，UnaGのウナギにおける生理機能は明らかでない．ヒトにおいて，血中のビリルビンが過剰になると黄疸症状が現れる（大原弘隆，2012）．UnaGは迅速かつ簡便なビリルビンセンサーとして，医療分野への応用が期待されている．

魚類は脊椎動物で最も種数が多く，生息環境や成長特性も多様なため，その筋肉の構造や機能もまた，きわめて多様である．ウナギは，特異な遊泳型や形態・生態に応じた筋肉構造をもち，河川と海洋というダイナミックな環境の変化に応じて筋肉を適応的に変化させる．魚類筋肉の多様性を考える上で，ウナギは非常に興味深い研究対象であるといえる． 〔木下滋晴〕

3.4 皮膚・粘液

水中には空気中よりもはるかに多くの病原体が存在している．陸上動物の場合，皮膚の最表面が死細胞で覆われ，いわゆる角質層を形成し，これが物理的バリアーとして病原体の侵入を防いでいる．一方魚類の皮膚は，病原体だらけの水に常に接しているにもかかわらず，角質層を欠き，その最表面は生きた細胞から構成される．よって魚類はその皮膚に，陸上動物とは異なる独自の防御システムを備えている．魚類の皮膚は粘液で覆われているが，ウナギといえば粘液の多い魚の代表格である．ここでは生体防御の観点から，ウナギの皮膚の秘密に迫る．

3.4.1 皮 膚

哺乳類と同様，魚類の皮膚は基底膜を境に表皮と真皮に分けられる．粘液細胞と上皮細胞は硬骨魚類の表皮に普遍的に存在する細胞であり，前者は粘液のヌメリ成分であるムチンを産生する．この細胞は大型で，細胞内のほとんどを粘液が充満する粘液小胞が占めており，核は周辺部に押しやられしばしば三日月型を呈する．一般に粘液小胞はエオシンでは染色されない．

ウナギ目魚類の場合，これらの細胞に加えて，棍棒細胞と呼ばれる細胞も表皮に存在する（図 3.4）．この細胞は大型で，文字通り棍棒のようなユニークな形をしている．この細胞はウナギ目だけがもつわけではなく，骨鰾類に広くみられる細胞であるが，その機能は十分には明らかにされていない．しかしニホンウナギにおいては，棍棒細胞に後述するレクチンが局在していることから，分泌細胞として機能すると考えられている．

ウナギには鱗がないと思われがちであるが，実はある．ただし鱗は表面に露出しておらず，皮膚の内部（真皮）に小判状の小さな鱗が数多く埋もれており，一説には 1 尾につき 6 万枚もあるといわれている．ちなみにアナゴは鱗をもたない．

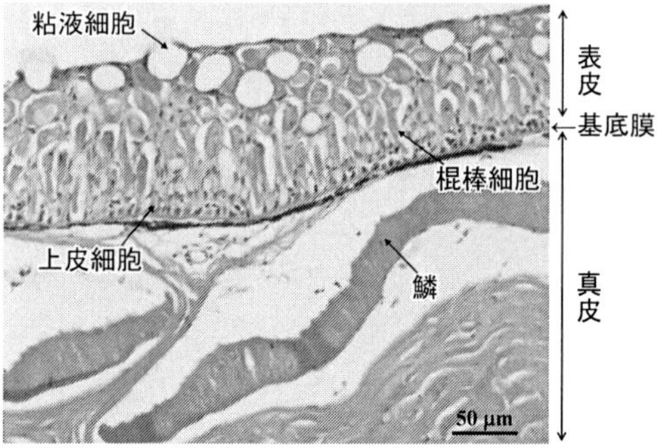

図 3.4 ニホンウナギの皮膚の組織切片(ヘマトキシリン－エオシン染色)

3.4.2 粘液の防御因子

魚類の皮膚は粘液で覆われ，これが物理的に病原体の侵入を防いでいる．加えて，粘液は様々なタンパク質による化学的な防御の場でもある．粘液に含まれるタンパク質は魚種によって大きく異なるが，以下ウナギの皮膚と粘液に含まれる防御因子を紹介する．

a. 抗 体

抗体は獲得免疫系の中枢を担う重要な分子である．抗体は血中に存在するイメージが強いが，実は粘液中にも分泌されている．哺乳類においても，腸管などの粘膜には IgA というタイプの抗体が大量に分泌されている．魚類の皮膚粘液中にも抗体が存在することが古くから知られていたが，そのタイプは IgM と呼ばれるものである．魚類は IgA をもたない．なお，近年 IgT と名付けられた硬骨魚類に特有な抗体が発見され，ニジマスの粘液において抗寄生虫因子として機能しているとの報告があるが，ウナギにおいてはいまだ見つかっていない．

ヨーロッパウナギを魚病細菌 *Vibrio vulnificus* で浸漬免疫すると，粘液中の抗体価は血中のそれより早く上昇し，3〜4 日後にピークを迎える．しかしウナギを含め魚類の粘液中の抗体量はそれほど多くはないといわれている．そのため魚類は，皮膚の防御を以下の b〜d にあげる自然免疫系因子に委ねているようだ．

b. タンパク質分解酵素

主要な防御因子の一つに，病原体を分解する酵素がある．細菌の細胞壁の成分であるペプチドグリカンは 2 種類の糖，すなわち *N*-アセチルムラミン酸と *N*-アセチルグルコサミンの繰り返し構造からなり，一般に溶菌酵素といえば，これらの糖の間の結合を分解するリゾチームが有名である．しかしウナギを含め，魚類の皮膚粘液からリゾチームが単離された例はほとんどない．また，魚類体表の溶菌活性がリゾチーム阻害剤で阻害されない場合も多く，そのほかの溶菌酵素の存在が示唆されている．

Aranishi（1999）はウナギの皮膚中のタンパク分解酵素を網羅的に検索し，少なくとも4種類の酵素があることを示している．加えて，そのうちのカテプシンBおよびLと呼ばれるタンパク質分解酵素が3種類の魚病細菌を溶菌し，その活性がカテプシン阻害剤で阻害されることも見出している．どうやらウナギの場合，カテプシンがリゾチームの代役を果しているようだ．

c. 抗菌ペプチド

抗菌ペプチドとは，文字通り抗菌活性をもつペプチドのことである．抗菌ペプチドはもともとはカエルの皮膚から発見されたが，現在は様々な生物から膨大な数の抗菌ペプチドが報告されており，魚類の皮膚もその宝庫とされている．ニホンウナギの皮膚粘液からも分子量約6000の抗菌ペプチドが単離されている．このペプチドのN末端20残基のアミノ酸配列が解読されているが，相同性検索では類似した分子は見つからず，新奇のペプチドであることが示唆されている．

d. レクチン

ニホンウナギの皮膚粘液を電気泳動すると2つのメジャーバンドが現れる．これらはいずれもレクチンと呼ばれる分子である．レクチンとは「糖と結合するタンパク質」の総称である．病原体の表面には糖鎖があり，これを認識することでレクチンは防御の一役を担う．これまでに様々なタイプのレクチンが報告されているが，ニホンウナギの粘液中に見出されたものは，ガレクチンおよびC型レクチンと呼ばれるタイプのものである．

AJL-1と名付けられたニホンウナギのガレクチンは魚病細菌 *Streptococcus difficile* を凝集する（Tasumi *et al*., 2004）．また，AJL-1がタンパク質分解酵素の阻害剤として機能するという報告もある．この特性は，細菌などが感染時に分泌する酵素に対抗するためと思われる．

もう一つのレクチン（AJL-2）は，構造的には糖との結合にCaイオンを必要とするC型レクチンに分類されるが，実際にはCaイオン非要求性である（Tasumi *et al*., 2002）．ウナギ目魚類は基本海産魚であるが（2.2節参照），その中でもウナギは唯一淡水域にまで回遊する．淡水中のCaイオンは微量であるため，ウナギの祖先が淡水域に進出する過程で，Caイオン非要求性のC型レクチンを獲得したのかもしれない．オオウナギからもAJL-2のホモログが見つかっているが

(Tsutsui *et al.*, 2016), こちらは海や河口域で過ごすシラスウナギ期には皮膚で強く発現するものの, 成魚では発現がみられなくなる. 一般に, ニホンウナギは河口域から河川の中流域に生息するのに対し, オオウナギは河川上流域を好むといわれている. こうした環境要因がC型レクチンの産生に影響を与えているのかもしれない.

ニホンウナギの粘液レクチンは成魚の棍棒細胞に局在する. また, レプトセファルス幼生期の棍棒細胞からも検出されている. この時期の幼生からは白血球が観察されないことから, 免疫系が未発達な幼生期において, レクチンが重要な防御因子として機能しているものと推察される. 一方成魚においても, これら2つのレクチンが粘液中の主要なタンパク質であることは先に述べた. これまでに筆者は様々な魚種の皮膚粘液を電気泳動に供してきたが, ニホンウナギのレクチンほど粘液中に豊富に存在する分子をほかに知らない. このことはニホンウナギのレクチンが, いかに強力な武器であるかを物語っているのかもしれない.

〔筒井繁行〕

3.5 感　　覚

動物は, 周囲および自身の体内の状況を的確に把握して, 適切な行動をとることによって成長と繁殖を行う. そこでは明暗や季節の変動, 外敵や餌の存在などに関する情報を的確に受容する感覚器が大きな役割を果たしている. ほかの魚種同様, ウナギもこうした情報を得るためにいくつかの感覚器をもつ. ここでは魚類の感覚系を概説しながら, ウナギの特徴を記述する.

3.5.1 嗅　覚

魚類の嗅覚器は, アミノ酸, 胆汁酸, 性ステロイドホルモン, プロスタグランジンなどに強く応答する. 匂い物質は, 嗅房と呼ばれる魚類の鼻腔の壁にある嗅上皮によって捉えられる. ニホンウナギの嗅房の場合, 管状の前鼻孔とそこからかなり後方に離れた位置に単純な穴状の後鼻孔を伴っている (図3.5A). 嗅上皮には嗅細胞と呼ばれる感覚ニューロンが並んでいる. 嗅房の構造は, 魚種によって違いがみられる. 単純な袋状, 一枚の板状構造 (嗅板), 放射状に嗅板が配列した円盤形など多様である. ニホンウナギの嗅房は巨大で, 前後方向に走行する中央の隔壁から内側と外側の両方に多数の嗅板が伸びている (図3.5B). そのた

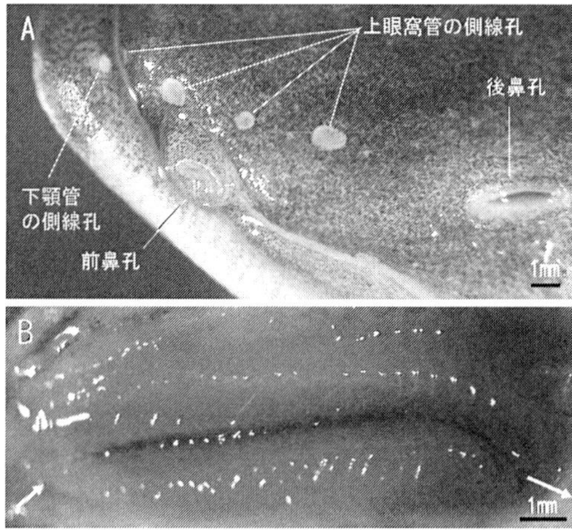

図 3.5　ニホンウナギ（全長 48 cm）の嗅覚器
A：上から見た前鼻孔と後鼻孔．B：皮膚を切開して露出させた嗅房．矢印は水の流れる方向を示す．

め嗅上皮の総面積が広く，多数の嗅細胞が存在しているので高い嗅覚能力をもつと考えられる．嗅上皮レベルでの生理学的研究では，ウナギの嗅覚感度は他魚種と同等であるとされているが（アミノ酸に 10^{-8} M 程度で応答；Silver, 1982），多数の嗅細胞に由来する情報が嗅球において加重されることにより集約され，高い感度を実現している可能性がある．

3.5.2　視　覚

水陸両方が同時に見えるテッポウウオの眼や深海に生息するボウエンギョの細長い眼など，真骨魚にはしばしば特殊な視覚器がみられる．ニホンウナギの眼は厚い透明な皮膚に前面が覆われていて，これは砂中や岩の隙間に潜り込むときに眼を保護するためと思われる．このほかはこれといった特徴はない．川に生息しているときの黄ウナギ期の眼球は体の大きさに比して小型で，視覚能力は低いと考えられる．しかし，成熟が始まって海に下った銀ウナギの眼は大きい．これは，産卵場に向かう途中で暗い中深層の弱光環境を回遊するための適応である．この変化は成熟時に血液中の濃度が上昇する性ステロイドホルモンの 11-ケトテストステロンによって起こることがわかっている（Sudo *et al.*, 2012）．また，光を受容する視細胞にも変化が起こる．黄ウナギでは桿体細胞（主に暗いときに働く）

と錐体細胞（主に明るいときに働き，色覚に関与する）の両方があるのに対して，銀ウナギでは桿体細胞だけとなり，光受容にかかわるタンパク質であるオプシンの種類も変化することが知られている（Wood *et al.*, 1992）．このように川で成長する時期の黄ウナギから海を回遊する銀ウナギへと生活史段階の変化に伴い，その視覚系には劇的な変化がみられる．

3.5.3　側線感覚

側線感覚は，水流や低周波数の水の振動を感じる感覚で，多くの水棲脊椎動物がもつ．側線の感覚装置は感丘と呼ばれる小さな突起であり，皮下にある管（側線管）の中にある管器感丘と体表面に露出している遊離感丘がある．クプラと呼ばれる突起が水流によって倒れることにより，感覚を受容する有毛細胞（繊毛が生えている）に興奮が生じる．ニホンウナギの側線管は，頭部にある上眼窩管，下眼窩管，下顎管と胴体の側面にある躯幹部側線管である．上眼窩管と下眼窩管にはそれぞれ4つの側線孔があり，下顎管には9つの側線孔がある（図3.6）．ほかの魚種で側頭管や前鰓蓋管がある位置にはニホンウナギでは側線管がなく，代わりに遊離管丘が分布している．遊離管丘は躯幹部にもあるが，頭部よりも低密度である．遊離感丘は比較的低周波数の振動を，管器感丘は比較的高周波数の振動をそれぞれ受容すると考えられている（植松ほか，2013）．

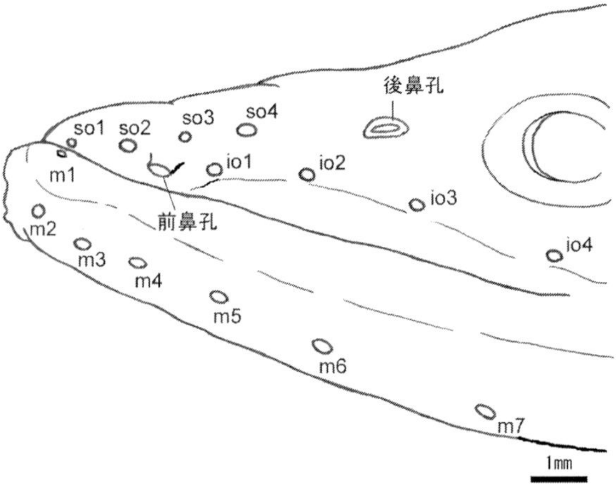

図3.6　ニホンウナギ（全長48 m）の頭部側線孔
so1～4：1～4番目の上眼窩管側線孔；io1～4：1～4番目の下眼窩管側線孔；m1～7：1～7番目の下顎管側線孔（8および9番目の側線孔は図示した範囲よりも後方にある）．

3.5.4 聴覚と平衡感覚

聴覚と平衡感覚はともに内耳で受容される．内耳の感覚器は，重力や遊泳時の直線加速度および音を検出する耳石器官と頭部の回転を検出する三半規管である．耳石器官は内耳の薄い膜でできた部屋の中に炭酸カルシウムを主成分とする「石」がある構造で，石の移動や振動により石に接する有毛細胞が刺激されることによって感覚受容がなされる．ニホンウナギの内耳では，一番前方に卵形嚢(中の耳石：礫石）があり，少し腹側後方に球形嚢（耳石：扁平石）が，さらに後方に壺嚢(耳石：星状石)がある(図3.7)．キンギョでは球形嚢が聴覚受容を行い，ほかの耳石器官は直線加速度を受容するといわれてきたが，必ずしも明確な機能分担があるとは限らず，ウナギでもこの点は十分わかっていない．ニホンウナギの耳石は，扁平石が最も大きく，日齢や年齢を調べるときに使われる．また耳石中の微量成分を解析することによって，成長中のどの時期に海水と淡水のいずれに生息していたかを調べることもできる（Tsukamoto *et al.*, 1998).

半規管は半円形の筒状構造で，前半規管，後半規管，水平半規管の3つがあり，互いに垂直な3つの平面上に位置している．そのため，3次元的にどの方向の回転であれ，検出することができる．感覚受容は，半円の一端にある膨れた場所（膨大部）にある突起とその内部に集まっている有毛細胞の繊毛によってなされる．

3.5.5 味　覚

味覚は嗅覚と並ぶ重要な化学感覚であり，細胞が集まって西洋梨型になった構造（味蕾）が受容器である．味蕾にある味細胞が味覚を引き起こす化学物質を受容する．魚類の味覚器は，アミノ酸，ペプチド，核酸関連物質，有機酸など，餌のエキスに含まれる化学物質によく応答する．ニホンウナギにおいても，口蓋(口腔の天井部分）の味蕾が10^{-8}〜10^{-9} Mのアミノ酸に応答することがわかっている（Yoshii *et al.*, 1979)．ニホンウナギはアサリエキス中に含まれるアミノ酸に誘引されることが知られている（橋本ほか，1968)．一般に，嗅覚は遠距離にある餌を検出することに，味覚は近接したあるいは口内の餌を感じると考えられがちであるが，上述したアミノ酸に対する味覚感度は嗅覚と同等であり，味覚も遠距離にある餌探索に寄与している可能性がある．

3.5.6 磁気感覚

サケマス類が海から母川への遠距離回遊をする際に地磁気の情報を使うという

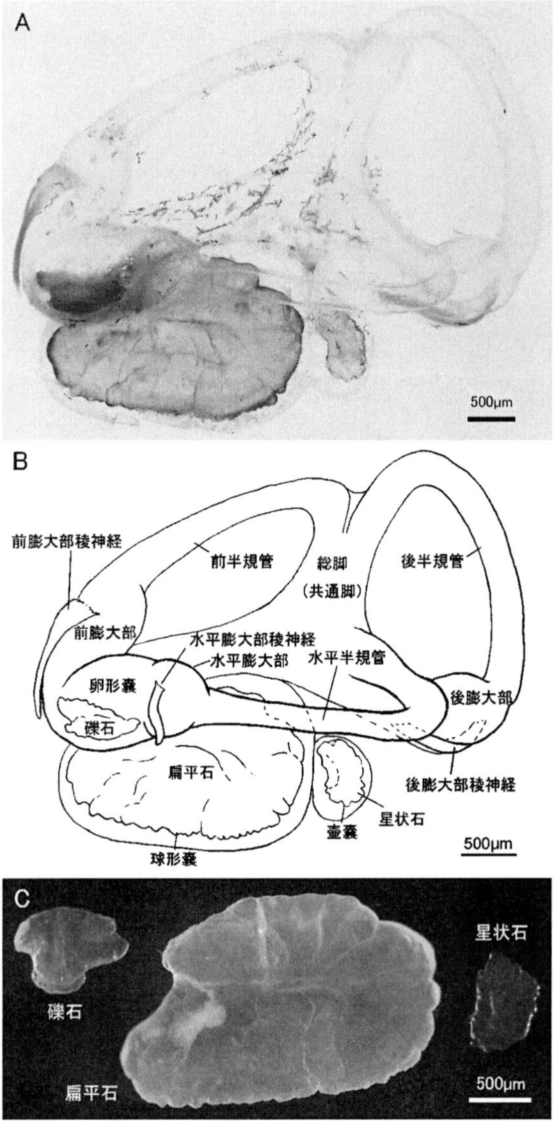

図 3.7 ニホンウナギ（全長 48 cm）の内耳

A：頭部から取り出した左内耳（外側面）．B：A の線画．C：内耳から取り出した耳石．

説がある．実際に，嗅房内に磁気を受容する細胞があり，その情報が三叉神経を通じて脳に伝えられるといういくつかの報告がある．ニホンウナギにおいても，嗅房あるいはその近傍に磁気感覚器があり，磁気に対する行動的な応答を示すという報告がある（Nishi *et al.*, 2018）．したがって，ニホンウナギが西マリアナ海嶺にある産卵場所に至る長距離回遊をするために，磁気感覚を使っている可能性がある．

3.5.7 その他の感覚

最近になって，ゴンズイがヒゲ（触鬚《しょくしゅ》）でpHを感じることができることがわかった（Caprio *et al.*, 2014）．pHを感じる細胞の実態は不明であるが，ウナギにも同様の感覚が存在する可能性はある．

多くの脊椎動物において，嗅覚と味覚とは異なる化学感覚が存在する．味蕾の味細胞とよく似た細胞が単独で存在するという感覚器で，単独化学受容細胞と呼ばれている．魚類では皮膚や鰭に存在する．著者の知る限りウナギでは詳細な報告は存在しておらず，今後の研究が待たれる．〔**山本直之・萩尾華子**〕

3.6 消化・吸収

消化吸収機構は外部環境に栄養を依存した多細胞生物にとって必要不可欠な働きである．クラゲやミミズといった生き物からわれわれヒトまで，その形こそ違うものの，相同な役割を担う消化吸収器官が備わっていることから，生命維持の根幹をなすものであることがわかる．ウナギの仲間も当然のことながら消化吸収器官を有しており，ここでは魚類の消化吸収機構およびウナギにおける特徴を解説する．

3.6.1 ウナギの歯と食道

魚類における消化吸収器官としては歯，食道，胃，腸，膵臓，肝臓，胆嚢が主なものとしてあげられ，ウナギはこれらを全て有している（図3.8）．

まず食物を外部から取り込む際に重要な役割を果たすのが歯である．歯の形態はその魚種が主食とするものに合わせて様々な形態を示す．魚食性の高い魚種の場合には，餌生物を傷つけ，逃がさないような形態が有利であり，発達した鋭利な歯をもつものが多い．またコイ科の魚類などは顎歯をもたず，喉の奥にある咽頭歯で餌をすりつぶす．ウナギの仲間の場合も歯の形態はその食性によって様々

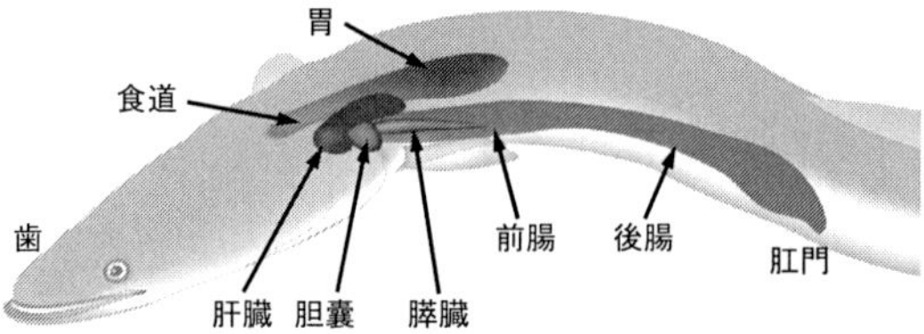

図 3.8 魚類の消化器系（ニホンウナギ）

である．例えばハモやウツボなどは発達した鋭い歯をもつ．ニホンウナギなどは微小な円錐歯が主としてヤスリのように並ぶ歯をもつ．これに対してレプトセファルス期では，鋭く，比較的長く発達した歯が前方に突出してまばらに生えていることが共通の形態として多くのウナギの仲間でみられる．ニホンウナギではレプトセファルス期にマリンスノーと呼ばれる有機懸濁物を主に食べることが示されているが（Miller *et al.*, 2012），このような物質を捕食する際に，この歯の形態がどのような点から有利なのか非常に興味深い．またウツボでは咽頭顎と呼ばれる特殊な新規摂食器官が報告された（Mehta and Weinwright, 2007）．これは歯で捕らえた餌生物を喉の奥まで引き込むための構造で，鰓弓の一部が変化したものである．

歯によって細切された食物は食道を通ってこれに続く消化管に移行する．その際，破砕した餌生物の硬組織によって食道が傷つかないよう，食道上皮には粘液細胞が多く存在し，表面は粘液で覆われている．また取り込んだものを移動させるために消化管は収縮と弛緩を制御して蠕動《ぜんどう》運動を行うが，そのときに重要な輪走筋層は食道にも存在し，嚥下を担う．このような特徴はウナギにおいても共通である．しかし，レプトセファルス期ではその他の魚種と比較してきわめて長い食道を有する場合が多い．そのため，取り込んだ食物を適切に消化吸収器官に送るために，食道の蠕動運動がその他の魚種と比して重要であるといえる．

3.6.2 ウナギの消化機構

ウナギを含む多くの魚類では食道を経て，食物は胃に移行する．魚類でも胃における消化機構は基本的にわれわれヒトと共通の部分が多く，胃内に塩酸を分泌して酸性にし，ペプシンという消化酵素の働きによってタンパク質消化を行う．胃酸やペプシンは胃腺と呼ばれる上皮組織から分泌される．メダカやサンマ，コイ，フグといった魚種は機能的な胃をもたず，無胃魚と呼ばれる．これらの魚種では胃での消化を経ず，消化吸収を完結させる．また一般的に魚類では仔魚期には胃が発達しない．ニホンウナギでもそれは共通であり，仔魚期にあたるレプトセファルス期ではペプシンの前駆体であるペプシノーゲン遺伝子の発現はみられない（Kurokawa *et al.*, 2011）．ただし，ほかの魚種の仔魚期と比較してウナギのレプトセファルス期は100日程度以上と非常に長期であり，それだけ長い期間を胃の消化機能なしに成長・発達を続ける点は特異である．

腸は消化吸収機構において最も重要な器官といえる．ただし，腸における消化機構を担う消化酵素や消化補助物質は腸以外の器官に由来するものが多い．腸内の消化に重要な消化酵素の多くは膵臓から供給される．

膵臓からはタンパク消化を担うトリプシン，キモトリプシン，カルボキシペプチダーゼ，脂質消化を担うリパーゼ，ホスホリパーゼ，核酸消化を担うRNA分解酵素，DNA分解酵素，炭水化物消化を担うアミラーゼがそれぞれ膵液を介して腸の最前部に分泌される．膵液は重炭酸を多く含むため，アルカリ性を示し，胃から送られてくる酸性の消化物を中和する働きをもつ．多くの魚種では膵臓は肝臓に入り込んだりしていて，独立した結実性器官として存在しない．そのような魚種においては肝臓と合わせて肝膵臓と呼ばれる．しかしウナギでは腸管表面に結実性器官として膵臓が独立して存在する．また，膵臓で産生される消化酵素はレプトセファルス期においてもかなり初期から発現が確認されていて(Kurokawa *et al.*, 2002)，胃が存在しない仔魚期では膵臓が食物の消化を主に担っていることが考えられる．

脂質を消化するためには水溶液中の大きな油滴を小さく分散させる必要があり，その役割を担うのが胆汁に含まれる胆汁酸で，これを分泌するのが胆嚢である．また胆汁に含まれる成分は肝臓で産生され，肝管を通って胆嚢まで運ばれ，膵管と同様に腸の最前部に分泌される．胆汁も重炭酸を多く含むため，アルカリ性であり，胃の消化物の中和にも寄与する．胆汁酸は一度分泌されたらそのまま排泄されるのではなく，腸において再吸収され，門脈系を通じて肝臓に運ばれ，再利用される．胆汁は一般的に緑色であり，これは赤血球に含まれるヘムの分解産物であるビリルビンに起因する．ウナギのレプトセファルス期には血液中に赤血球が存在しないため，胆汁も無色となり，胆嚢は無色の液体を含む組織として観察される．

腸からはトリプシン活性化を担うエンテロキナーゼやアミノペプチダーゼ，ジペプチターゼが分泌され，消化に関与するといわれている．一連の消化酵素群の働きによりタンパク質は小分子ペプチドや遊離アミノ酸まで，炭水化物はオリゴ糖，単糖まで，脂質は脂肪酸とグリセロールまで分解された後，生体内に吸収される．

3.6.3　ウナギの腸の形態

腸の形態は魚種の食性と強く関連している．一般に肉食性魚種では消化管は短く，雑食，草食になるにつれ長くなる．このような傾向は哺乳類でもみられるが，魚類の腸は哺乳類と比較してかなり短い．例えば体長と比較してネコは4倍，イヌは6倍，ウシは20倍だが，雑食から草食性を示すティラピアでも体長の3倍程度，ニホンウナギに至っては1/3程度である．腸のもう一つの形態的特徴は腸上皮がひだ状に折り畳まれた柔毛構造があげられる．これも哺乳類と共通であるが，腸管内の栄養に触れる面積を可能な限り大きくして，栄養吸収を最大化することに寄与している．また魚類の中には，幽門垂と呼ばれる腸前半部につながった盲管状器官をもつものも存在する．この器官はウナギには存在しないが，腸上皮と同様の形態であることから栄養吸収に関与していると考えられる．

3.6.4　ウナギの栄養吸収機構

魚類の栄養吸収機構は近年まで解明が進められておらず，ピノサイトーシスと呼ばれる一種の細胞食作用によって栄養吸収がなされるといわれていた．ピノサイトーシスとは細胞膜が細胞内にくびれて落ち込み，その空間に含まれる物質を小胞として取り込む物質輸送の形態である．ニジマスにおいてピノサイトーシスによる小胞が腸上皮細胞で確認されており，ニホンウナギのレプトセファルス期においてもその存在が報告されている．しかし，ピノサイトーシスは輸送物質の選択性がなく，必要なものも不要なものも，そして有害なものも，腸管内に存在する物質を全て非特異的に輸送するシステムであり，栄養吸収機構として問題が多い．また，ピノサイトーシスによる小胞の数もさほど多くなく，栄養吸収への寄与は小さいことが推察されることから，現在では輸送体を介した栄養吸収が重要であると考えられている．哺乳類では物質を選択的に取り込む輸送体を介した栄養吸収機構が明らかになっている．この方式であれば無用な有害物質の体内への移行を防ぎながら栄養物質の吸収が可能である．

最近，魚類においても栄養吸収機構の研究が進み，Slc6a18，Slc6a19，Slc15a1，などの栄養物質を選択的に取り込む輸送体が腸に発現することが明らかになってきた．特にタンパク質・アミノ酸吸収に着目した報告が多くなされ，現在では少なくともタンパク質が消化された結果生じる小分子ペプチドや遊離アミノ酸は，輸送体によって腸で吸収されることが示されている．ニホンウナギにおいても小分子ペプチド輸送体が同定され，この分子は腸のみに局在する（Ahn *et al*., 2013）．さらに人工種苗のレプトセファルス期においてトリプシンの前駆体であるトリプシノーゲン遺伝子の発現と同期して，孵化後5〜6日目から小分子ペプチド遺伝子の発現がみられるようになる（Ahn *et al*., 2013）．この日数は現在の給餌開始スケジュールである孵化後6日目と一致しており，摂餌開始直後からトリプシンなどの消化酵素で餌を消化し，その産物である小分子ペプチドが輸送体を介して体内に栄養物質として取り込まれるものと考えられる．脂質吸収は細胞膜の透過による受動輸送および脂肪酸輸送体，グリセロール輸送体の関与が考えられている．糖吸収に関しては水圏に炭水化物に富む餌があまり存在せず，栄養物質としての炭水化物の利用度が低いことが知られているため（渡邉編，2009），あまり着目されていないのが現状である．

魚類の消化吸収についてはいまだ不明な点も多いが，哺乳類との共通点も多いことから，その情報を用いて補完しているところも多い．しかし，非常にシンプルな消化吸収器官で長期の仔魚期を過ごしたり，変態によってその構造が急激に変化したり，養殖環境ではきわめて高い生存率を示したりなど，消化吸収機構と関連した興味深い事象が数多く知られている．また，研究が進むにつれ，哺乳類との共通点だけでなく，違いも徐々に明らかになってきており，ウナギに着目した消化吸収機構に関する研究の今後の進展に期待したい． 〔**渡邉壮一**〕

3.7 呼吸・循環

ウナギの循環器系はほかの真骨魚と同様に閉鎖循環系で，静脈洞，心房，心室および動脈球が直列に並んだ4つの部屋で心臓を構成している．心房と心室の拍動によって動脈球から送り出された静脈血は，主要な呼吸器官である鰓へ送られ，鰓の二次鰓弁でガス交換を行った後，酸素を多く含んだ動脈血となり体の各部位を循環し，再び静脈洞に静脈血となって還流する．心臓の拍動の様子は心電図を観察することでわかる（図3.9）．また，ウナギは主に鰓で酸素を摂取するが，皮膚でも相当量の酸素摂取を行うことができる．

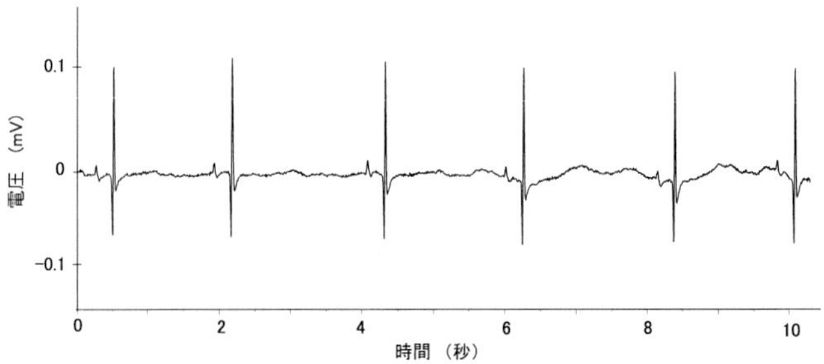

図 3.9 ニホンウナギの心電図 (体外導出)
水温 26℃, 溶存酸素濃度 7.9 mg/L, 供試魚の体重約 130 g.

3.7.1 酸素摂取量

酸素摂取量は, ウナギの飼育可能密度や投餌量を算定する場合に最も重要な指標であるが, 魚の状態 (大きさ, 摂餌, 遊泳など) や環境条件 (水温, 溶存酸素, 塩分濃度など) に強く影響される. 淡水に馴致したニホンウナギの酸素摂取量は平均体重 400 g の場合, 水温 34℃ で 88 mg/kg/hr, 水温 26℃ で 43 mg/kg/hr, 平均体重 80 g で水温 27℃ の場合は 84 mg/kg/hr, また平均体重 0.19 g (シラス) で塩分 20 psu, 水温 15℃ の場合は 230 mg/kg/hr 程度と報告されている. 実験条件などの違いから, 酸素摂取量の結果を単純に比較することは難しいが, 概ね水温が上昇すると酸素摂取量は増加する. そして稚魚のように体の小さな魚では, 生命維持に必要で酸素消費の多い臓器の体重に占める比率が大きいため, 体重あたりの酸素摂取量は体の小さな魚ほど大きくなる. またほかの魚の酸素摂取量は, ニジマスは水温 10〜15℃ で 73〜243 mg/kg/hr, コイは水温 25℃ で 77〜83 mg/kg/hr となり, ウナギの酸素摂取量は他魚種に比べ低い傾向を示す.

3.7.2 皮膚呼吸

皮膚呼吸によって取り込む酸素の量は魚種によって異なる. ウナギと同じような環境に生息するコイの皮膚からの酸素摂取量は, 体重 1〜1.2 kg で水温 21〜22℃ の場合 3.8 nmol/cm^2/min だが, ヨーロッパウナギ皮膚の酸素摂取量は体重 400〜463 g で水温 11〜18℃ の場合 3.6〜5.6 nmol/cm^2/min であり, ウナギ皮膚の酸素摂取能力はコイよりも高い傾向を示している. また, ヨーロッパウナギは, 環境水の溶存酸素分圧が 100 torr 以下に低下すると皮膚による酸素摂取量を増加させ, 酸素分圧が 70 torr 以下になると鰓での酸素摂取量とほぼ同量の酸素を皮

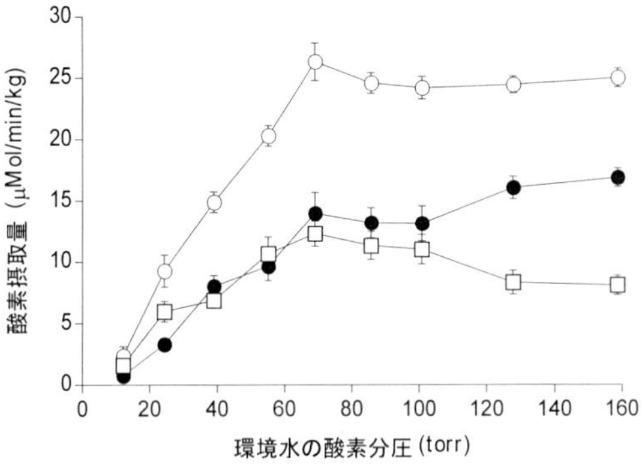

図 3.10 ヨーロッパウナギの酸素摂取に及ぼす低酸素の影響
○全酸素摂取量，●鰓酸素摂取量，□皮膚酸素摂取量（平均値±標準誤差）．
実験水温 23℃，供試魚の体重約 400 g（Le Moigne *et al.*, 1986 の数値をもとに作成）．

膚で摂取して低酸素に対応している（図 3.10）．同様な皮膚呼吸による低酸素耐性は，同じ体制をもつニホンウナギにおいても考えられる．

3.7.3 血液ガス性状

ガス交換によって血液中へ移動した酸素は，血漿中に溶解し酸素分圧（Po_2）を構成する．血液の Po_2 と組織の Po_2 との圧力差による拡散によって，酸素は組織へ移動する．動脈血および静脈血の Po_2 はニジマスでは 133 torr および 31 torr，コイでは 23 torr および 9 torr を示す（難波・半田，2015）．また，安静状態のニホンウナギが鰓でガス交換した直後の動脈血 Po_2 は 28 torr, pH は 7.83, および酸素含量（単位量の血液中に含まれる全酸素量）は 9 mL/100 mL を示す．同様にヨーロッパウナギ動脈血の Po_2 は 40 torr，pH は 7.92，酸素含量は 10 mL/100 mL である．両魚種とも体重は 400〜500 g 程度，水温 23〜26℃，酸素飽和度はほぼ 100％なので，ニホンウナギとヨーロッパウナギは比較的同じような血液ガス性状である．また，ニホンウナギでは，環境水の溶存酸素濃度が低下して 4〜5 mg/L 以下になると，動脈血の酸素分圧と酸素含量は低下し始める．

3.7.4 ヘモグロビン

ウナギのヘモグロビンは，多くの真骨魚と同様にヘムとグロビンの複合タンパク質で，赤血球中に含まれている．ウナギのヘモグロビンには，酸素との結合力（酸素親和力）などが異なる複数のタイプが存在する（山口ほか，1962；Gillen and Riggs, 1973). ニホンウナギは，酸素親和力が大きいヘモグロビンと小さいヘモグロビンを有しており，これらのヘモグロビンは混ざりあって体内を循環している．酸素親和力が大きいヘモグロビンは，血液のPo_2が1.5 torrになると酸素と結合したヘモグロビンの割合(ヘモグロビン酸素飽和度)は50%に達するが，酸素親和力が小さいヘモグロビンは，血液のPo_2が4 torrを上回るとヘモグロビン酸素飽和度が50%を超えると報告されている（山口ほか，1962）．この酸素親和力が小さいヘモグロビンは酸素運搬において不利に思われるが，水素イオンや二酸化炭素の濃度が高くなるような代謝の活発な器官や組織で酸素を解離しやすいので，酸素要求量が高いときの酸素供給に優れている．一方，酸素親和力が大きいヘモグロビンは，水素イオンや二酸化炭素の濃度の上昇に影響を受け難いので組織で酸素を解離し難いが，環境水の溶存酸素濃度が低くても酸素と結合しやすく，多くの酸素を取り込むことができる．ウナギは，酸素親和力の異なるヘモグロビンを利用することで，より多くの酸素を取り込むのと同時に，体の各部位に効率的に酸素を供給している．ほかの魚では，ヘモグロビン酸素飽和度が50%になるときのPo_2はコイで4〜5 torr，ニジマスで18〜24 torrとなるので，ウナギやコイのヘモグロビンの酸素親和力はニジマスより大きいことがわかる．このようなヘモグロビンの性能によって，ウナギやコイは低溶存酸素に対する耐性が高く，溶存酸素濃度が変化しやすい水域で生息することができる．

3.7.5 環境水の低溶存酸素濃度

養魚においては，魚が摂取して生存できるだけの酸素が環境水中に溶存していることは重要である．魚は環境水中の溶存酸素がある濃度に低下するまでは，溶存酸素濃度の低下とかかわりなく，正常時と同じ酸素摂取量を維持する．さらに溶存酸素濃度が低下すると，魚は溶存酸素濃度の低下に対応して酸素摂取量を徐々に減少させる（呼吸依存）．この呼吸依存は魚が酸素不足症の状態に陥ったことを示している．ニホンウナギでは呼吸依存が始まるときの溶存酸素濃度は，水温26〜34℃で3.7〜5.2 mg/Lである．またニホンウナギは，溶存酸素濃度が低下して2.8 mg/Lになると逃避行動を，0.8〜1.6 mg/Lになると鼻上げを始める．このときの酸素摂取量は，正常値の70%以下に低下している．これらのことから，ニホンウナギは，低溶存酸素のため逃避行動を起こしたときにはすでに呼吸依存の状態で酸素不足症が進行していて，さらに鼻上げ時には著しい窒息状態に陥っていると考えられる．窒息状態が長時間続けば斃死する可能性があるので，ウナギが正常に生息・生育するためには，摂餌行動や消化吸収によって酸素摂取量が増大したときでも低溶存酸素にならず，呼吸依存などを引き起こさないような溶存酸素濃度を維持する必要がある．

3.7.6　環境水の高二酸化炭素濃度と酸性化

二酸化炭素は環境水中に蓄積すると，圧力差によって魚の体内に移動する．体内に移動した二酸化炭素の一部は気体として存在し二酸化炭素分圧を構成するが，多くは化学的に溶解して炭酸水素イオンのようなイオンの形で血液中に存在する．ヨーロッパウナギでは，環境水中の二酸化炭素濃度が増加すると，血液中の二酸化炭素分圧が上昇するとともに血液 pH が低下して酸性血症を示す．ヘモグロビンは，酸性血症が続くと酸素親和力が小さくなるので，血液が呼吸器官の鰓を通過しても酸素含量を増加させることが難しくなる．これらのことは，環境水の高二酸化炭素濃度や血液の酸性血症が続くと鰓での酸素摂取が阻害されることを示している．しかしウナギでは，環境水の二酸化炭素濃度が上昇しても動脈血の酸素分圧はあまり変わらず，体重あたりの酸素摂取量も大きく変化しないと報告されている．このことは鰓と別の部位，例えば皮膚から酸素を体内に取り込んで，環境水の高二酸化炭素濃度に対応すると考えられている．環境水の慢性的な酸性化が続くと，淡水魚は酸性血症を引き起こすとともに，血中イオン濃度が減少する．また，酸性水中では鰓から粘液が過剰に分泌され，酸素の拡散速度の低下や拡散距離の延長が生じ，鰓酸素利用率や血液の酸素分圧の低下などの障害を引き起こす．ヨーロッパの酸性雨の影響が顕著な地域では，環境水の pH が 6.0～6.5 を下回ると水生昆虫や動物プランクトンが生息困難となり，イワナ，ニジマスなどのサケ科魚類への障害が生じる．さらに pH が 5.0～5.5 を下回ると，ウナギやカワマスを除く多くの魚やバクテリア類は生息できなくなるといわれている．環境水の慢性的な酸性化は，血漿量の減少，血液粘性の増大，血圧上昇なども指摘されており，最終的には循環器系の機能不全に至ると考えられている．ウナギは多くのサケ科魚類よりも酸性水に対する耐性を備えているものの，代謝，成長，収容密度などへの酸性水の影響を考慮する必要があるだろう．〔**半田岳志**〕

3.8　内　分　泌

内分泌は，ホルモンを介して生体内の組織間で行われる情報伝達のシステムである．ウナギにおいて，ホルモンを産生・分泌する主だった内分泌器官は，脳の松果体と視床下部，脳の下部に付随する下垂体，細長い腎臓の先端にある間腎腺とクロム親和性細胞，腎臓の後方中ほどにあるスタニウス小体，甲状腺，鰓後腺，生殖腺，尾部下垂体などがある．これら以外にも，心臓，膵臓のランゲルハンス島，胃腸等も内分泌を行う．このうち，スタニウス小体と尾部下垂体は硬骨魚にのみ存在する．ここではウナギの生理を考える上で特徴的な内分泌系について述べ，さらに，人工種苗を生産する上で重要な，卵母細胞を発達させるメカニズムを内分泌系の側面から解説する．

3.8.1　甲状腺

甲状腺は，咽頭下の腹大動脈から分かれる入鰓動脈に沿って散在する濾胞状の組織である．甲状腺濾胞は単層上皮細胞に包まれ，濾胞腔内にはコロイドが充満している．甲状腺から分泌されるホルモンにはトリヨードチロニン（T_4）とチロキシン（T_3）があるが，T_4 も標的器官で T_3 に変換されて作用すると考えられている．甲状腺ホルモンはヒラメの変態を引き起こすことが明らかにされている．ウナギでもレプトセファルス期から甲状腺濾胞は存在し，シラスウナギへの変態にもかかわると考えられている（Sudo *et al.*, 2014）．

3.8.2　頭　腎

ウナギの腎臓は肛門から咽頭まで体腔上部に沿って細長く伸びており，最前部は二股に分かれている．一般的には血のりと呼ばれる．二股に分かれた最前部を頭腎といい，クロム親和性細胞と間腎細胞が存在する．間腎細胞では，いわゆるストレスホルモンとも呼ばれるコルチゾルが産生される．コルチゾルが血糖量を増加させる作用をもつことは古くから知られているが，最近ではヒラメやメダカで性分化時期に高温ストレスにさらされることによってコルチゾルが産生され，遺伝的雌の雄化（性転換）を引き起こすことが示されている（Yamaguchi *et al.*, 2011）．ウナギは飼育下ではほとんどが雄になるが，これがヒラメ同様，高温または飼育ストレスによるコルチゾル産生に起因する性転換現象である可能性も考えられる．

3.8.3　スタニウス小体

ウナギの腎臓は後方で大きく肥厚し，体腎とも呼ばれる．スタニウス小体は体腎表面に2カ所存在する細胞の集塊である．1964年に，ヨーロッパウナギにおいてスタニウス小体を除去すると血中カルシウム濃度が上昇し，その抽出物を再投与すると回復することが示され，はじめてその役割がカルシウム調節にあることがわかった（Fontaine, 1964）．未知の内分泌器官の役割がウナギではじめて明らかになった例である．

3.8.4　尾部神経分泌系

板鰓類と真骨魚類の脊髄末端近くには尾部神経分泌系が存在する．多くの真骨魚類では脊髄末端から垂下する膨らみがあり，尾部下垂体と呼ばれる．ウナギでは下垂体様の膨らみは目立たないものの，その抽出物をウナギに投与すると，血圧上昇，利尿，腎臓のナトリウムイオン排出が促進される（Jones *et al*., 1969）．しかしウナギでは，尾部下垂体を除去しても生存することから，どの程度重要な生理的機能を担っているのかはよくわかっていない．

3.8.5　視床下部

視床下部は脳の中程下部に位置し（3.1節参照），生殖腺刺激ホルモン放出ホルモン(GnRH)，甲状腺刺激ホルモン放出因子など様々な神経ホルモンを産生する．このうち，GnRHは生殖に直接かかわるホルモンである．ウナギのGnRHは哺乳類のそれとアミノ酸配列が等しく，哺乳類型GnRH（mGnRH）と呼ばれる（Okubo *et al*., 1999）．ウナギを含む真骨魚類において，GnRH産生細胞の軸索は下垂体内に伸び，黄体形成ホルモン（LH）の分泌を刺激すると考えられる．濾胞刺激ホルモン（FSH）の産生・分泌へのかかわりはよくわかっていない．

3.8.6　下垂体

下垂体ではタンパク質ホルモンが産生され，血液中に分泌されて標的器官を刺激する．成長ホルモン，甲状腺刺激ホルモン，副腎皮質刺激ホルモン，生殖腺刺激ホルモン（GTH）などが産生・分泌される．このうち，直接生殖にかかわるホルモンはGTHで，FSHとLHの2種類がある（図3.11）．メダカやゼブラフィッシュでは，FSHが卵母細胞の卵黄形成を促進し，LHが卵黄形成を完了した卵母細胞の卵成熟を誘起することが明らかとなっている．

ウナギは飼育環境下では卵黄形成が進行しない．つまり性成熟が起こらない．性成熟前のウナギでも下垂体中にはFSHはあるので，これが血中に分泌されな

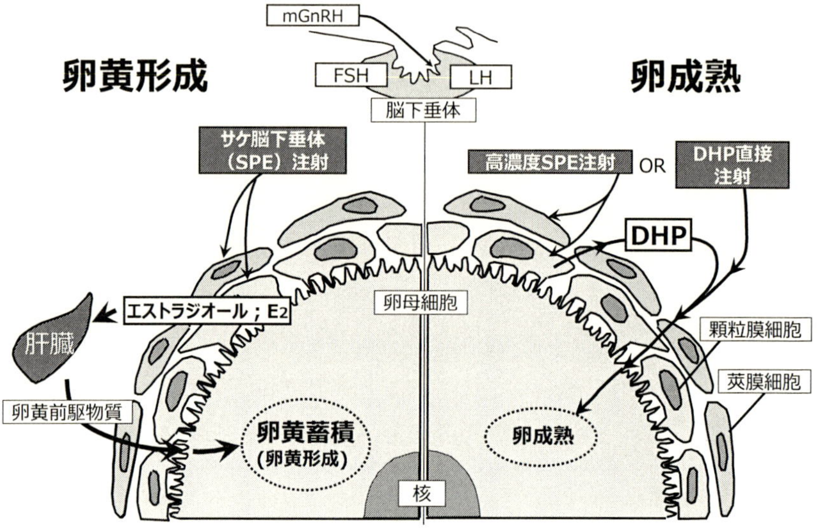

図 3.11　雌ウナギの卵黄形成・卵成熟を誘導する人為催熟における内分泌学的背景

いことが原因と考えられる．人工種苗生産において卵を得るためには，ウナギのFSH を用いて卵黄形成を促進し，その後 LH を注射して卵成熟を誘導するのが理想的である．しかし，ウナギの下垂体は小さく，大量に収集することも難しいため，入手が容易な産卵遡上したサケの下垂体が用いられる．これは成熟直後の下垂体であり，多量の LH を含むものの，FSH の含量は少ない．FSH は少ないものの，サケ下垂体抽出物（SPE）を卵黄形成前のウナギに注射すると卵黄形成が誘導促進される．近年，FSH 受容体は LH の刺激にも反応することがわかり，サケ LH がウナギ卵巣の FSH 受容体を刺激することで SPE でもウナギの卵黄形成が起こるものと考えられる．SPE を連続投与することで卵黄形成が進み，卵黄球は癒合し始めて卵母細胞の外側から中心部に向かって徐々に透明化が進むとともに，中心部にあった核（卵核胞）が縁辺（動物極）に向かって移動を始める．しかし，ほとんどの場合通常量（20～30 mg/Kg－体重）の SPE 注射では卵成熟は起こらない．これは LH の刺激が足らないためであると思われ，実際にこのとき 10 倍程度の SPE を注射すると卵成熟および排卵を誘導することができる．しかし通常は，SPE の代わりに卵成熟誘起ホルモンを注射して卵成熟を誘起し，受精可能な卵を得ている．こうした一連の処理を人為催熟という．このように，雌ウナギの成熟誘導は卵黄形成の段階からホルモン注射によって人為的にコントロールされており，いわゆるヒトにおける不妊治療を行っているに等しい．下垂体を摘出したウナギでも人為催熟により卵が得られることから，ウナギ自身の下垂体はこの場合全く関与していないのかもしれない．

3.8.7 卵巣・精巣

卵巣・精巣は生殖腺と呼ばれ，様々なホルモンを産生する．そのうち，生殖に直接関与するものは，エストラジオール-17β（E2），11-ケトテストステロン（11-KT），および卵成熟誘起ホルモンの 17α，20β-ジヒドロキシ-4-プレグネン-3-オン（17α, 20β-dihydroxy-4-pregnen-3-one：DHP）である（図 3.11）．これらは全てステロイドホルモンである．11-KT は卵巣で卵母細胞への油球の蓄積を促進する作用をもつ（Endo *et al.*, 2011）．油球蓄積が十分に進まないと卵黄形成は誘導されないので，この過程は雌ウナギの性成熟開始に必須のステップである．次に，SPE の刺激により卵巣では E2 が産生される．E2 は血流を介して肝臓に作用し，卵黄前駆物質の産生・分泌を刺激する．卵黄前駆物質は再び血流を介して卵母細胞に取り込まれ，卵母細胞の卵黄形成が進行する．卵黄形成が完了し，卵母細胞の透明化が始まる適切な時期に高濃度 SPE を注射すると，卵巣で DHP が産生され，DHP が卵成熟および排卵を誘起する（図 3.11；Adachi *et al.*, 2003）．

雄ウナギでも飼育環境下では精子形成は進行しないため，精子を得るためにはホルモン注射による人為催熟が必要である．雄ウナギでは SPE より安価なヒト絨毛性生殖腺刺激ホルモン（HCG）の注射によって精子形成が誘導される．HCG は精巣で 11-KT 産生を誘導し，11-KT が直接精子形成開始の引き金を引く（Miura *et al.*, 1991）．一方，E2 はウナギ精巣中の精原幹細胞の増殖を刺激する役割をもつ（Miura *et al.*, 1999）．このように，それぞれ雌または雄に特異的な性ステロイドホルモンと考えられてきた E2 または 11-KT が，雌雄ともに生殖腺の発達に関与しており，しかも，雌雄においてそれらの役割が異なるというのは，きわめて興味深い事実である．これらの事実はウナギにおいて明らかにされてきたが，他魚種への普遍性がどの程度あるのか，ステロイドホルモンの作用に対する興味は尽きない．

〔井尻成保〕

3.9 浸透圧調節

魚に限らず動物がその生命活動を維持する上で，体内の環境をある一定の生理的範囲内に保つことが必要である．細胞の大部分は周囲を血液や組織液（血管から血液の液体成分が染み出たもの）によって満たされている．この血液や組織液の状態（内部環境）を規定する要因として，各種イオンの濃度およびそれに起因する浸透圧は重要である．

3.9.1 浸透圧とは

水に何らかの物質が溶けていると浸透圧が生じる．浸透圧は，水と水溶液を半透膜（水は通すが溶質を通さない膜）で隔てたときに生じる圧力差と定義され，純水 1 kg に理想非電解質が 1 mol 溶けているときの浸透圧を 1 オスモル（Osm）と表す．生物学で扱う血液・組織液の浸透圧に限ると，溶質の大部分は塩であるため浸透圧は塩分濃度とほぼ同義的に用いられる．通常，海水の塩分濃度は 3.5% 程度であるが，これを浸透圧に換算するとおよそ 1050 ミリオスモル（mOsm）となる．真骨魚類の血液浸透圧は海水の 1/4〜1/3 の値（260〜350 mOsm）に保たれている．ちなみに，ヒトの血液浸透圧はおよそ 300 mOsm であり，魚の血液浸透圧とほぼ等しい．

3.9.2 魚の塩分耐性

狭塩性魚は淡水，海水のいずれかの環境でしか生息できないのに対し，広塩性魚は淡水と海水の双方に適応できる．ウナギやサケのように一生をかけて海と川を回遊する通し回遊魚も広塩性の魚である（金子・渡邊，2013）．

狭塩性淡水魚のキンギョを 10% に希釈した海水（海水 1 ＋淡水 9）に移してみても，何の問題もなく元気に生き続ける．希釈率を 20%，30% と上げてもキンギョは死なない．ところが 35% まで上昇するとキンギョは水槽の底でじっとして動かなくなり，40% を超えると血液の浸透圧が生理学的許容範囲を超え，もはや生存できない（Kaneko *et al.*, 2008）．逆に，狭塩性海水魚であるトラフグの場合，海水から 20% 希釈海水までの塩分濃度環境で死ぬことはないが，希釈率が 10% を下回ると浸透圧が大きく減少し適応が困難になる（Lee *et al.*, 2005）．

一方，ウナギなどの淡水から海水まで幅広い塩分環境に適応できる広塩性魚は，血液の浸透圧が淡水よりも海水でわずかながら高い値を示めすものの，その変動は生理学的許容範囲にとどまっている（Lee *et al.*, 2013）．

3.9.3 魚の浸透圧調節

魚類の呼吸器官である鰓では，ガス交換(酸素の取り込みと二酸化炭素の排出)の効率を高めるため，厚さわずか数 μm の呼吸上皮を介して環境水と毛細血管が接している．そのため，体内外の浸透圧差によって水が移動し，また濃度勾配に従って塩類の移動が起きる．つまり水と塩類が勝手に移動してしまう．その結果，血液の浸透圧は正常な範囲から逸脱する傾向にある．このように乱れたバランスを，水や塩類を輸送することで修正する作用が浸透圧調節である．

魚では，鰓，腎臓および腸が浸透圧調節で重要な役割を果たす (図 3.12) (金子・渡邊，2013)．海水魚や海水に適応した広塩性魚では，血液よりも環境水の浸透圧が高いため，浸透圧差により体内の水が流失し，逆に塩類が体内に流入する傾向にある．塩漬けにならないようにするため，海の魚は過剰な Na^+ と Cl^- を鰓にある塩類細胞という特殊な細胞から排出し，不足する水分は海水を飲み，腸で水を吸収して補う．しかし海水魚といえども，塩辛い海水から直接，水分だけを吸収することはできない．腸で水を吸収するためには，まず飲み込んだ海水の塩分を取り除き，その浸透圧を低くする必要がある．そのため，ただでさえ塩分が過剰となっているのにもかかわらず，飲み込んだ海水の塩分をいったん体の中に取

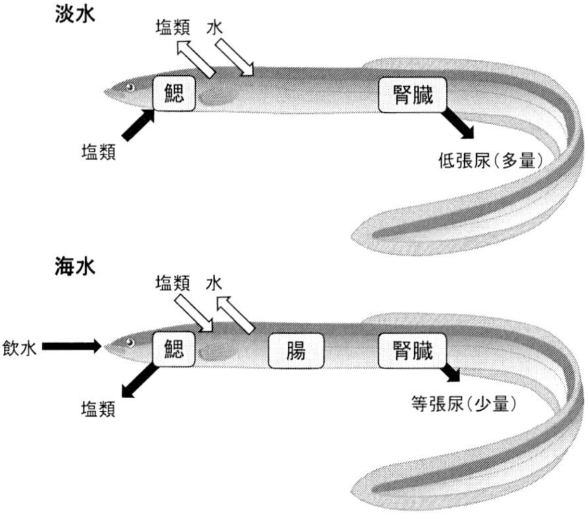

図 3.12 魚類の浸透圧調節機構

白い矢印は水と塩類の受動的な動きを，黒い矢印は浸透圧調節による能動的な動きを示す．

り込む．そうすることではじめて腸から水を吸収できるのである．仕方なく取り込んだ不要な塩類は，鰓の塩類細胞から体外に捨てられる．また腎臓では血液とほぼ等張な（浸透圧が等しい）少量の尿を作って外へ排出する．魚の腎臓は体液よりも濃い尿を作ることができず，一価イオン（Na^+とCl^-）の排出に関しては腎臓よりもむしろ鰓の方が重要である．海水魚の腎臓の役割は専ら二価イオン（Ca^{2+}とMg^{2+}）の排出にある．

一方，淡水魚あるいは淡水に適応した広塩性魚は，血液よりも環境水の浸透圧が低いため，浸透圧差により水が体内に浸入し，塩類が流出する傾向にある．その結果，淡水の魚は塩抜きされ，水脹れになりがちである．これに対処するため，腎臓で多量の薄い尿を作り，淡水中で不足しがちな塩類を保持しつつ過剰な水分だけを排出する．また淡水魚は，環境水に溶けている微量の塩類を鰓から吸収することで，体内の塩類不足を補っている．鰓での塩類の取り込みも塩類細胞が担当している．海水魚では塩類を排出する塩類細胞が，淡水魚では一転して塩類を取り込むのである．

3.9.4 塩類細胞の機能の可塑性

このように塩類細胞は淡水魚と海水魚の両方で重要な役割を果たしている（Kaneko *et al.*, 2008）．狭塩性魚と広塩性魚の本質的な違いは，塩類細胞の機能の差異によって説明できる．つまり，狭塩性淡水魚の塩類細胞は塩類の取り込みに特化した細胞で，逆に狭塩性海水魚では塩類を排出に特化している．これに対し，広塩性魚の塩類細胞はその機能を環境塩分濃度に応じて切り替えることができ，同じ塩類細胞が淡水中では塩類を取り込み，海水中では塩類を排出する．このような機能の可塑性が，海川両用の広塩性を可能にしているのである．

3.9.5 ウナギ仔魚の浸透圧調節

魚類の浸透圧調節は鰓，腎臓，腸といった浸透圧調節器官の水と塩類の輸送によってはじめて可能となる．ところがこれらの浸透圧調節器官が未発達な発育初期の仔魚でも，浸透圧は成魚と同じように調節されている．ウナギの場合，仔魚（レプトセファルス幼生）の後期になってはじめて鰓が機能し始める．それ以前の発達段階では鰓がないため，当然ながら鰓の塩類細胞も存在しない．それにもかかわらず，レプトセファルス期でも浸透圧はきちんと調節されている（Lee *et al.*, 2013）．

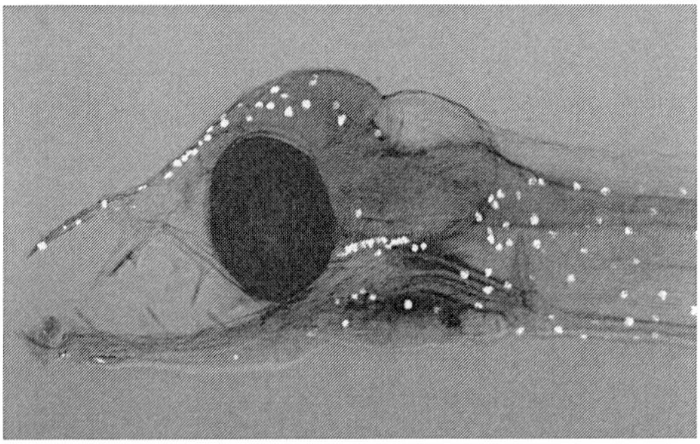

図 3.13 ウナギ仔魚の体表の塩類細胞（会田・金子編，2013）［口絵 15 参照］
ウナギの孵化仔魚は鰓が未発達だが，塩類細胞は体表に広く分布する．

実は，鰓が分化・発達する以前の胚仔魚期から塩類細胞は存在している．ウナギは受精後約 1 日半で孵化するが，孵化直前の胚期において卵黄を覆う卵黄嚢上皮に塩類細胞がすでに認められる（Sasai *et al.*, 1998）．孵化後，卵黄が吸収され卵黄嚢上皮が消失すると，塩類細胞は孵化仔魚の体表に広く観察されるようになる（図 3.13）．ウナギの孵化仔魚はプレレプトセファルスを経てレプトセファルスへと発達するが，この時期の広い体表にも塩類細胞が多数認められ，未発達な鰓の塩類細胞に代わり浸透圧調節における中心的役割を果たしている．レプトセファルス期の後半になってやっと鰓が発達し，変態してシラスウナギ期になると鰓が呼吸器官としても浸透圧調節器官としても機能を開始するのである．

古くから様々な魚種のレプトセファルスで体液浸透圧の測定が試みられてきたが，測定結果は一貫性に欠き，483～1057 mOsm と大きく変動する（Pfeiler, 1999）．アナゴの一種では成長に伴い浸透圧が 804 mOsm から 611 mOsm に低下するという．一方，体長 10～55 mm のニホンウナギのレプトセファルスでは，浸透圧が 360～540 mOsm に維持されている（Lee *et al.*, 2013）．このように測定結果は大きくばらつくが，これは測定の際に体表の海水が混入することで過大評価になっている可能性が高い．

〔**金子豊二**〕

3.10 発　　生

ウナギ資源を保全し養殖生産を持続的に行うことを目的に，現在世界中で完全養殖技術の開発研究が進められている．この技術を用いて，今では比較的簡単に卵（ここでいう卵は受精卵を指す）が得られるようになった（5.4 節参照）．ここでは，ホルモン投与により人為的に成熟を誘起したウナギから得られた卵の情報を中心に，ウナギ卵の特徴と発生過程について解説する．また，産卵場海域で採集された卵や発生などの数少ない情報と比較検討し，発生に必要な環境要因についても述べる．

3.10.1　ウナギ卵の特徴

これまで，ウナギ属の卵や発生過程に関する報告は，ニホンウナギ（Yamamoto *et al.*, 1975; Ahn *et al.*, 2012），ヨーロッパウナギ（Sorensen *et al.*, 2016），アメリカウナギ（Oliveira and Hable, 2010），ニュージーランドオオウナギ（Lokman and Young, 2000）の 4 種と雑種（*A. australis* ♀ × *A. anguilla* ♂；Burgerhout *et al.*, 2011）でなされている．また，野外の産卵場調査から得られた卵（眼胞形成時期や孵化直前の卵）からその形態的特徴が報告されている（Tsukamoto *et al.*, 2011）．

これらの情報から，ウナギの卵は，透明な卵黄囊に存在する 1 個の非常に大きな油球と広い囲卵腔などの形態的な特徴を有する（図 3.14）．油球は卵母細胞の発達初期に卵黄物質の一つとして蓄積され，卵母細胞の細胞質全体に散在する．その後，卵成熟期に入ると相互に癒合して大型化し，発生の進行に伴ってさらに癒合が進む．最終的には一つの大型の油球（直径約 270 μm）となる．油球は発生に必要な栄養源として，また卵が海水中で浮くための浮力を得るのに重要である．

浮力の獲得には，油球のほかに，卵細胞内に蓄積された卵黄タンパク質が重要

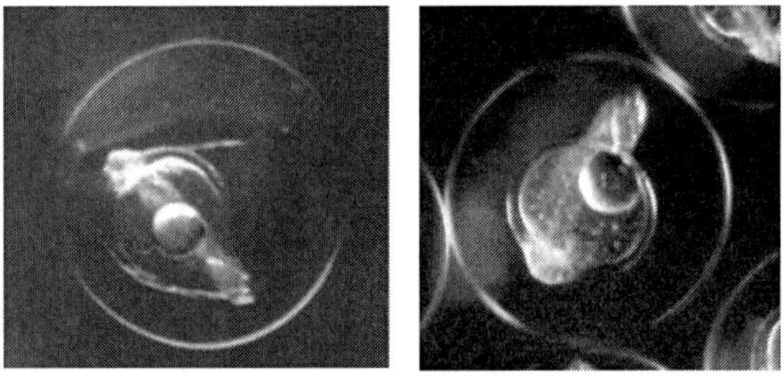

図 3.14　ニホンウナギの胚
左：天然産卵場で採取された胚（Tsukamoto *et al.*, 2011），
右：人為的なホルモン処理により得られた人工授精の胚．

な役割を果たす．卵成熟期になると卵黄タンパク質がアミノ酸に分解されて，卵細胞内の浸透圧が上昇し，外部から卵細胞内に水が流入すること（卵細胞の吸水）によって比重が小さくなる．このように卵は油球の蓄積や卵黄物質の分解による吸水を経て，海水（塩分濃度 34 PSU）とほぼ同等もしくはやや低い比重（人工授精した卵の比重はおおよそ 1.020～1.023 程度，Tsukamoto *et al.*, 2009）になることによって，海水中に浮遊しつつ海流により広く拡散する．このような卵を分離浮遊卵といい，ブリ，カンパチ，クロマグロおよびマダイなどの海水魚の生存戦略の一つとして特徴付けられている．したがって，この浮力の獲得は卵が生存するためにきわめて重要な現象である．ウナギの完全養殖技術において，このような卵の性質を利用し，海水中で浮上する良質卵と沈下する不良卵に分けることができ，その後の卵管理と仔魚飼育に役立っている．

一方，広い囲卵腔は，卵細胞質内に存在する粘液多糖類からなる表層胞が，受精時に卵細胞と卵膜の間に放出・分解され浸透圧が高まり，外界からの水の流入により形成される．この現象を卵膜高挙と呼ぶ．この卵膜高挙は分離浮遊卵を産出するほかの海産魚類にも認められるが，これほど広い囲卵腔を有するのはアナゴ，ウツボ，ハモなどウナギ目魚類の特徴である．

これまでウナギの人工授精卵における卵径については様々な報告がなされている（1.0～1.6 mm）．また，天然の産卵場のニホンウナギの卵は平均 1.6～1.7 mm という報告がある．卵径は人工授精された卵の卵質の良し悪しや受精時の海水の塩分濃度（塩分濃度 35 PSU で最大卵径となる）に依存するといわれているが，ニホンウナギの場合は 1.6 mm 程度が正常な卵径ではないかと考えられる．いずれにしても，ウナギ受精卵の卵径はその他の分離浮遊卵を産卵する魚種に比べて比較的大型である．このような油球や囲卵腔の特徴および海水より小さい比重は，ウナギが 150～200 m の比較的深い水深で産卵することと関係しているのかもしれない．

3.10.2　発生過程

発生過程の基本的な知見は，ゼブラフィッシュ（Kimmel *et al.*, 1995），メダカやニジマスなどの例を参考にできる．一般的に，発生の進行には水温が重要である．これまでに報告されたウナギ属魚類の発生過程については，ヨーロッパウナギ，アメリカウナギおよびニュージーランドオオウナギでは水温 20℃ 前後，ニホンウナギではこれらより高い 22～23℃ で飼育された卵の発生過程について報告がある．

詳細な記載があるヨーロッパウナギを例にとると（図3.15），水温20℃においては，受精後1.7〜2時間で第2卵割，3〜4時間で桑実期，6〜8時間で胞胚期，10〜13時間で原腸胚期初期，15〜18時間で1/2エピボリー，23〜25時間で原口が閉じ，体節の形成を開始する．32〜34時間後に眼胞や耳胞およびKuppfer氏胞の形成，40〜43時間で心臓形成に伴い胚や心臓の動きが始まり，46〜48時間後に孵化する．ニホンウナギでは，飼育水温が高いため原腸胚期初期は6〜8時間と早くなる．しかし，積算温度（水温×受精後の時間÷24）を計算すると，ヨーロッパウナギでは，桑実期3.3〜3.8，胞胚期5.0〜6.7，原腸胚期初期8.3〜10.8，眼胞・耳胞・Kuppfer氏胞形成期26.7〜28.3，孵化38.3〜40となり，この数値は，ほかのウナギと比較してそれほど大きな差はない．孵化までの積算温度は，ニホンウナギで39〜42，アメリカウナギで26〜35，ニュージーランドオオウナギで32〜40との報告がある．

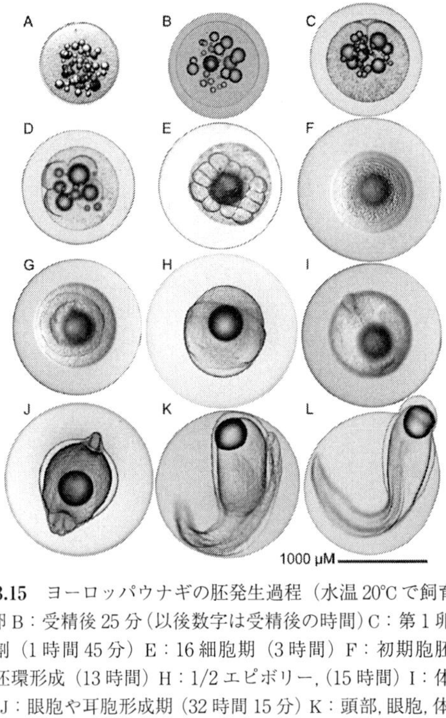

図3.15　ヨーロッパウナギの胚発生過程（水温20℃で飼育）
A：排卵卵 B：受精後25分（以後数字は受精後の時間）C：第1卵割（50分）D：第2卵割（1時間45分）E：16細胞期（3時間）F：初期胞胚期（8時間30分）G：胚環形成（13時間）H：1/2エピボリー，(15時間）I：体節形成（22時間30分）J：眼胞や耳胞形成期（32時間15分）K：頭部，眼胞，体節が明瞭，心臓拍動開始（40時間）L：孵化（45〜48時間）（Sørensen *et al.*, 2016）

ニホンウナギの産卵場調査により，水深 150〜200 m 付近で卵や孵化仔魚が採集されている．この水深の水温はおよそ 25℃である．人工授精時の発生に及ぼす水温の影響をみた実験から（Ahn *et al.*, 2011），25℃で最も孵化率が高いことが報告されており，ニホンウナギの発生適水温は 25℃ではないかと推察される．また，この海域の海水の塩分濃度は 34〜35 PSU であり，この塩分濃度は人工授精したニホンウナギ卵の生存率や奇形に悪影響を及ぼさない海水の塩分濃度と一致する．ウナギの発生過程では，眼の色素，口の開口および体表の色素の形成はなく，これらが完成するのは孵化後 6〜8 日を要する．大きな卵の中で短時間過ごし，非常に未発達の状態で孵化することがウナギの発生の特徴であり，アナゴやハモなどウナギ目魚類全般に共通した特徴といえる．〔香川浩彦〕

3.11　仔魚の成長・変態

ウナギの仲間（ウナギ目魚類）の仔魚は葉形仔魚（レプトセファルス）と呼ばれ，小さい頭部と透明な柳の葉状の体をもつ．その特異な形態は親の姿からは想像すらできない．その扁平な形と多くの水を含む軽い体のおかげで，海流に乗って運ばれやすく，仔魚期に長距離輸送される．やがて成長したレプトセファルスはシラスウナギへ変態し，稚魚期を迎える．その生活様式も浮遊生活から着底生活へと劇的な変化を遂げる．ここでは仔魚期の成長と変態について概説する．

3.11.1　レプトセファルスの成長

ウナギのレプトセファルスがどんな環境でどのように成長するかは，天然での調査に加え近年の飼育技術の向上によって徐々に明らかになってきた．孵化時に全長約 3 mm のニホンウナギ仔魚は，水温 28℃で孵化後 5〜6 日経つと約 7 mm に達する．この時期までに卵黄，油球を全て消費し，口器，眼球，嗅板，脳，側線感覚器，腸管など主要器官がほぼ揃い，同時に摂餌を開始する．成長して遊泳力を得た仔魚は昼夜の鉛直移動を始める．仔魚は，夜間は水深 50〜100 m（27〜29℃）に上昇し，昼間は光を避け 200〜250 m（18〜22℃）に移動する．耳石の解析によれば 80〜160 日で最大伸長期に到達し，全長は 65 mm 前後になる（Arai *et al.*, 1997）．ヨーロッパウナギの場合 18℃付近が仔魚の発生に最適であるとの報告もあり（Politis *et al.*, 2017），成長過程や最大伸長期のサイズも種によって異なる可能性がある．

レプトセファルスの体成分はきわめて特徴的で，乾燥重量の約17%が糖質で占められる（Pfeiler, 1999）．一般的な仔稚魚では，糖質は多いものでも1%程度であることから，その特異さが際立つ．この糖質のうち主要成分はグリコサミノグリカン（GAG）と呼ばれる多糖類で，さらにそのほとんどが（92〜99%）ヒアルロン酸であり，残りはコンドロイチン硫酸などの硫酸化多糖になっている．ヒアルロン酸は，*N*-アセチルグルコサミンとグルクロン酸が二糖単位で多数連結したポリマーで，分子量は100万以上にもなる．ヒアルロン酸は，生体内の細胞間隙を充填する物質であるとともに骨格的役割も担う．レプトセファルスは成長とともにこのヒアルロン酸を体内に多量に蓄積してゆく（Okamura *et al.*, 2018）（図3.16）．

ヒアルロン酸の特徴の一つはきわめて高い水分保持能力にある．1gのヒアルロン酸は2〜6Lもの水を保持できる．そのため，レプトセファルスはヒアルロン酸の蓄積とともに組織液として水分を蓄え，最終的に体成分の水分含量は90%以上になる．この水分はレプトセファルスが生き残る上でも非常に重要な役割を担う．レプトセファルスの組織液の浸透圧は海水（約1000 mOsm/kg·H_2O）より低張（390〜540 mOsm/kg·H_2O）に維持されているため（Lee *et al.*, 2013），レプトセファルスの体は常に海水より軽い．鰾が未発達なレプトセファルスにとって，低張な水分を含んだヒアルロン酸は浮力を維持するために欠かせないものなのである（Tsukamoto *et al.*, 2009）．

マリアナ海域で生まれたニホンウナギのレプトセファルスは，西に向かう北赤道海流から黒潮に乗り換え，東アジア沿岸部に到達する．エクマン輸送を利用して北赤道海流から黒潮に乗り換えるには水深100m以浅に分布することが必要で（4.5節参照），おそらくこのようなヒアルロン酸の蓄積による浮力維持機構がなければウナギの大回遊は成立しないであろう．

3.11.2 シラスウナギへの変態

十分に成長したレプトセファルスは，接岸する前に変態を開始し，終了する．変態開始時の体サイズは，人工飼育のニホンウナギの場合は50〜60mmであるが（Okamura *et al.*, 2012），天然の場合はさらに大きいサイズまで変態が起こらないようだ．ヨーロッパウナギやアメリカウナギの場合は変態までさらに長くかかり，熱帯種の場合は逆に短いと考えられている．この差は産卵場と成育場の距離に関係するらしい（Kuroki *et al.*, 2006）．

変態が始まると，肛門が徐々に前方に移動し，頭部・体高が縮み，木の葉のように薄かった体は親同様の円筒形に変化していく．最終的に透明であること以外は親ウナギと同じ姿のシラスウナギとなる．飼育下でニホンウナギを観察すると，変態の開始から完了まで約 10 日かかる．一方，耳石の解析によれば，天然では 10〜40 日間とされている．

外部形態の変化に加え，体内でも様々な変化が起こる．変態に伴ってヒアルロン酸のほとんどがグルコースなどの中性糖に分解される（Kawakami *et al*., 2009）（図 3.16）．ウナギは変態開始から接岸に至るまで絶食状態が続くため，これらの中性糖は変態の際に必要なエネルギーとして利用されるほか，変態後のエネルギーのためにグリコーゲンとして貯蔵されると考えられている．また，ヒアルロン酸の消失に伴い水分含量が減少し，頭部と脊椎で骨形成が進み全身で筋肉が増加し体が重くなる一方で，鰾が形成され，能動的な浮力調節を行えるようになる．鰓が発達し，これまで体表で行っていたガス交換や浸透圧調節を担うようになる．さらに胃も形成されて，接岸後の食性の変化に対応する準備を終える．脳では，変態を境に視覚にかかわる視蓋の相対体積が減少し，逆に化学感覚にかかわる領域（嗅球，端脳，延髄）や機械感覚にかかわる領域（顆粒隆起，小脳陵など）が増加していく（Tomoda and Uematsu, 1996）．これはレプトセファルス

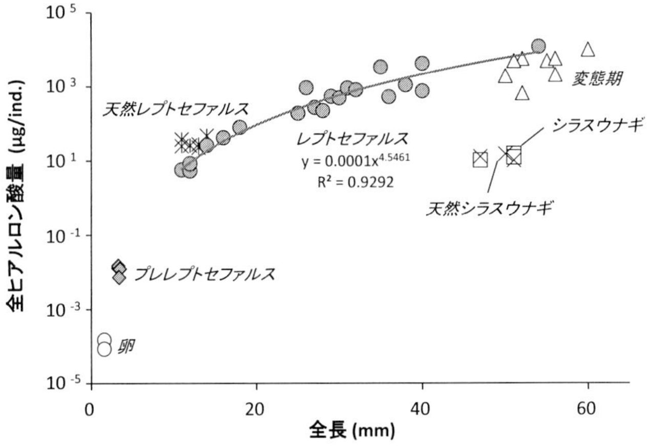

図 3.16　ウナギ仔魚の成長・変態に伴う体内のヒアルロン酸量の変化（Okamura *et al*.（2018）を改変）
各ステージのサンプルは飼育または採集によるもの．

期の視覚に多くを依存した生活様式から，接岸後に泥中あるいは夜間に索餌をするような嗅覚や側線感覚に依存した底生生活に移行する変化であると解釈されている．

以上のようなレプトセファルスに起こる全身の変化は，甲状腺ホルモンの調節を受けている．レプトセファルスの下垂体では，変態直前になると甲状腺刺激ホルモン（TSH）の産生が開始される（Yamano, 2012）．甲状腺ではこのときすでに甲状腺ホルモン（チロキシン（T_4），トリヨードチロニン（T_3））が産生されており，変態初期にはそれらの体内濃度が徐々に高まる．そして変態中期から後期にかけて体内濃度がピークとなる．変態後のクロコ期においても T_3，T_4 の濃度は高値に維持されるが，これは接岸後の河川遡上行動に関係していると考えられている（Sudo *et al.*, 2014）．またアナゴでは，複数分子種の甲状腺ホルモン受容体（TRαA，TRαB，TRβA，TRβB）が同定されており，脳，筋肉のほか各種臓器で発現している．TRαA，TRαB の発現レベルは変態中にピークとなり，TRβA は変態後も高レベルに発現が持続し，TRβB はクロコ期にピークを示す（Kawakami *et al.*, 2003）．また，T_4 または T_3 をレプトセファルスに投与することで，変態を誘起することも可能である（Yamano, 2012）．

変態のトリガーについては，接岸時の浅水深，低塩分や陸起源の化学物質など諸説あるが，決定的な証拠は得られていなかった．しかし最近，絶食が変態を誘起する要因の一つであることが明らかとなった（Okamura *et al.*, 2012）．ニホンウナギのレプトセファルスは給餌を続けると，全長 60 mm，日齢 400 日を超えてもなお変態しない例がみられるが，全長 55 mm 以上に達した時点で絶食させると，ほぼ全ての個体が変態を開始する．絶食によって変態が誘起される例は，カエルではよく知られている（Denver, 1997）．ある程度以上のサイズに成長したオタマジャクシに住処としていた池の乾燥や餌不足などの生理・環境ストレスが加わると，視床下部から副腎皮質刺激ホルモン放出ホルモン（CRH）が分泌される．両生類ではこの CRH が TSH の放出因子として働く．その結果，甲状腺ホルモンが分泌され変態したカエルは餌が不足する池から「脱出」することができるのである．レプトセファルスでは調べられてはいないが，これに類似する変態の調節機構が存在する可能性がある．陸地近くまで海流によって運ばれてきたレプトセファルスが，何らかの影響で絶食状態になり，それがトリガーとなり甲状腺系が働き変態する．そして水分含量が減り比重の大きくなったシラスウナギは，海流から離脱し，河口へ接岸するのである．

このようなウナギ特有の成長・変態の仕組みを理解することは，ウナギの生活史や生態を読み解く上で大変重要である．また，このような基礎的知見はウナギ仔魚の飼育技術向上のためにも欠かせない．一方，絶食ストレスが変態を誘起することなどほかの生物との共通点も見出されることから，それらを参考にすることでより一層変態現象の理解が進むことが期待される． 〔岡村明浩〕

3.12 性分化・成熟

ウナギは生活史の一部が未知であることに加え，飼育下では性成熟しないため，生殖腺の性分化や卵巣，精巣の発達過程が不明な部分も多い．ここではウナギの生殖腺の性分化および配偶子形成過程について，これまでわかっていることを解説する．

3.12.1 性分化

a. 天然ウナギ

シラスウナギ（全長 5～6 cm）は生後半年程度かそれ以上経過しているが，生殖腺原器（生殖隆起）はようやくできたばかりで，生殖隆起中には生殖原細胞（始原生殖細胞）がごく少数散在しているにすぎない．その後，生殖隆起は体腔上皮から懸垂され，生殖腺となり，その中の生殖原細胞は非常にゆっくりと増殖する．天然のニホンウナギでは，シラスウナギから 2～3 年経って全長 30～35 cm 以上になり，ようやく卵巣か精巣かが組織学的に識別可能になる．したがって，少なくとも天然環境では，ウナギの生殖腺の性分化は一般的な他魚種よりかなり遅い．しかし，それ以外は他魚種と大差なく，未分化生殖腺が卵巣または精巣へと分化するようである（図 3.17）．天然ニホンウナギの性比は捕獲場所や漁法などにより大きく異なるが，雌が多くなる場合がしばしばある．河川の上流部に生息する大型個体はほとんどが雌だが，河口付近の小型個体は雄が多いようである．ところが，ヨーロッパウナギでは，生殖腺中の生殖細胞の多くが卵母細胞へと分化するものの，多くは卵巣薄板形成が起きず，その後，卵母細胞の退行と，精巣形成が進行する生殖腺（Syrski 器官）を有する個体がみられる（Geffroy and Bardonnet, 2016）（図 3.18）．このような幼時雌雄同体現象は，ゼブラフィッシュなどのコイ科魚類でみられるものと似ているのかもしれない．天然ニホンウナギの中にも，ごくまれに雌雄同体魚が発見されており，後述する人為催熟処理によ

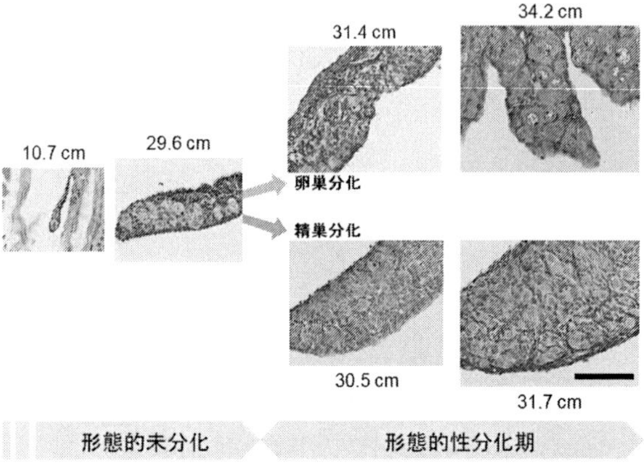

図 3.17　天然の成長（全長）に伴う生殖腺の形態的性分化過程
全ての写真は等倍率（スケールバーは 100 μm）.

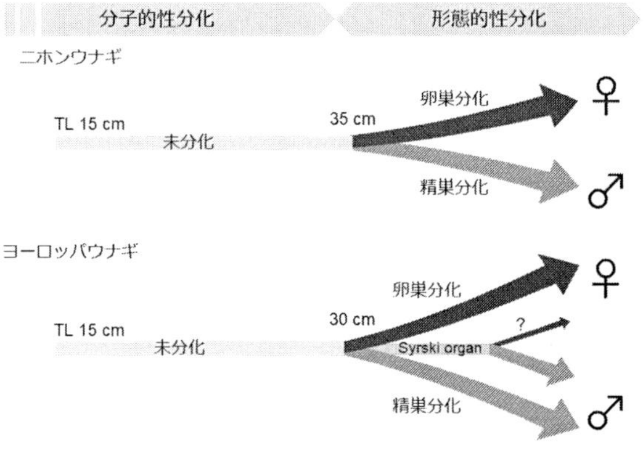

図 3.18　ニホンウナギおよびヨーロッパウナギの性分化

り卵巣部分と精巣部分が大きく発達する，いわば同時雌雄同体現象も報告されている．ウナギの性の可塑性の顕著な例である（Takahashi and Sugimoto, 1978）.

一般に，生殖腺の形態的性分化に先立って未分化生殖腺中では遺伝子発現の二型性がみられる．すなわち，将来の卵巣では，卵巣形成にかかわる遺伝子群が多く発現し，将来の精巣では，精巣形成にかかわる遺伝子群が多く発現する．このような遺伝子発現の二型がみられる時期を分子的性分化期という．卵巣形成にかかわる遺伝子として，ほとんどの魚種で共通してみられるものはアロマターゼ(アンドロゲンをエストロゲンに変換する酵素）遺伝子で，精巣形成関連遺伝子としては，*dmrt1* や *gsdf* が知られる．全長 20〜40 cm の天然ニホンウナギで生殖腺の遺伝子発現を調べてみたが，現在まで明瞭な二型性はみられない．ウナギは形態的性分化直前まで卵巣分化か精巣分化かの方向性が決まっていないようにもみえる．ウナギの性分化は通常の魚種とは異なる不思議な仕組みがあるのかもしれない．

b. 養殖ウナギ

シラスウナギを養殖し，適当な大きさで性比を調べると，ほとんどが雄である．ぺヘレイでは仔稚魚期の水温によって性が決まることが知られており，温度（環境）依存型性決定と呼ばれる．さらに，仔稚魚期に高水温で飼育すると雄比率が著しく高くなる魚もヒラメやキンギョなど数多く知られている．これらの種は適環境では遺伝的性決定をするが，性分化が水温などの環境の影響を受けると考えられており，温度（環境）感受型性決定と呼ばれる．ウナギの性決定様式はいまだ不明であるが，環境依存または感受型性決定をする可能性が高い．最近のウナギ養殖は高水温，高密度飼育するため，多くが雄であるが，かつての路地池養殖ウナギには 2 割程度の雌が含まれていた．最近ウナギの性分化に及ぼす飼育密度の影響を調べているが，他個体の存在がストレスとなり，それが雄化誘導していると推察される結果を得つつある．また，飼育下で 30 cm 程度になった個体の精巣を観察すると，半数以上の個体で周辺仁期の卵母細胞が散在しており，これら個体はストレスさえなければ雌になっていたのかもしれない．養殖ウナギは著しい成長差があり，成長がよい個体はトビ，悪い個体はビリと呼ばれるが，トビがほとんど雄であるのに対し，ビリ個体では雌が意外に多いことも知られる．競争を嫌い，ストレスを避け，どこかに身を潜めていたビリ個体が雌になっているのかもしれない．

人工的に卵を得るための雌親魚としては，シラスウナギにエストロゲン（通常はエストラジオール-17β）を混ぜた飼料を与えて育てた雌化養成ウナギが用いられることが多い．雌化養成ウナギは 30 cm に達しなくても卵巣が確認できることから，エストロゲン処理は容易に雌化誘導できることに加え，卵巣形成も促進していると思われる．

3.12.2 性成熟

a. 天然ウナギ

ニホンウナギの場合，雄では 5〜6 歳で 50 cm 以上，雌では 7〜8 歳で 70 cm

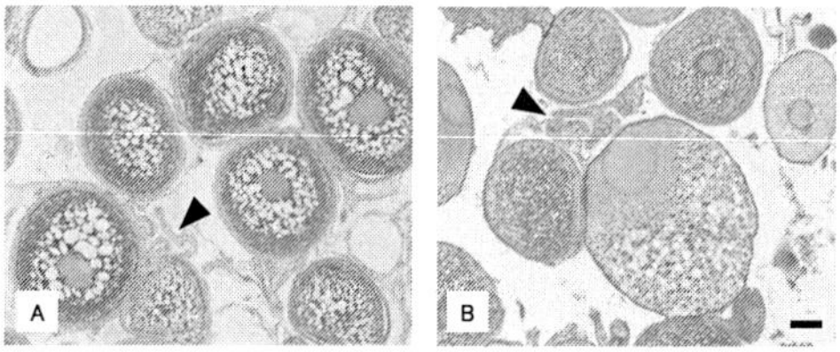

図 3.19　天然産卵親魚（A）および人為催熟魚（B）の排卵後卵巣
A と B は等倍率，矢印は排卵後濾胞（スケールバーは 100 μm）.

以上になると，性成熟（精子形成または卵黄形成）を開始し，下り（銀）ウナギとなって川を降り，海洋へ産卵回遊する．下りウナギの雌の中には十数歳の個体もおり，長期にわたって十分な栄養を蓄えないと産卵回遊を開始しないのかもしれない．下りウナギの精巣中の生殖細胞のステージは第 2 次（B 型）精原細胞がほとんどで，まれに精母細胞やごく少数の精子がみられる個体もいる．雌では卵巣中の卵母細胞のステージは油球形成後期（直径 0.2 mm 以下）から第 1 次卵黄球期（直径 0.2〜0.35 mm で卵母細胞の周辺部に卵黄球が蓄積開始）で，まれに第 2 次卵黄球期（直径 0.35 mm 以上で卵母細胞の核周辺部にまで卵黄球が蓄積）まで達した卵母細胞を有する個体もみられる．ニホンウナギの場合，産卵回遊途上の個体は捕獲されておらず，雌雄ともに配偶子形成の全過程は未知である．しかし，2009 年の水産庁によるマリアナ海域産卵場調査によりはじめて産卵直後の個体が捕獲され，その生殖腺が観察された．雄ウナギでは体重の 4 割に達するほどに精巣が発達し，精子が充満していた．雌では，卵巣中に多くの排卵後濾胞が観察されるとともに，ステージが揃った第 2 次卵黄球期の卵母細胞が多く観察された（Tsukamoto *et al.*, 2011）．人為催熟ウナギでは排卵後卵巣中の卵母細胞ステージが不揃いであることと，大きく異なっている（図 3.19）．また，卵膜の微細構造を観察すると，卵膜形成が盛んな時期と不活発な時期があり，卵膜に縞模様がみられた．この卵膜形成リズムは月周期に一致しているように推察され，満月時には月光が届かない低水温域を，新月時には水深が浅い高水温域を回遊しているのかもしれない（Izumi *et al.*, 2015）．ウナギは一定のごく低照度を保つよう水深調節しているようである．さらに，人為催熟ウナギでも，卵膜に縞模様がみられ，この卵膜形成リズムはホルモン注射回数に一致しているように思われた（Kayaba *et al.*, 2001）（図 3.20）.

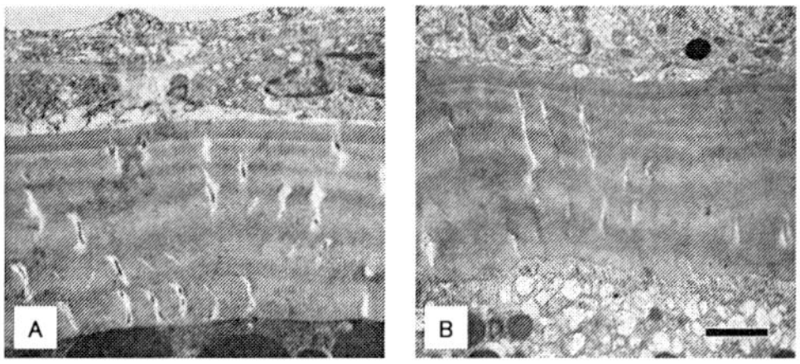

図 3.20 天然産卵親魚（A）および人為催熟魚（B）の卵膜の微細構造
A と B は等倍率（スケールバーは 2 μm）.

b. 人為催熟ウナギ

上述のように，天然ウナギでは性成熟の全過程は観察できないが，ホルモン投与により人為的に性成熟誘導（催熟）することで，最終的に卵および精子を得ることができる．現在用いられる親魚は，雄はシラスウナギから 1～2 年養成された通常の養殖ウナギで，雌の場合はシラスウナギにエストロゲンを混ぜた飼料を数カ月与えた後，通常の飼料で 1～2 年育てた雌化養成ウナギである．これら親魚は高水温（25～30℃）で短期間に成長させるため，天然の下りウナギと同じ体サイズに達するまでの期間は非常に短い．また，雌化養成ウナギを海水馴致後，徐々に水温を下げて 15℃ くらいで低水温飼育すると，天然の下りウナギ程度までは性成熟を進行させることができる．

人為催熟に用いられるホルモンは，雄ではヒト胎盤性生殖腺刺激ホルモン (HCG) で, 注射前の精巣中の生殖細胞は多くが第 1 次 (A 型) 精原細胞であるが, 注射後 1 カ月足らずで精子にまで達する．雌では HCG のみでは十分に卵巣の発達が進行しないため，サケ脳下垂体抽出物（SPE）が用いられる．注射前の卵巣中の生殖細胞は油球形成後期から第 1 次卵黄球期であるが，毎週 1 回の SPE 連続注射をすることで卵母細胞は卵黄形成を完了させ, その後, 核移動期に達する．ウナギの卵黄形成終了後の卵径は 0.7 mm 程度であるが，徐々に卵母細胞の周辺部から透明化が進行し，中心にあった核（卵核胞）が動物極へと移動する．この透明化は卵黄球の融合によるもので，これと並行して，核周辺に多数存在していた油球も融合して大きさを増すとともに徐々に数を減らし，卵径は 0.8 mm 以上に達する．ウナギの場合，透明化の開始から終了までは 1 週間くらいで，他魚種と比べて非常に長期に及ぶ．タイやヒラメでは，卵黄形成終了後の透明化開始から排卵まで 1 日以内である．通常は卵成熟過程に含まれる透明化という現象は，ウナギでは卵成熟の準備段階ともいえ，これがウナギの特徴なのか人為催熟処理

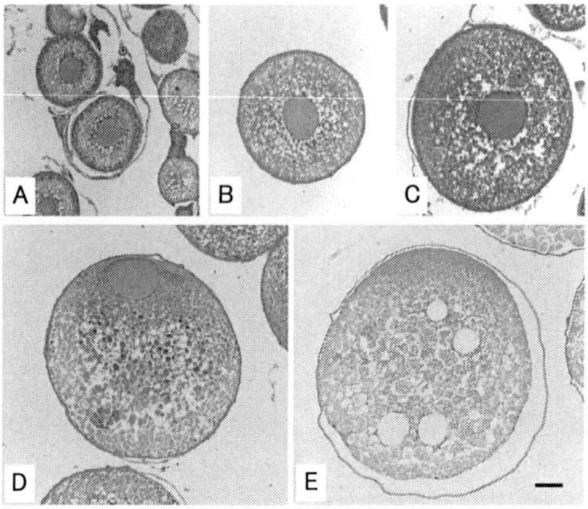

図 3.21 人為催熟魚の卵形成過程

の影響なのかは不明である．ウナギの場合は，透明化後の核移動期に達した卵母細胞を有する個体に卵成熟誘起ホルモン（17α, 20β-ジヒドロキシ-4-プレグネン-3-オン；DHP というプロゲステロンに似たステロイドホルモン）を注射することで，10 数時間で卵成熟が完了し，約 1 mm に達した卵が排卵される（図 3.21）．しかし，排卵された卵のステージが異なる場合も多く，これも人為催熟ウナギの特徴といえる．

以上，ウナギの性分化および配偶子形成過程の全容解明は遠い道のりで，それどころか，新たな不思議が次々と見えてくる．研究課題は尽きない．〔**足立伸次**〕

3.13 銀 化 変 態

ウナギ属魚類は産卵回遊の開始に先立ち，金属光沢を帯びた暗褐色の体へと姿を変える．この体色変化を銀化と呼び，多くの形態的・生理的・行動的変化を伴う．本節ではウナギの銀化に関連する諸変化について概説する．

3.13.1 形態的・生理的変化

ウナギ属魚類は黄ウナギとして数年から数十年かけて成長した後，銀化して銀ウナギとなり，産卵回遊を開始する（Hagihara *et al.*, 2018）．銀化に伴い，眼径の増大，胸鰭の伸長，鰾および心臓の発達，消化管の縮小などの変化が生じる

(Aoyama and Miller, 2003). これらは, 海洋産卵回遊のための適応的変化である. 体色変化は被食を低減する. 眼径の増大は, 中深層という光の乏しい環境を遊泳するための適応と考えられる. 銀ウナギは黄ウナギに比べて網膜の桿体細胞が多く, 錐体細胞が少なくなり, 組織学的にも光の乏しい環境への適応が認められる. 胸鰭の伸長は遊泳能力の向上に寄与していると考えられる. 海洋回遊中には日周鉛直移動を行うが, ここでは鰾の機能亢進による浮力調節能力の向上が重要な役割を果たしているのだろう. 心臓の発達も, 遊泳のための循環機能の向上に関与していると考えられる. ウナギは産卵回遊開始後には摂餌を行わないこと, 海水中のウナギは腸から体内に水分を吸収することから, 消化管壁の薄層化は, 回遊中の絶食と浸透圧調節のための機能向上の両方に関連している可能性がある. しかし, 銀化に伴う消化管重量の減少は, ずっと海で暮らしていたため浸透圧調整機能の切換えが不要な海ウナギにもみられることから, 不要となった消化管の機能縮小の意味合いの方が大きいのかもしれない.

銀化変態は, ニホンウナギやヨーロッパウナギなど温帯ウナギで古くから研究されてきたが, 近年熱帯ウナギのセレベスウナギやオオウナギにおいても同様の変化が生じることが明らかになった (Hagihara *et al.*, 2012). そのため, 銀化に伴う諸変化は, 分布緯度や回遊規模にかかわらず, 現生のウナギ属魚類の共通祖先が獲得した産卵回遊のための適応的変化であると考えられる.

3.13.2 銀化段階

ウナギの銀化は様々な形態的・生理的変化を伴うため, これらを混同して論じられることが多く, 銀化の基準は研究者によって異なる. 例えば, Pankhurst (1982) は眼径指数が 6.5 以上のヨーロッパウナギを銀ウナギとした. また, Durif *et al.* (2005) はヨーロッパウナギの複数の形態的・生理的指数を用いて, 銀化を 5 段階に区分している. しかし, そもそも銀化の本来の意味は体色の変化であるため, 体色を指標として銀化段階を判別することが望ましい. 時折, 「生殖腺指数 (GSI) が 1 以上であれば銀ウナギ」というような記述を目にするが, 誤った考え方である.

Okamura *et al.* (2007) は, ニホンウナギの体色に基づき, 銀化段階を進行順に Y1, Y2, S1, S2 に区分した (銀化インデックス ; 図 3.22). Y1 は胸鰭の基部に金属光沢が表れていない個体, Y2 は胸鰭に金属光沢を示すが胸鰭外縁まで黒色素が達していない個体, S1 は胸鰭が完全に黒化しているが腹部は白色の個体,

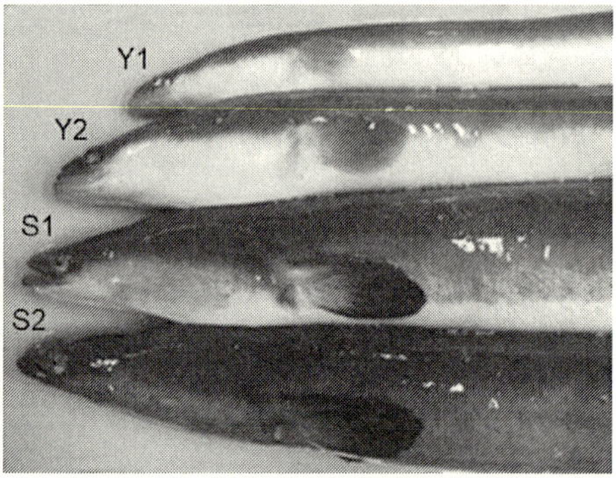

図 3.22　ニホンウナギの黄ウナギと銀ウナギ（Okamura *et al.*, 2007）［口絵 16 参照］
上から銀化の進行順に Y1，Y2（黄ウナギ），S1，S2（銀ウナギ）.

S2 は腹部まで完全に暗褐色に変化している個体である．銀化インデックスは，解剖や分析を必要とせずに銀化段階を判別でき，フィールドワークにおける利便性も高いことから，現在では多くのニホンウナギの生態研究に用いられている．

3.13.3　銀化と生殖腺発達

天然ウナギの生殖腺の発達に関する知見は，温帯ウナギの雌において比較的多い．黄ウナギの生殖腺は長期間未熟な状態にあり，春機発動（初回性成熟開始）と銀化が生じた後に産卵回遊を開始する．ニホンウナギ，ヨーロッパウナギ，アメリカウナギ，オーストラリアウナギの銀ウナギの卵母細胞の発達段階は，油球形成後期または第一次卵黄球期であり，その後の海洋回遊中に卵形成がさらに進行し，産卵場到着後に卵成熟・排卵して産卵に至る．

銀ウナギの生殖腺の発達状態は種によって大きく異なり，回遊規模との関連が窺える．同所的に分布するニュージーランドオオウナギ（GSI：3.2〜11.5）とオーストラリアウナギ（GSI：1.4〜5.6）の成熟度の違いから，前者の回遊距離は比較的短いと推測されている（Todd, 1981; Jellyman, 1987）．大西洋に分布するヨーロッパウナギとアメリカウナギでも，回遊距離の短いアメリカウナギの方が降海時の成熟度が比較的高い．また，数十 km 程度の局所的小規模回遊を行うセレベスウナギは，生殖腺が著しく発達した状態で回遊を開始する（GSI：3.3〜11.4；60％以上の個体が第二次卵黄球期；図 3.23）．回遊規模が小さい種は産卵回遊前から生殖腺発達を大きく進め，回遊規模が大きい種では海洋回遊中は生殖腺の発達を抑えて運動能力を高く維持することで安全な産卵回遊を優先しているのだろ

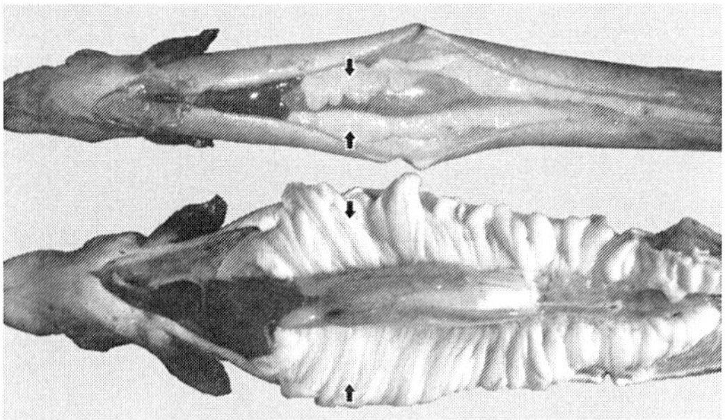

図 3.23 ニホンウナギ（上）とセレベスウナギ（下）の雌の銀ウナギの開腹像
卵巣（矢印）のボリュームが大きく異なる.

う（Hagihara *et al.*, 2012）.

3.13.4 銀化と行動

銀化に伴い，行動にも変化が生じる．黄ウナギは限られた範囲に定着して底生生活を送るが，ひとたび銀ウナギに変態して産卵回遊を開始すると，中深層で活発な日周鉛直移動をしながら産卵場への長距離遊泳を行う．すなわち，両者の行動は全く異なる．実験してみると，黄ウナギは夜行性で昼は常に隠れ家のパイプの中にいるが，銀ウナギはパイプに入ることは少なく昼夜を問わず水面近くをふらふらと泳ぎ回る（Sudo and Tsukamoto, 2015）．鳥類において，渡りの時期が近づくと動因が高まり普段活動しない夜でも活動度が高くなる night restlessness という現象が知られている．また，遡河回遊魚であるサケの稚魚においても，降海前に migratory restlessness と考えられる行動がみられる（岩田，1987）．銀ウナギに観察される活動度の上昇も，産卵回遊開始の動因が高まった migratory restlessness と考えられる（Sudo and Tsukamoto, 2015）.

3.13.5 銀化の生理機構

両生類の幼生から成体への変態や魚類の仔魚から稚魚への変態は，甲状腺ホルモンによって誘導されることがよく知られている．また，サケ科魚類が降海回遊に先立って体色が銀色になる銀化（スモルト化）も甲状腺ホルモンによって引き起こされる．しかし，ウナギ属魚類の銀化変態には，生殖腺で産生されると考えられている性ステロイドが大きく関与している.

雄性ホルモンの 11-ケトテストステロン（11-KT）は，ウナギでは雄の精子形成だけではなく，雌の卵形成における油球蓄積にも重要な役割を果たす（3.8節参照）．黄ウナギと銀ウナギの血中11-KTを比較すると，雌雄を問わず銀ウナギの11-KT量が高い．人為的に水温低下処理を行うことによりウナギの血中11-KTが増加すること，黄ウナギに11-KTを投与すると銀化および関連する諸形態変化が誘導されることから，秋の水温低下により11-KT産生が促されて銀化変態が生じると考えられる(Sudo and Tsukamoto, 2013)．さらに，11-KT投与により，migratory restlessnessと考えられる活動量の増大が認められたことから，11-KTは回遊の動因の高まりにも深く関与していると考えられる（Sudo and Tsukamoto, 2015)．

ここまで述べてきたように，銀化に伴い，産卵回遊のための形態的・機能的変化，産卵のための生殖腺発達，および回遊の動因の高まりが生じる．11-KTはこれらの全てに重要な役割を果たしていると考えられる．しかし，水温低下処理により血中11-KTが増加したウナギでも，生殖腺の上位器官といえる脳下垂体において，性ステロイド産生の調節に関与する生殖腺刺激ホルモンの発現に明確な変化はみられない．今後，視床下部–下垂体–生殖腺軸による生殖生理学的調節と銀化関連現象の関係について知見を充足していくことで，銀化や回遊に関する理解が大きく深まるものと期待される．〔**萩原聖士**〕

3.14 ゲノム科学

近年，DNA塩基配列解析法がこれまで用いられてきたジデオキシ法（サンガー法）によるキャピラリー型DNAシーケンサーから，大量のデータを短期間に取得できる次世代シーケンサーを用いる方法に変革した．これにより，様々な魚種で全ゲノムDNA塩基配列情報が解析・公開されるようになった．2004年に解読完了が発表されたヒトゲノム情報をもとに各個人のゲノム情報にあった医療（プレシジョン医療）への進展，マウスの全遺伝子情報（完全長cDNA）を活用したiPS細胞研究への発展などの例を見ても，水産生物の全ゲノムDNA塩基配列情報が，水産分野における今後の科学技術の展開に欠かせない鍵となることは明らかである．ここでは，ウナギを含む魚類のゲノム科学について解説する．

3.14.1 ゲノムサイズ

各生物種が保持するゲノムの大きさ（ゲノムサイズ）は，一般的に1細胞に含まれる核DNA量から算定される．ある生物種で1細胞あたり1pgの核DNA量が測定された場合，0.978×10^9 bp（978 Mbp）と算定される．魚類における最小ゲノムサイズをもつ生物種は，フグの仲間であり1細胞あたりおよそ0.4 pgで，391 Mbpのゲノムサイズと推定され，その後の全ゲノム解読によってそのゲノムの小ささが証明された．また魚類における最大ゲノムサイズをもつ生物種は，肺魚の仲間であり1細胞あたりおよそ133 pgで，130.1 Gbp前後のゲノムサイズと考えられている．魚類のゲノムサイズは，Animal Genome Size Database（http://www.genomesize.com/）で検索することができる．このデータベースでウナギ科魚類を見てみると，ニホンウナギは1細胞あたり1.09 pgで1066.0 Mbp，ヨーロッパウナギでは1細胞あたり1.11～1.67 pgで1085.6～1633.2 Mbp，アメリカウナギでは1細胞あたり1.01～1.66 pgで987.8～1623.5 Mbpと推定されている．同一種のゲノムサイズが複数の論文で推定されているが，その範囲は広い．ウナギ類でも全ゲノム解読が進められており，そのデータからもゲノムサイズが推定されている（3.14.4項）．

3.14.2 染色体構造

ニホンウナギ，ヨーロッパウナギ，アメリカウナギにおける染色体数は，2n＝38である（Salvadori *et al.*, 1994）．一般に，有糸分裂中期に観察される染色体の形態は，生物種によって特異的である．このような染色体構成を核型といい，染色体の長さ，動原体の位置，二次狭窄の有無や位置などによって分類される．ニホンウナギの核型は，中部動原体型（次中部動原体型を8含む）が20，次端部動原体型（端部動原体型を含む）が18と観察されている（Park and Kang, 1979）．

3.14.3 ゲノム地図

人工交配が可能になったニホンウナギにおいては，1対1交配に由来するF_1家系を材料にDNAマーカーを配置した連鎖地図が作製されている．第一世代の連鎖地図では，雌雄親魚と46個体のF_1において，106座のマイクロサテライトマーカーと463座のAFLPマーカーを用いた連鎖地図が作製された（Nomura *et al.*, 2011）．配置されたDNAマーカー数の不足から，連鎖群は染色体数（2n＝38）と一致せず，まだ不完全な状態だった．第二世代の連鎖地図では，雌雄親魚と92個体のF_1において，115座のマイクロサテライトマーカーと，次世代シーケンサーを用いたdd RAD-seq（double-digest restriction-site associated DNA sequencing）法によって検出された一塩基多型（SNP）マーカー2672座を用いて，雌雄それぞれの連鎖地図が作製された（Kai *et al.*, 2014）．この高密度遺伝子連鎖地図では，DNAマーカーは雌雄ともに染色体数に対応した19の連鎖群に配置された．これらの雌雄の連鎖地図は，それぞれゲノム全体のおよそ85%をカバーしていると推定されている．連鎖地図の作製には，親魚とその子孫のサンプルが必要であるため，完全養殖が達成されているニホンウナギでのみ作製されている．

3.14.4　全ゲノム情報

水産分野においては，対象生物の全ゲノム情報は育種学，集団遺伝学などにおいて，特に大きな研究の進展をもたらすと考えられている．ウナギにおいては，ニホンウナギ，ヨーロッパウナギ，アメリカウナギで全ゲノム情報の解読が行われ報告されている．魚類を含む脊椎動物のゲノムサイズは細菌などと比べて大きく，正確に配列を決定することが難しい繰り返し配列などの領域を多く含むため，解読された配列は繋がり難い．全ゲノム情報を育種に用いる場合には，DNAマーカーを配置したゲノム地図の各連鎖群と関連付けられた染色体の端から端までを再現する配列が望まれる．全ゲノム情報データの質（連続配列の状態）を示す指標の一つにN50（scaffold長）がある．N50は，全ゲノム情報の中で連続したそれぞれの配列を長い順に並べて上から順に足していったときに，全scaffold長の半分の長さに達した時の配列の長さである．値が大きいほど長い断片が多く，質が高いことを示す．

ニホンウナギで最初に報告された論文（Henkel *et al.*, 2012a）ではN50は約53 kbpであり，約32万種のDNA配列情報に断片化され，約127 Mbpのギャップがある状態であった．全ゲノム情報解読から，ニホンウナギのゲノムサイズは1.022 Gbpと推定されている．この状態の全ゲノム情報であっても，ゲノム内に含まれる目的とする関連遺伝子の種類や個数などを探索する場合には，連続配列や染色体上の位置情報などは必要がないため十分に活用することができる．NCBI databases上にはニホンウナギの全ゲノム情報として上記論文のほかに2つ公開されている（2019年2月1日現在）．一方の全ゲノム情報では，N50は約472 kbp，約19万5000種のDNA配列情報（Ajaponica_ver_D2）からなり，ギャップは約117 Mbpとなっている．もう一方の全ゲノム情報では，N50は約

36.2 Mbp，約 8 万 3000 種の DNA 配列情報（Ajp_01）からなり，ギャップは 0 となっている．

アメリカウナギの報告は，N 50 は約 87 kbp であり，約 7 万 9000 種の DNA 配列情報に断片化され，約 223 Mbp のギャップがある状態である（Pavey *et al.*, 2017）．全ゲノム情報解読から，アメリカウナギのゲノムサイズは 799.0〜813.0 Gbp と推定されている．また，ヨーロッパウナギの報告では，N 50 は約 78 kbp であり，18 万 6000 種の DNA 配列情報に断片化され，約 134 Mbp のギャップがある状態である（Henkel *et al.*, 2012b）．ヨーロッパウナギにおいては，次世代シーケンサーの次の世代（第 3 世代）と考えられているシーケンサー（Nanopore technologies 社）を用いて，全ゲノム解読が実施された．本機種の長く連続した配列を取得できる特徴などを生かし，データ解析を最適化することで，N 50 が約 1.2 Mbp で，2366 種の DNA 配列情報に集約され，非常に精密な全ゲノム情報が報告された（Jansen *et al.*, 2017）．全ゲノム情報解読から，ヨーロッパウナギのゲノムサイズは 854.0〜866.5 Gbp と推定されている．今後は，ニホンウナギやアメリカウナギにおいてもさらに連続した DNA 配列情報からなる全ゲノム情報が報告されると期待できる．　〔坂本　崇〕

文　献

［3.1 節　脳・神経］

Borg, B., Eksröm, P. *et al.* (1983). The parapinal organ of teleosts. *Acta Zool.*, **64**, 211-218.

Bosch, T. J. and Roberts, B. L. (2001). The relationship of brain stem systems to their targets in the spinal cord of eel, *Anguilla anguilla*. *Brain. Behav. Evol.*, **57**, 106-116.

Mukuda, T. and Ando, M. (2003). Brain atlas of the Japanese eel：Comparison to other Fishes. *Mem. Fac. Integrated Arts and Sci., Hiroshima Univ., Ser. IV*, **29**, 1-25.

Nozaki, M., Fujita, I. *et al.* (1985). Distribution of LHRH-like immunoreactivity in the brain of the Japanese eel（*Anguilla japonica*）with special reference to the nervus terminalis. *Zool. Sci.*, **2**. 537-547.

Roberts, B. L., Meredith, G. E. *et al.* (1989). Immunocytochemical anamysis of the dopamine system in the brain and spinal cord of the European eel, *Anguilla anguilla*. *Anat. Embyol.*, **180**, 401-412.

Tsukada, T., Nobata, S. *et al.* (2007). Area postrema, a brain circuventricular organ, is the site of antidipsogenic action of circulating atrial natriuretic peptide in eels. *J. Exp. Biol.*, **210**, 3970-3978.

山本直之（2005）．魚の科学事典（谷内　透，中坊徹次ほか編），pp132-147，朝倉書店．

山本直之（2008）．サカナの終脳（大脳）における「感覚表現」．認知神経科学，**10**，255-260.

[3.2 節　骨格]

Lopez, E. (1970). Demonstration of several forms of decalcification in bone of the teleost fish, *Anguilla anguilla* L. *Caldif. Tissue Res.* **4** (Supplement), 83.

Lopez, E., Peignoux-Deville, J. *et al.* (1976). Effects of calcitonin and ultimobranchialectomy (UBX) on calcium and bone metabolism in the eel, *Anguilla anguilla* L. *Calcif. Tissue Res.*, **20**, 173-186.

Lopez, E., Peignoux-Deville, J. *et al.* (1977). Responses of bone metabolism in the eel (*Anguilla anguilla*) to injections of 1,25-dihydroxyvitamin D_3. *Calcif. Tissue Res.*, **22**, 19-23.

Okamura, A., Yamada, Y. *et al.* (2011). Notochord deformities in reared Japanese eel *Anguilla japonica* larvae. *Aquaculture*, **317**, 37-41.

Rolvien, T., Nagal, F. *et al.* (2016). How the European eel (*Anguilla anguilla*) loses its skeletal framework across lifetime. *Proc. R. Soc. B*, **283**, 20161550. DOI: http://dx.doi.org/10.1098/rspb.2016.1550.

Sbaihi, M., Kacem, A. *et al.* (2007). Thyroid hormon-induced demineralisation of the vertebral skeleton of the eel, *Anguilla anguilla*. *Gen. Comp. Endocrinol.*, **151**, 98-107.

Sire, J.-Y., Donoghue, P. C. J. *et al.* (2009). Origin and evolution of the integumentary skeleton in non-tetrapod vertebrates. *J. Anat.*, **214**, 409-440.

Yamada Y., Okamura, A. *et al.* (2002). The roles of bone and muscle as phosphorus reservoirs during the exual maturation of female Japanese eels, *Anguilla japonica* Temminck and Schlegel (Anguilliformes). *Fish Physiol. Biochem.*, **24**, 327-334.

矢部　衛，桑村哲生ほか編（2017）．魚類学，恒星社厚生閣．

山田寿郎・麦谷泰雄（1988）．海洋生物の石灰化と系統進化（大森昌衛・須賀昭一ほか編），203-207，恒星社厚生閣．

[3.3 節　筋肉]

Egginton, S., Johnston, I. A. (1982). A morphometric analysis of regional differences in myotomal muscle ultrastructure in the juvenile eel (*Anguilla anguilla* L.). *Cell Tissue Res.*, **222**, 579-596.

Funahashi, A., Itakura, T. *et al.* (2017). Ubiquitous distribution of fluorescent protein in muscles of four species and two subspecies of eel (genus Anguilla). *J. Genet.*, **96**, 127-133.

Gillis, G. B. (1998). Neuromuscular control of anguilliform locomotion: patterns of red and white muscle activity during swimming in the American eel *Anguilla rostrata*. *J. Exp. Biol.*, **201**, 3245-3256.

Kumagai, A., Ando, R., *et al.* (2013). A bilirubin-inducible fluorescent protein from eel muscle. *Cell*, **153**, 1602-1611.

Pankhurst, N. W. (1982). Changes in body musculature with sexual maturation in the European eel, *Anguilla anguilla* (L.). *J. Fish Biol.*, **21**, 417-428.

Romanello, M. G., Scapolo, P. A. *et al.* (1987). Post-larval growth in the lateral white muscle of the eel, *Anguilla anguilla*. *J. Fish Biol.*, **30**, 161-172.

Yoshinaka, R., Sato, K. *et al.* (1988). Distribution of collagen in body muscle of fishes with different swimming modes. *Comp. Biochem. Physiol.*, **89B**, 147-151.

大原弘隆（2012）．臨床検査のガイドライン JSLM2012（日本臨床検査医学会ガイドライン作成委員会編），pp139-142，日本臨床検査医学会．

渡部終五編（2010）．水産利用化学の基礎，恒星社厚生閣．

[3.4 節　皮膚・粘液]

Aranishi, F.(1999). Lysis of pathogenic bacteria by epidermal cathepsins L and B in the Japanese eel. *Fish Physiol. Biochem.*, **20**, 37–41.

Tasumi, S., Ohira, T. *et al.*(2002). Primary structure and characteristics of a lectin from skin mucus of the Japanese eel *Anguilla japonica*. *J. Biol. Chem.*, **277**, 27305–27311.

Tasumi, S., Yang, W. J. *et al.*(2004). Characteristics and primary structure of a galectin in the skin mucus of the Japanese eel, *Anguilla japonica*. *Dev. Comp. Immunol.*, **28**, 325–335.

Tsutsui, S., Yoshinaga, T. *et al.*(2016). Differential expression of skin mucus C-type lectin in two freshwater eel species, *Anguilla marmorata* and *Anguilla japonica*. *Dev. Comp. Immunol.*, **61**, 154–60.

[3.5 節　感覚]

Caprio, J., Shimohara, M. *et al.*(2014). Marine teleost locates prey through pH sensing. *Science*, **344**, 1154–1156.

Nishi, T., Archdale, M. V. *et al.*(2018). Behavioural evidence for the use of geomagnetic cue in Japanese glass eel *Anguilla japonica* orientation. *Ichthyol. Res.*, **65**, 161–164.

Silver, W. L.(1982). Electrophysiological responses from the peripheral olfactory system of the American eel, *Anguilla rostrata*. *J. Comp. Physiol.*, **148**, 379–388.

Sudo, R., Tosaka, R. *et al.*(2012). 11-ketotestosterone synchronously induces oocyte development and silvering-related changes in the Japanese eel, *Anguilla japonica*. *Zool. Sci.*, **29**, 254–259.

Tsukamoto, K., Nakai, I. *et al.*(1998). Do all freshwater eels migrate? *Nature*, **396**, 635–636.

Wood, P., Partridge, J. C. *et al.*(1992). Rod visual pigment changes in the elver of the eel *Anguilla anguilla* L. measured by microspectrophotometry. *J. Fish Biol.*, **41**, 601–611.

Yoshii, K., Kamo, N. *et al.*(1979). Gustatory responses to eel palatine receptors to amino acids and carboxylic acids. *J. Gen. Physiol.*, **74**, 301–317.

植松一眞，神原　淳ほか（2013）．増補改訂版 魚類生理学の基礎（会田勝美・金子豊二編），pp.65–102，恒星社厚生閣．

橋本芳郎・鴻巣章二ほか（1968）．アサリエキス中のウナギ誘引物質-I—Omission test による有効物質の検索．日水誌，**34**, 78–83.

[3.6 節　消化・吸収]

Aida, K. *et al.* eds.(2003). *Eel biology*, Springer.

Ahn, H., Yamada, Y. *et al.*(2013). Intestinal expression of peptide transporter 1 (PEPT1) at different life stages of Japanese eel, *Anguilla japonica*. *Comp. Biochem. Physiol. B*, **166**, 157–164.

Kurokawa, T., Koshio, M. *et al.*(2011). Distribution of pepsinogen- and ghrelin-producing cells in the digestive tract of Japanese eel (*Anguilla japonica*) during metamorphosis and the adult stage. *Gen. Comp. Endocrinol*, **173**, 475–482.

Kurokawa, T., Suzuki, T. *et al.*(2002). Expression of pancreatic enzyme genes during the early larval stage of Japanese eel *Anguilla japonica*. *Fish. Sci.*, **68**, 736–744.

Mehta, R. S., Weinwright, P. C.(2007). Raptorial jaws in the throat help moray eels swallow large pray. *Nature*, **449**, 79–72.

Miller, M. J.(2009). Ecology of Anguilliform Leptocephali: Remarkable Transparent Fish Larvae of the Ocean Surface Layer. *Aqua-BioSci. Monogr.*, **2**(4), 1–94.

Miller, M. J., Chikaraishi, Y. *et al.*(2013). A low trophic position of Japanese eel larvae indicates feeding on marine snow. *Biol. Lett.*, 9: 20120826. PMID:23134783.

会田勝美・金子豊二編（2013）．増補改訂版 魚類生理学の基礎，恒星社厚生閣．

矢部　衛・桑村哲生ほか編（2017）．魚類学，恒星社厚生閣．

渡邉　武編（2009）．改訂 魚類の栄養と飼料，恒星社厚生閣．

［3.7 節　呼吸・循環］

Gillen, R. G. and Riggs, A.（1973）. Structure and function of the isolated hemoglobins of the American eel, *Anguilla rostrata*. *J. Biol. Chem.*, **248**, 1961-1969.

Le Moigne, J., Soulier, P. *et al.*（1986）. Cutaneous and gill O_2 uptake in the European eel（*Anguilla anguilla* L.）in relation to ambient Po_2, 10-400 torr. *Respir. Physiol.*, **66**, 341-354.

難波憲二・半田岳志（2013）．増補改訂版 魚類生理学の基礎（会田勝美・金子豊二編），pp. 43-64，恒星社厚生閣．

山口勝巳，河内山義夫ほか（1962）．ウナギの多成分系ヘモグロビンに関する研究－II　酸素解離曲線および血液中のF，S成分の量比について．日本水産学会誌，**28**，192-200.

［3.8 節　内分泌］

Adachi, S., Ijiri, S. *et al.*（2003）. *Eel Biology*（Aida, K., Tsukamoto, K. *et al.* eds.）, pp. 301-317, Springer.

Endo, T., Todo, T. *et al.*（2011）. Androgens and very low density lipoprotein are essential for the growth of previtellogenic oocytes from Japanese eel, *Anguilla japonica*, in vitro. *Biol. Reprod.*, **84**, 816-825.

Fontain, M.（1964）. Corpuscles de Stannius et régulation ionique（Ca, K, Na）du milieu intérieur de l'anguille（*Anguilla anguilla* L.）. *C. R. Acad. Sci.*, **259**, 875-878.

Jones, I. C., Chan, D. K. O. *et al.*（1969）. Renal function in the european eel（*Anguilla anguilla* L.）: effects of the caudal neurosecretory system, corpuscles of stannius, neurohypophysial peptides and vasoactive substances. *J. Endocrinol.*, **43**, 21-31.

Miura, T., Miura, C. *et al.*（1999）. Estradiol-17β stimulates the renewal of spermatogonial stem cells in males. *Biochem. Biophys. Res. Commun.*, **264**, 230-234.

Miura, T., Yamauchi, K. *et al.*（1991）. Induction of spermatogenesis in male Japanese eel, *Anguilla japonica*, by a single injection of human chorionic-gonadotropin. *Zool. Sci.*, **8**, 63-73.

Okubo, K., Suetake, H. *et al.*（1999）. Expression of two gonadotropin-releasing hormone（GnRH）precursor genes in various tissues of the Japanese eel and evolution of GnRH. *Zool. Sci.*, **16**, 471-478.

Sudo, R., Okamura, A. *et al.*（2014）. Changes in the role of the thyroid axis during metamorphosis of the Japanese eel, *Anguilla japonica*. *J. Exp. Zool.*, **321A**, 357-364.

Yamaguchi, T., Yoshinaga, N. *et al.*（2010）. Cortisol is involved in temperature-dependent sex determination in the Japanese flounder. *Endocrinology*, **151**, 3900-3908.

［3.9 節　浸透圧調節］

Kaneko, T., Watanabe, S. *et al.*（2008）. Functional morphology of mitochondrion-rich cells in euryhaline and stenohaline teleosts. *Aqua-BioSci. Monogr.*, **1**, 1-62. DOI:10.5047/absm.2008.00101.0001

Lee, K. M., Kaneko, T. *et al.*（2005）. Low-salinity tolerance of juvenile fugu *Takifugu rubripes*. *Fish. Sci.*, **71**, 1324-1331. DOI:10.1111/j.1444-2906.2005.01098.x

Lee, K. M., Yamada, Y. *et al.*（2013）. Hyposmoregulatory ability and ion- and water-regulatory mechanisms during leptocephalus stages of Japanese eel *Anguilla japonica*. *Fish. Sci.*, **79**, 77-

86. DOI:10.1007/s12562-012-0576-3

Pfeiler, E.(1999). Developmental physiology of elopomorph leptocephali. *Comp. Biochem. Physiol.* **A123**, 113-128. DOI:10.1016/S1095-6433(99)00028-8

Sasai, S., Kaneko, T. *et al.*(1998). Extrabranchial chloride cells in early life stages of the Japanese eel, *Anguilla Japonica. Ichthyol. Res.*, **45**, 95-98.

金子豊二・渡邊壮一（2013）．増補改訂版 魚類生理学の基礎（会田勝美・金子豊二編），pp. 216-233，恒星社厚生閣．

[3.10 節　発生]

Ahn, H., Yamada, Y. *et al.*(2012). Effect of water temperature on embryonic development and hatching time of the Japanese eel *Anguilla japonica. Aquaculture*, **330**, 100-105.

Burgerhout, E., Brittijn, S. A. *et al.*(2011). First artificial hybrid of the eel species *Anguilla australis* and *Anguilla anguilla. BMC Dev. Biol.*, **11**, 16.

Kimmel, C. B., Ballard, W. W. *et al.*(1995). Stages of embryonic development of the zebrafish. *Dev. Dyn.*, **203**, 253-310.

Lokman, P. and Young, G.(2000). Induced spawning and early ontogeny of New Zealand freshwater eels (*Anguilla dieffenbachii* and *A. australis*). *NZ. J. Mar. Freshw. Res.*, **34**, 135-145.

Oliveira, K. and Hable, W. E.(2010). Artificial maturation, fertilization, and early development of the American eel (*Anguilla rostrata*). *Can. J. Zool.*, **88**, 1121-1128.

Sørensen, S. R., Tomkiewicz, J. *et al.*(2016). Ontogeny and growth of early life stages of captive-bred European eel. *Aquaculture*, **456**, 50-61.

Tsukamoto, K., Chow, S. *et al.*(2011). Oceanic spawning ecology of freshwater eels in the western North Pacific. *Nat. Commun.*, **2**, 179.

Tsukamoto, K., Yamada, Y. *et al.*(2009). Positive buoyancy in eel leptocephali: an adaptation for life in the ocean surface layer. *Mar. Biol.*, **156**, 835-846.

Yamamoto, K., Yamauchi, K. *et al.*(1975). On the development of the Japanese eel *Anguilla japonica* (in Japanese with English abstract). *Bull. Jpn. Soc. Sci. Fish.*, **41**, 21-28.

岩松鷹司（2006）．新版 メダカ学全書，大学教育出版．

隆島史夫（2008）．〈水産・海洋ライブラリ 3〉水族育成論―増養殖の基礎と応用―，成山堂書店．

[3.11 節　仔魚の成長・変態]

Arai, T., Otake, T. *et al.*(1997). Drastic changes in otolith microstructure and microchemistry accompanying the onset of metamorphosis in the Japanese eel *Anguilla japonica. Mar. Ecol. Prog. Ser.*, **161**, 17-22.

Denver, R. J.(1997). Environmental stress as a developmental cue：corticotropin-releasing hormone is a proximate mediator of adaptive phenotypic plasticity in amphibian metamorphosis. *Horm. Behav.*, **31**, 169-79.

Kawakami, Y., Oku, H. *et al.*(2009). Metabolism of a glycosaminoglycan during metamorphosis in the Japanese conger eel, Conger myriaster. *Res. Lett. Biochem.*, **2009**, 1-5.

Kawakami, Y., Tanda, M. *et al.*(2003). Characterization of thyroid hormone receptor α and β in the metamorphosing Japanese conger eel, Conger myriaster. *Gen. Comp. Endocrinol.*, **132**, 321-332.

Kuroki, M., Aoyama, J. *et al.*(2006). Contrasting patterns of growth and migration of tropical anguillid leptocephali in the western Pacific and Indonesian Seas. *Mar. Ecol. Prog. Ser.*, **309**, 233-246.

Lee, K. M., Yamada, Y. *et al.*(2013). Hyposmoregulatory ability and ion- and water-regulatory mechanisms during the leptocephalus stages of Japanese eel *Anguilla japonica*. *Fish. Sci.*, **79**, 77–86.

Okamura, A., Sakamoto, Y. *et al.*(2018). Accumulation of hyaluronan in reared Japanese eel *Anguilla japonica* during early ontogeny. *Aquaculture*, **497**, 220–225.

Okamura, A. Yamada, Y. *et al.*(2012). Effect of starvation, body size, and temperature on the onset of metamorphosis in Japanese eel (*Anguilla japonica*). *Can. J. Zool.*, **90**, 1378–1385.

Pfeiler, E.(1999). Developmental physiology of elopomorph leptocephali. *Comp. Biochem. Physiol. A*, **123**, 113-128.

Politis, S. N., Mazurais, D. *et al.*(2017). Temperature effects on gene expression and morphological development of European eel, *Anguilla anguilla* larvae. *PLoS One*, **12**, e0182726.

Sudo, R., Okamura, A. *et al.*(2014). Changes in the role of the thyroid axis during metamorphosis of the Japanese eel, *Anguilla japonica*. *J. Exp. Zool. Part A Ecol. Genet. Physiol.*, **321**, 357–364.

Tomoda, H. and Uematsu, K. (1996) . Morphogenesis of the brain in larval and juvenile Japanese eels, *Anguilla japonica*. *Brain Behav. Evol.*, **47**, 33–41.

Tsukamoto, K., Yamada, Y. *et al.*(2009). Positive buoyancy in eel leptocephali: an adaptation for life in the ocean surface layer. *Mar Biol*, **156**, 835–846.

Yamano, K.(2012). Metamorphosis in Fish(Dufour, S., Rousseau, K. *et al.* eds.), pp 76–106, CRC Press.

[3.12 節　性分化・成熟]

Aida, K., Tsukamoto, K. *et al.* eds.(2003). *Eel Biology*, Springer.

Geffroy, B. and Bardonnet, A.(2016). Sex differentiation and sex determination in eels: consequences for management. *Fish Fish.*, **17**, 375–398.

Izumi, H. Hagihara, S. *et al.*(2015). Histological characteristics of the oocyte chorion in wild post-spawning and artificially matured Japanese eels *Anguilla japonica*, *Fish. Sci.*, **81**, 321–329.

Kayaba, T., Takeda, N. *et al.*(2001). Ultrastructure of the oocytes of the Japanese eel *Anguilla japonica* during artificially induced sexual maturation, *Fish. Sci.*, **67**, 870–879.

Takahashi H. and Sugimoto, Y.(1978). A Spontaneous Hermaphrodite of the Japanese Eel, *Anguilla japonica*, and Its Artificial Maturation, *Jpn. J. Ichthyol.*, **24**(4), 239–245.

Tsukamoto, K., Chow, S. *et al.*(2011). Oceanic spawning ecology of freshwater eels in the western North Pacific. *Nat. Commun.*, **2**, 179.

会田勝美・金子豊二編 (2013). 増補改訂版 魚類生理学の基礎, 恒星社厚生閣.

矢部　衛・桑村哲生ほか編 (2017). 魚類学, 恒星社厚生閣.

[3.13 節　銀化変態]

Aoyama, J. and Miller, M. J.(2003). *Eel Biology* (Aida, K., Tsukamoto, K. *et al.* eds.), pp. 107–117. Springer-Verlag.

Durif, C., Dufour, S. *et al.*(2005). The silvering process of *Anguilla anguilla*: a new classification from the yellow resident to the silver migrating stage. *J. Fish Biol.*, **66**, 1025–1043.

Hagihara, S., Aoyama, J. *et al.*(2012). Morphological and physiological changes of female tropical eels, *Anguilla celebesensis* and *Anguilla marmorata*, in relation to downstream migration. *J. Fish Biol.*, **81**, 408–426.

Hagihara, S., Aoyama, J. *et al.*(2018). Age and growth of migrating tropical eels, *Anguilla celebesensis* and *Anguilla marmorata.*, *J. Fish Biol.*, **92**, 1526–1544.

Jellyman, D. J.(1987). Review of the marine life history of Australasian temperate species of *Anguilla*. *Am. Fish. Soc. Symp.*, **1**, 267–285.

Okamura, A., Yamada, Y. *et al.*(2007). A silvering index for the Japanese eel *Anguilla japonica*. *Environ. Biol. Fishes.* **80**, 77–89.

Pankhurst, N. W.(1982). Relation of visual changes to the onset of sexual maturation in the European eel *Anguilla anguilla* (L.). *J. Fish Biol.*, **21**, 127–140.

Sudo, R. and Tsukamoto, K.(2013). *Physiology and Ecology of Fish Migration* (Ueda, H. and Tsukamoto, K. eds.), pp. 56–80. CRC Press.

Sudo, R. and Tsukamoto, K.(2015). Migratory restlessness and the role of androgen for increasing behavioral drive in the spawning migration of the Japanese eel. *Sci. Rep.*, **5**, 17430.

Todd, P. R.(1981). Morphometric changes, gonad histology, and fecundity estimates in migrating New Zealand freshwater eels (*Anguilla* spp.). *N.Z. J. Mar. Freshw. Res.*, **15**, 155–170.

岩田宗彦(1987). 回遊魚の生物学(森沢正昭, 会田勝美ほか編), pp. 140–155, 学会出版センター.

[3.14 節　ゲノム科学]

Henkel, C. V., Burgerhout, E. *et al.*(2012b). Primitive Duplicate Hox Clusters in the European Eel's Genome. *PLoS ONE*, **7**(2), e32231. DOI:10.1371/journal.pone.0032231.

Henkel, C. V., Dirks, R. P. *et al.*(2012a). First draft genome sequence of the Japanese eel, *Anguilla japonica*. *Gene*, **511**, 195–201.

Jansen, H. J., Liem, M. *et al.*(2017). Rapid de novo assembly of the European eel genome from nanopore sequencing reads. *Sci. Rep.*, **7**, 7213. DOI:10.1038/s41598-017-07650-6.

Kai, W., Nomura, K. *et al.*(2014). A ddRAD-based genetic map and its integration with the genome assembly of Japanese eel (*Anguilla japonica*) provides insights into genome evolution after the teleost-specic genome duplication. *BMC Genomics*, **15**, 233. DOI:10.1186/1471-2164-15-233.

Nomura, K., Ozaki, A. *et al.*(2011). A genetic linkage map of the Japanese eel (*Anguilla japonica*) based on AFLP and microsatellite markers. *Aquaculture*, **310**, 329–342.

Park, E. H. and Kang, Y. S.(1979). Karyological confirmation of conspicuous ZW sex chromosomes in two species of Pacific anguilloid fishes (Anguilliformes: Teleostomi). *Cytogenet. Cell Genet.*, **23**, 33–38.

Pavey, S. A., Laporte, M. *et al.*(2017). Draft genome of the American Eel (*Anguilla rostrata*). *Mol. Ecol. Resour.*, **17**(4), 806–811.

Salvadori, S., Cau, A. *et al.*(1994). Karyotype, C- and G-banding, and nucleolar organizer regions of *Conger conger* (Osteichthyes, Anguilliformes). *Ital. J. Zool.*, **61**, 59–63.

4 ウナギの漁業と資源

4.1 漁具・漁法

ウナギ漁業は，古来より日本各地で行われてきた．ウナギは獲るのが難しい魚で，彼らの発育期の生態に応じて様々な創意工夫がみられる．シラスウナギ期，黄ウナギ期，銀ウナギ期と発育期ごとにそれぞれ異なる漁具と漁法が考案されてきた．長年にわたって工夫されたウナギの主な漁具・漁法を紹介する．

4.1.1 シラスウナギ漁

初冬から晩春にかけて沿岸河口域に接岸してきたシラスウナギを養殖種苗として，夜間の上げ潮時に波打ち際や河岸から手網あるいは小型定置網を使い漁獲する．河岸から掬う場合は灯火を使用し，目視で小型のたも網を用いて採捕する．河口砂浜域では大型のすくい網を用い，寄せる波を利用して獲る．各都府県の漁業調整規則等によって，概ね 25 cm 以下のニホンウナギの採捕は禁止されており，したがってシラスウナギの採捕には特別採捕許可が必要である．シラスウナギ漁は宮城県から鹿児島県に至る 24 都府県で行われている．漁期は原則 12〜4 月末で，採捕許可期間はシラスウナギの来遊時期や資源保護の観点から県によって異なる．シラスウナギ漁は南から始まる．台湾では 10 月，九州太平洋岸では 12 月，瀬戸内海や漁北限の宮城県では 2 月から始まる．なお，船や人力で漁具を曳いて捕る方法，誘導用副漁具（通称「垣網」）の使用は日本では禁止されている（水産庁 HP）．台湾では手掬い，定置網に加えて小型船を用い，目合いの細かいネットを曳いて漁獲している．またヨーロッパでもボートによるネット採集が行われている．

4.1.2 黄ウナギ漁

漁獲対象となる黄ウナギ期は定着性が強くなっている．そこで，ウナギを隠れ場所や餌で誘引して捕獲する方法と，ウナギ搔き漁など誘引せずに捕獲する方法がある．

餌で誘引する漁法には，餌を用いる筌（ウケ，セン），延縄，穴釣り，置き鉤，数珠《じゅず》釣りなどがある．筌は竹ヒゴを編んで，筒や篭にした漁具で，入り口に返しがついている（図 4.1）．中にタニシ，ミミズ，エビなどの餌を入れる．そのまま水中に沈めるものや，連結して延縄式にするもの，河床に堰を築いてウナギを誘導するものがある．延縄は各地で行われている一般的な漁法で，使う餌もタニシ，ミミズ，エビ類，アナジャコ，蜂の子など，漁場，漁期によって異なる．穴釣りは長さ 1 m ぐらいの竹の竿先に鉤を結び，餌をつけて，ウナギの隠れていそうな隙間に鉤を竿先にかけたまま差し入れ，餌を十分に食い込ませてから徐々に引き出す．餌はミミズのほか，アユやドジョウを用いる．数珠釣りは釣り鉤を使用しない漁法で，岡山県笠岡湾で始まり，1950 年代には福山市芦田川河口で盛んに行われていた．50 番のカタン糸に縫い針で縦に数十匹のゴカイ類やミミズを数珠通しにして，5 m 程の餌の紐を作り，これを 3〜5 cm の輪状に巻き，輪の中心に錘を入れて結束し，球形の餌の塊を作る（図 4.2）．汽水域で夜間の大潮上げ潮時に行い，当たりがあるとごぼう抜きにして船に取り込む．大型魚もかかるが，漁獲物の大部分は 20 g 以下の幼魚で，当時は大阪の魚市場に出荷し，静岡，愛

図 4.1 左：竹ヒゴで作られた筌（長さ 60 cm），右：入り口の竹ヒゴによる返し（筆者撮影）

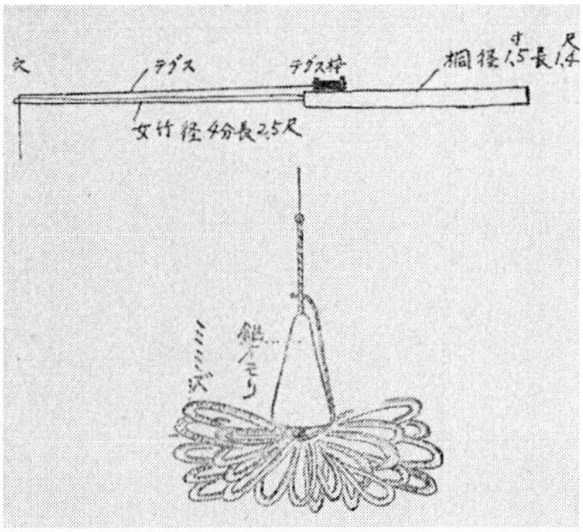

図 4.2 数珠釣漁具（日下部，1957）

知の養殖場にも種鰻として供給された（日下部，1957）．

特別な誘引をしない漁法には，ウナギ掻き漁，突き，掻《か》い掘《ぼ》り，さぐり漁，小型底曳網，竹波瀬《たけはぜ》漁，小型定置網などがある．ウナギ掻き漁は先端に数本の爪がついた反りのある鉄製の漁具（図 4.3）を用い，泥の中に潜んでいるウナギを掻き出して捕る漁法である．利根川河口や有明海では，船の上から長い柄のついたウナギ掻きを底質中に差し込んで底に潜むウナギを捕らえる．かつては水を落とした後の用水路や溜め池で盛んに行われていた（中尾，2018）．ウナギ突きは，川舟で箱メガネを用いて竿先につけたモリで川底のウナギを突く漁法である．掻い掘りは小河川，池，沼を仕切り，水を汲み出して，魚などの生き物を獲る漁法で，コイ，フナ等とともにウナギが獲れる．その後，池，沼は天日干しし，農業用の溜め池を維持するために農閑期に行われてきた伝統的な管理方法である．さぐり漁は干潟の巣穴や石積みの中を隠れ家に潜むウナギを，手を入れて掴みとる漁法で，ウナギ握りやウナギ鋏を用いることが多い（図 4.4）．大村湾や博多湾ではかつて小型底曳網によってウナギが混獲されることがあったが，近年はみられない．このほか，有明海では潮汐流を利用した手押し網漁や甲手待ち網漁で魚，エビ類とともにウナギが混獲される．

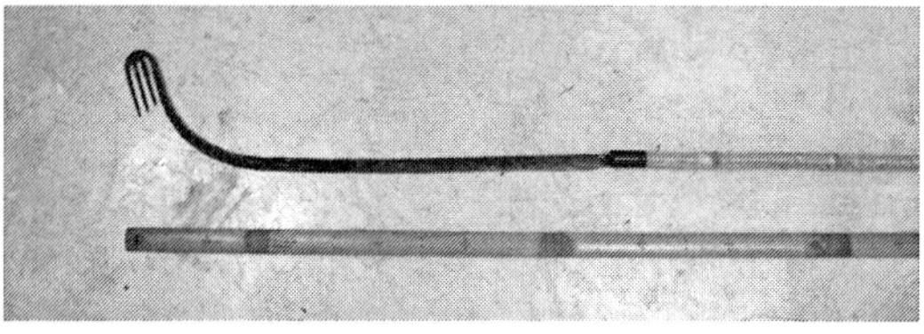

図 4.3 ウナギ掻き漁
上：佐賀県鹿島川河口における舟掻き（中尾勘悟氏撮影），下：ウナギ掻き（筆者撮影）．

図 4.4 ウナギさぐり漁
上：ウナギの巣穴に手を入れてさぐり，掴み取る，
中：ウナギ握り，下：ウナギ鋏（中尾勘悟氏撮影）．

人工的な隠れ家を作ってウナギを誘い込んで漁獲する方法として，餌を入れない筒，柴浸け，石倉漁などがある．筒は直径 5～15 cm ほどの竹を切断して節を抜き，両端にロープをつけて水中に沈め（図 4.5），取り上げるときは筒を水平にして徐々に水面まで引き揚げ，すくい網内で筒を傾けて中のウナギを獲る．柴浸けは竹，笹，椎，楢などの小枝を束ねたものを水中に一晩以上沈めておき，その

図 4.5 ウナギ石倉漁
左：鹿児島県荒川河口部の石倉（矢印），右：大分県駅館川汽水域の石倉，まわし網で囲った後，石を取り出して漁獲する（筆者撮影）．

後ゆっくりたぐって水面で三角網などの大型の網で受けておいて水から揚げ，束をふって柴の中のウナギを網の中に落として獲る．石倉漁は河口付近の感潮域で，人頭大の石を水中に積み上げウナギの隠れ家を作る．石を積み上げたものは，地方によって「倉」「塚」「島」「ぐろ」などと呼ばれており，作り方にも特徴がある．干潮時に倉のまわりを網（まわし網）で囲んでから石を取り上げ，返しがついた魚捕り部にウナギを追い込んで漁獲するものと，まわし網は用いず，箱メガネ等で倉の中を見ながら石を取り上げ，ウナギ鋏などで漁獲するものがある．九州や四国で今も残る伝統漁法である（図 4.5）．

4.1.3 銀ウナギ漁

産卵回遊を開始した銀ウナギ（下りウナギ）は，ほとんど餌を獲らなくなるので，餌で誘引する漁法は使われず，梁や待網，前述のウナギ掻き漁や石倉漁，小型定置網などで漁獲される．ウナギ梁は川舟 2 艘を水流に向けて並べ，この間に梁網を設置して漁獲する．降雨出水時に多量に獲れる漁法であるが，現在はほとんど行われていない．宮崎県五ヶ瀬川，愛知県豊川水系等の観光用梁では増水時に銀ウナギが獲れる．川から海に出た銀ウナギは晩秋から冬季に沿岸の定置網で主に大型の雌が混獲され，新聞などで報道される．雄の銀化個体は小型なので定置網の網目をすり抜けるのであろう．八代海の竹波瀬漁は比較的網目が細かい定置網なので雌雄ともに混獲される．

インドネシアのスラウェシ島のポソ湖から流れ出てトミニ湾に注ぐポソ川には多数の竹製の梁が設置されており，産卵場に向かって降河中のオオウナギとセレベスウナギの銀化個体が漁獲される（黒木・塚本, 2011；Hagihara *et al.*, 2018）．

ウナギを獲る方法の多様性はほかの魚種では例を見ない．欧米においても，梁，筌，突き，定置網，底曳網が主なもので数珠釣り漁法も 1600 年代後半に記録がある（リチャード, 2005）．ウナギ資源が豊富であった有明海では 10 を超える漁法があり，同じ漁法でも場所や時期によって様々な工夫がある（中尾, 2018）．上述のような漁法の歴史と多様性は，ウナギが内湾，干潟，河口から渓流部に至る河川，湖沼，水田，用水路，溜め池などに生息し，古くから私達に身近な生き物であったことと，味，栄養ともに魅力ある食資源であったことの証左である．しかし，ウナギの伝統漁法の中には資源の減少と漁業者の減少によってすでに途絶えたものもある．ウナギ資源の保全と平行して，伝統的な漁撈文化の保全も考

慮に入れる必要がある. 〔望岡典隆〕

4.2 資源管理

ニホンウナギ資源の減少要因として,生息環境の悪化や海洋環境の変動に加え,養殖種苗用のシラスウナギ（以下，シラス）や天然ウナギの過剰な漁獲が指摘されている．各要因がどの程度，資源減少に影響を及ぼしているかの評価は容易でないが，たとえ因果関係が証明されていなくても，取り返しのつかない状態に陥るおそれがあるときは事前に対策を講じるべしという予防原則に従って，漁獲制限や生息環境の改善などの実行可能な対策を総合的に実施していく必要がある．そして，それらの効果を迅速に検証しつつ，得られた知見を次の管理行動へとフィードバックしていく順応的管理の考え方に基づき，切れ目なく有効な対策へと繋げていくことが重要である.

世界のウナギ類の資源管理の現状は様々である（Tsukamoto and Kuroki, 2013；Kuroki *et al.*, 2014）．ヨーロッパウナギでは，欧州委員会の定めた管理の枠組み（European Council, 2007）に基づき，EU 加盟各国がウナギ管理計画（eel management plan: EMP）を立てて実際の管理を実施している．管理に必要なデータの収集，整理，資源評価は，科学者組織の ICES ほかによるウナギワーキンググループ（Working Group on Eels; WGEEL）を中心に行われる（ICES, 2018）．一方，東南アジアなどの熱帯諸国では，ウナギ類の生活史や生態に関する基礎的知見が不足しており，資源管理にほとんど未着手である．以下では，日本および東アジアにおけるニホンウナギの資源管理の現状を概説する.

4.2.1 資源評価

ウナギ漁獲量やシラス採捕量（4.4 節参照）の推移から，ニホンウナギ資源は 1950～1960 年以降に大きく減少して現在は低水準にあるとされるが，その減少規模と近年の動向を正確に見積もるには，科学的な資源評価が必要である.

日本では，TAC（total allowable catch；漁獲可能量）制度の対象種を含めて 50 魚種 84 系群（2018 年度）の資源評価を毎年行い，ABC（allowable biological catch；生物学的許容漁獲量）を算定する体制が整えられている（http://abchan.fra.go.jp/）．しかし，現状ではニホンウナギは ABC 算定対象種ではなく，ルーチンの資源評価は実施されていない．このため，資源評価に必要な成長段階・年齢別の漁獲量や漁獲努力量などのデータが全国規模で継続的に収集・蓄積されていく仕組みが構築されておらず，断片的な情報を組み合わせて暫定的な評価を行わざるをえない.

Tanaka（2014）は，河川や湖でのウナギ漁獲とシラス採捕に関する 2010 年までの統計資料，学術雑誌，業界紙の情報を整理し，資源評価を行った．その結果，2010 年の資源量（1 歳魚以上）は 1.9 万 t で環境収容力の 24%，最近 5 カ年の平均の漁獲係数はシラスで 0.43（/半年）（自然死亡係数 3.4/半年のとき，漁獲率に換算して 11%），漁業へ完全加入した黄ウナギ資源で 0.022（/年）と推定した．今後とも，各地の現場に散在している過去からの情報をさらに発掘・整理してデータの充実化を図るとともに，2010 年以降の最新データも加えて，より精度の高い評価へと更新していく必要がある.

4.2.2　小型個体とシラスの採捕管理

ほかの魚類と同様にウナギでも資源保護のため，主な都府県の漁業調整規則や内水面漁業調整規則で小型魚の採捕が禁止されている．例えば，鹿児島県では全長 21 cm，宮崎県では全長 25 cm 以下の個体の採捕が禁止されており，シラスもこれに該当する．しかし，現状のウナギ養殖では，天然のシラスが種苗として不可欠である．このため，宮城県以南の 24 都府県では知事による毎年の特別採捕許可に基づき，12～4 月の期間中にシラス採捕が行われる．都府県知事は許可にあたり，自都府県の養鰻業者数や，年変動が大きいシラスの来遊時期，来遊量を勘案し，採捕期間や漁法，場所等を制限している.

しかし，シラスは全長約 6 cm，体重約 0.2 g と小さく，少量の水に入れて容易にもち運びできる．また，採捕者は全国で約 2 万人を超え，1 人 1 日あたりの採捕数量は数 g と少量であることなどから，採捕量の厳密な管理は容易でない．このため後述（4.2.4 項）のように，ウナギ養殖用種苗の池入数量の管理を併用してシラス資源の管理が実施されることとなった.

4.2.3　河川から海に下る親ウナギ資源の保護

河川から海に下る親ウナギ資源の保護については，2012 年，内水面漁業でのウナギの漁獲抑制を含む管理に向けた関係者の話し合いを促進するよう，水産庁から全都道府県に依頼がなされた．この結果，産卵に向かうために河川から海に下る時期（概ね 10 月～翌年 3 月）の銀ウナギの採捕禁止や自粛等に取り組むことが主な都県で順次，決定された．2019年3月現在，内水面漁場管理委員会や海区漁業調整委員会の委員会指示による採捕禁止期間の設定（8県：青森県，静岡県，徳島県，高知県，愛媛県，宮崎県，鹿児島県，熊本県）や，下りウナギの漁獲自粛や再放流に関する自主的取り組み（1都6県：東京都，愛知県，三重県，奈良県，福岡県，大分県，佐賀県）が行われている（水産庁，2019）．また，静岡県浜名湖では「浜名湖発親うなぎ放流連絡会」により親ウナギ（下りウナギ）の買取り放流が実施されているという（http://unagihouryu.com/）．そのほか，原子力災害対策特別措置法に基づく出荷制限等（3県の河川：福島県阿武隈川，茨城県利根川，千葉県利根川）が実施されている．

4.2.4 国際的な共同声明と新たな資源管理対策

ニホンウナギ資源は東アジア全域に分布する国際資源なので，持続的利用に向けた管理を関係国・地域が協力して行う必要がある．そこで日本が中国，韓国，チャイニーズ・タイペイに働きかけを行い，資源管理に関する議論を2012年から開始した．そして2014年に，ニホンウナギおよびその他の種のウナギ類の保存および管理に関する以下の共同声明が発出された．

(1) ニホンウナギの（養殖用の）池入数量を直近の数量から20%削減し，異種ウナギについては近年（直近3カ年）の水準より増やさないための全ての可能な措置をとる（表4.1）．
(2) 保存管理措置の効果的な実施を確保するため，各1つの養鰻管理団体を設立するとともに，それらを集めた国際的な養鰻管理組織を設立する．
(3) 法的拘束力のある枠組みの設立の可能性について検討する．

以後，共同声明を踏まえ，法的枠組み設立の可能性に関する非公式協議が行われるとともに，共同声明の遵守状況や，共同声明以降に各国・地域がとってきた管理措置のレビュー，池入数量上限の確認等が実施されてきた．

表4.1 各国・地域の池入数量の上限値（単位：t）（水産庁，2018）

	ニホンウナギ		その他の種のウナギ	
	2014年漁期実績	池入数量上限	2012～2014年漁期実績	池入数量上限
日本	27.1	21.7	3.5	3.5
中国	45.0	36.0	32.0	32.0
韓国	13.9	11.1	13.1	13.1
チャイニーズ・タイペイ	12.5	10.0	10.0	10.0

一方，日本国内では内水面漁業振興法に基づき，ウナギ養殖業を2014年に届出養殖業に，2015年からは農林水産大臣の許可を要する指定養殖業に定めて，ニホンウナギ稚魚および異種ウナギ種苗の池入数量を個別の養殖場ごとに制限するとともに，池入数量等の報告を義務付けることとなった．2018年11月現在，許可を受けた養殖場の数は533件，許可に基づく池入割当量は全体でニホンウナギ21.7 t，そのほかの種3.5 tとなっている．なお，許可なくウナギ養殖業を営んだ場合には，同法に定める罰則（3年以下の懲役または200万円以下の罰金）の対象となる．

さらに，国際協議を踏まえた措置として，日本の養鰻管理団体である「一般社団法人全日本持続的養鰻機構」が2014年に設立された．これにより，ウナギ資源管理や，適切な管理のもとで養殖されたウナギの利用が，民間ベースで促進されることが期待される．加えて，各国・地域の養鰻管理団体（全日本持続的養鰻機構，中国漁業協会鰻業工作委員会，（韓国）養鰻水産業協同組合，台湾区鰻魚発展基金会）が集まり，民間ベースでウナギの資源管理について話しあう国際的な団体「持続可能な養鰻同盟（alliance for sustainable eel aquaculture：ASEA）」が設立された．

4.2.5 シラス採捕量の適切な把握

2016年漁期において，国内のシラスの採捕報告数量7.7 t（前年5.7 t），輸入数量6.1 t（前年3.0 t），合計13.8 t（前年8.7 t）に対し，養殖業者のシラス池入報告数量は19.7 t（前年18.3 t）であり，5.9 t（前年9.6 t）の差が生じた（水産庁，2018）．この原因として，都府県等からの聞き取りにより，以下の指摘がなされた．(1) 採捕者が他人に自分の採捕数量を知られたくない，報告するのが面倒などの理由で報告しない，(2) 採捕者が指定された出荷先以外へ，より高い価格で販売し，その分を報告しない，(3) 無許可による採捕（いわゆる密漁）．

そこで水産庁から都府県に対し，以下の対策によって採捕数量や採捕から池入れまでの流通の状況を正しく把握するよう，助言がなされた．(1) 現場での監視や写真付き証明書の発行，ワッペンや帽子等の着用義務化等，密漁対策を講じること，(2) 正しい報告を行わなかった者に対しては，原則として翌年漁期の許可を行わないこと，(3) 採捕者数について管理が行き届く範囲内の妥当な人数とすること，(4) シラスの安定的な採捕が見込まれる都府県では，採捕数量の上限を当該都府県下の養殖場の池入れに必要な数量を満たすものとすること，(5) 都府県で指定された出荷先への販売価格が市場価格に比べて低いときには，再点検を行うこと．

4.2.6　効果的な資源管理に向けて

以上，国際的協調体制の確立や，池入数量の制限などの新たな管理措置の導入により，ニホンウナギの資源管理に向けた全体の枠組みが整った．今後は，その枠組みを効果的な管理に結びつけるための，実質的な運用が求められる．

ウナギ資源の量的管理の難度を高くする要因として，関係海域・河川の数が多く，網羅的で統一的な資源評価が容易でないこと，再生産関係（親と子の量的関係）に関するデータ蓄積が少なく，どの程度の親を残せば有効な資源回復に結びつくかの評価が不確実であること，再生産へ寄与する親の，海ウナギ，河口ウナギ，川ウナギ，および国別の量的由来が不明であること，一世代の年数が10年前後と長いため，管理効果の情報を次の管理行動へとフィードバックするのに長いタイムラグが生じること，などがあげられる．

いずれにせよ，人間がウナギ資源の保全に関与できるのは，シラスとして沿岸に来遊してから親ウナギとして産卵場へ向かうまでの期間であり，この間の生残をいかに向上させて親資源の維持・回復に繋げるかを科学的に検討する必要がある．そのためには，シラス来遊量や親魚資源量の動向を把握するためのデータ蓄積，モニタリングが重要であり，それらの情報を統合して共有するデータベースの構築が望まれる．Tanaka（2014）および Hakoyama *et al.*（2016）では，過去からの統計資料等の情報を整理して公表しており，これらの情報を核に，さらなるデータの充実化が図られることが期待される．　〔山川　卓〕

4.3　国際取引と国際規制

ウナギは国際的に広く取引され，消費されている．現在世界で取引されているウナギの全てが野生由来（天然資源）であることから，ウナギ資源の持続的な利用の実現のためには，資源減少の要因の一つとされる過剰漁獲・取引を適切な水準に抑えることが重要である．

4.3.1　ウナギの国際取引

ニホンウナギを含め，ウナギ（ウナギ属魚類）は世界的に広く利用されている．

歴史的には，主にヨーロッパウナギ，ニホンウナギ，アメリカウナギ等温帯に生息する種が利用されてきたが，これらの種が国際自然保護連合（IUCN）のレッドリストに「近絶滅種（CR)」や「絶滅危惧種（EN)」として掲載されるほど資源状況が悪化したことに伴い，バイカラウナギ *Anguilla bicolor*（ビカーラ種とも呼ばれる）等熱帯に生息する種の利用も増加しつつある（Crook and Nakamura, 2013)．

これらのウナギは，養殖用の稚魚，成鰻，ウナギ加工品等として，場合によっては成長段階に伴い何度も国際的に取引される．FAO（国際連合食糧農業機関）の統計によると，ウナギ加工品としての取引量が最も多く，世界全体のウナギ加工品の輸入量は 2015 年には約 2 万 7000 t を記録し，次いで生きたウナギ（活鰻）の約 1 万 2000 t，冷凍ウナギの約 1 万 t が続いた．世界のウナギ輸入量は，2001 年に 12 万 5320 t で過去最高を記録した後，徐々に減少し，2013 年には約 3 万 5000 t まで減少したが，2015 年には再び上昇して約 4 万 9000 t となっている．重量ベースでは，中国が最大の輸出国，日本が最大の輸入国となっている．

4.3.2 変化しつつあるウナギ取引

日本が独占市場であった世界のウナギの消費は，2000 年以降変化しつつあり，かつての日本のウナギ消費のシェアは中国，韓国に加え，ロシアなどの東アジア以外の多数の小さな市場により取って代わられつつあるとみられる（Shiraishi

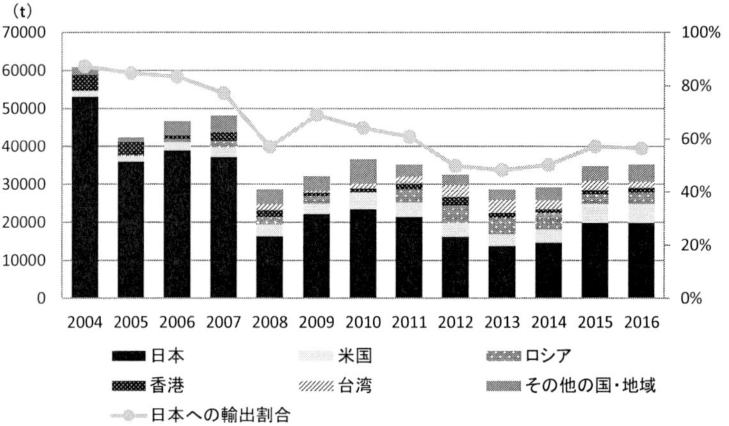

図 4.6 中国のウナギ加工品の輸出量および輸出相手国の推移(2004～2016 年)(中国の税関統計より作成)

and Crook, 2015). 日本は依然として中国にとってウナギ加工品の最大の輸出先であるが，中国の税関統計によると，2004年には87%であった日本向け輸出量の割合が，2016年には56%まで低下している（図4.6）．また，輸出先は18カ国・地域（2004年）から44カ国・地域（2016年）に増加し，中でも米国，台湾，ロシア向けの輸出量が多くなっている．この変化には日本食の広がりがあるとみられ，日本風の製品や飲食店でのウナギの消費に繋がっていると考えられる．英国の寿司レストランで提供されているウナギのDNA検査で，地域に生息するヨーロッパウナギに加え，ニホンウナギ，アメリカウナギ，オオウナギが確認されたことも（Vandamme *et al.*, 2016），世界的に様々な種が取引されていることを示している．しかし，世界の税関統計では種ごとに取引の記録がなされないため，それぞれの種の取引の動向が不明瞭で，保全に対する懸念となっている．

4.3.3 変わりつつあるウナギ稚魚の国際取引

現在，世界のウナギ生産量の9割以上が養殖（採集してきた稚魚・幼魚を大きくする手法）に依存している（Shiraishi and Crook, 2015）．日本，中国，韓国，台湾の東アジアが養殖生産量の多くを占めており，これらの国・地域では，養殖に必要な稚魚を世界中から輸入している．養殖に使用する種苗の大きさにはばらつきがあるため，一概には比較できないものの，図4.7が示すように，2010年までは東アジア内とヨーロッパからの東アジアへの稚魚の輸入が8割以上を占めて

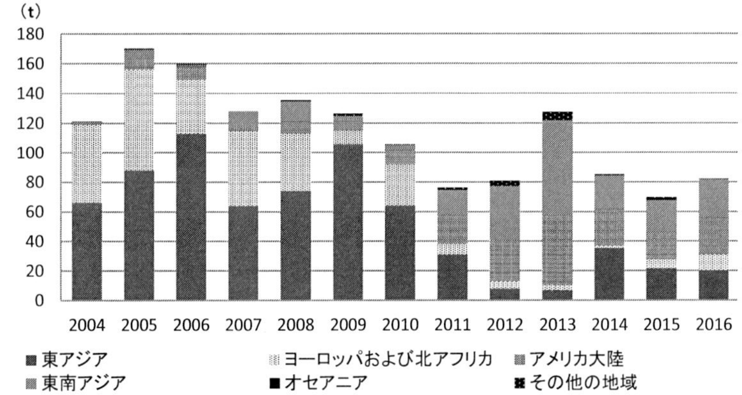

図4.7 東アジア（日本，中国，韓国，香港，台湾）の稚魚の輸入量および輸入相手国の推移（2004～2016年）（東アジア各国・地域の税関統計より作成）

いたが，2011年以降，代わりにアメリカ大陸と東南アジアからの輸入割合が増加している．ウナギ稚魚の国際取引の変化の背景には，2011～2013年のニホンウナギ来遊量の減少に加え，ヨーロッパウナギのワシントン条約（絶滅のおそれのある野生動植物の種の国際取引に関する条約）の附属書IIへの掲載（2009年3月規制開始）と，それに続くEU（ヨーロッパ連合）によるヨーロッパウナギの域外との輸出入の禁止（2010年12月以降）があると考えられている．

4.3.4 ウナギに関する国際取引規制とその課題

ウナギの資源管理のため，様々な国で漁業規制や輸出入規制が導入されているが，特にウナギ稚魚の違法取引やトレーサビリティ（追跡可能性）が大きな課題となっている．EUでは2010年12月以降のヨーロッパウナギの輸出禁止後も密漁や密輸が後を絶たず，毎年多くの押収がなされており，2016～2017年の漁期にはEU域内で40人以上が逮捕された（CITES, 2017）．また，輸出を禁止している国から稚魚が違法に持ち出されており，例えばフィリピンは2012年から体長15 cm未満のウナギの輸出を禁止しているにもかかわらず，東アジアの国・地域の統計では，輸出が禁止されているサイズのウナギの輸入が記録されている（Crook, 2014）．さらに，日本国内でも稚魚の密漁や違法取引が深刻な問題となっている（白石，2016）．ウナギの保全の取り組みを無にしかねない違法漁業や違法取引への対処は喫緊の課題であり，ワシントン条約掲載種であるヨーロッパウナギの違法取引については，世界的に深刻な野生生物犯罪としての認識が広がるとともに，国を越えた協力体制が構築されつつある（CITES, 2017）．

一方，ウナギの持続的な利用の実現のためには，違法取引への対処だけでは不十分であり，効果的な資源管理が必須である．生息国で十分な管理保全措置が導入され，施行されてこそ，取引に関係する国，消費国による違法取引への対処，取引のモニタリング等への協力が真に意味のあるものとなる．関係国のさらなる協力・協働に加え，生息国による保全措置の強化に期待したい． **〔白石広美〕**

4.4 シラスウナギの資源変動

土用の丑の日が近づくと，「鰻丼」の話題が世間を賑わす．「鰻丼」に用いるウナギ種の代表格はニホンウナギであり，主に日本，台湾，中国，韓国で養殖されている．一方，養殖に用いるシラスウナギ[*1]は，完全養殖技術が確立された現在でも，その全てを天然水域からの採捕に依存している．そのためシラスウナギの好不漁は，「鰻丼」の話題の端緒となる大きな関心事である．

4.4.1　シラスウナギの採捕地と採捕期間

シラスウナギは，黄ウナギの主分布域である台湾から中国東シナ海沿岸，朝鮮半島南西岸，日本の種子島以北の九州，四国，本州利根川以南の主に太平洋側の各地域（図4.8）で，晩秋から春に採捕される．日本の主な地域では，河川感潮域の上縁から河川水の影響が及ぶ河口外の砂浜にかけて，すくい網やふくろ網を用いて夜間に採捕されている．各地域の採捕期間は地域の慣習に倣って，また経験的にも決定されており，都府県知事の特別採捕許可を得ることで12月～翌年4月に設定されている．

近年，日本各地で行われている周年採捕調査によって，シラスウナギの来遊盛期は12月～翌年3月に確認され，その盛期は各地域の漁獲採捕期間内に概ね収

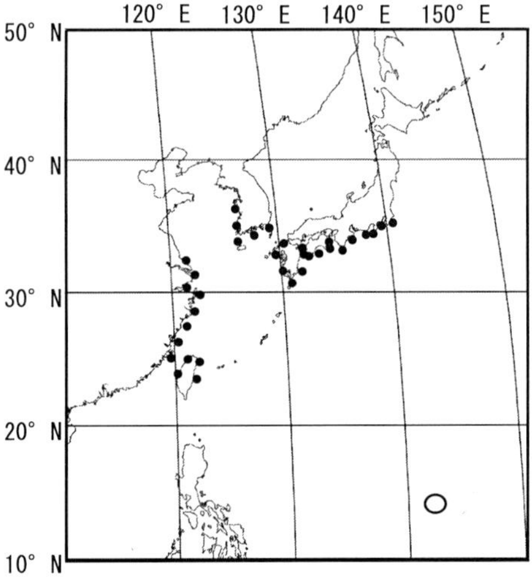

図4.8　東アジアにおけるシラスウナギの主な採捕地域（●）
○はニホンウナギの産卵海域を示す．

---

*1　本節ではニホンウナギの稚魚を指す．

まることがわかってきた*2．一般的に，シラスウナギの来遊盛期は，黒潮源流域に近く，経度が西ほど早く，黒潮の下流側や黒潮から離れた沿岸地域ほど遅い傾向がある．一方，各地域の来遊盛期は，年度*3 または，地域特異的に3カ月程度前後する年が認められる．それに加えて，日本におけるシラスウナギの生物学的な来遊の始期は10月，終期は7月であるが，盛期に来遊する量に比べて来遊の始期や終期の量は相対的に少ない*2．他方，神奈川県の相模川では2010，2011年度の来遊盛期が，採捕期間後の6月に認められている（Aoyama *et al.*, 2012）．

4.4.2 シラスウナギの採捕量と地域的多寡

東アジアにおけるシラスウナギの採捕量（以下，東アジア採捕量とする）は，

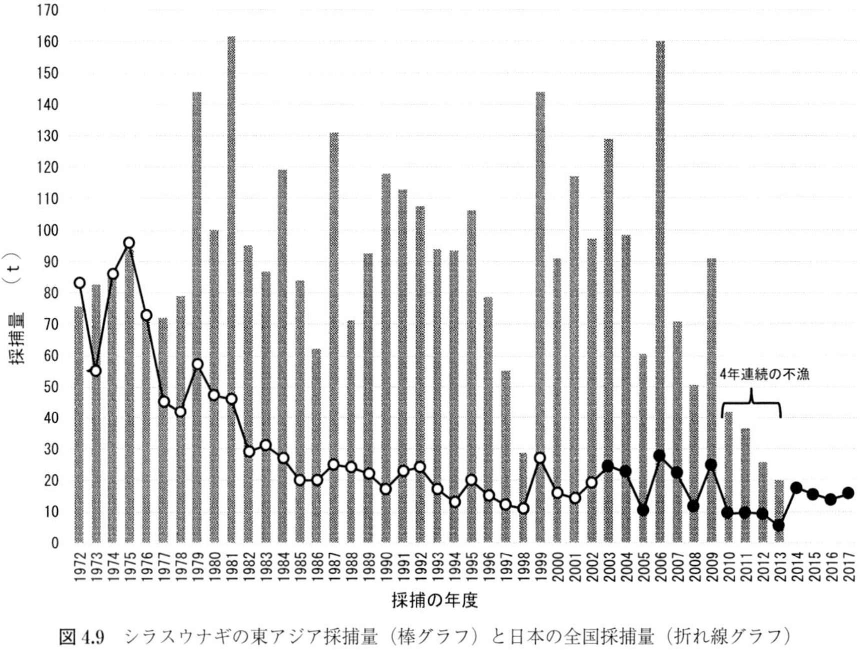

図 4.9 シラスウナギの東アジア採捕量（棒グラフ）と日本の全国採捕量（折れ線グラフ）
東アジア採捕量は神頭 (2015) が日本養殖新聞の情報をもとに取りまとめた数値を引用．全国採捕量は2002年度以前は農林統計（○），2003年度以降は水産庁調べの統計（●）．

---

*2 水産庁委託鰻供給安定化事業のうち「鰻来遊・生息調査事業」平成27年度報告書より．

*3 $(N-1)$年9月～N年8月をN年度とする．後述の水産庁が公表した2003年度以降の全国採捕量は，$(N-1)$ 年11月～N年10月をN年度としている．

養殖を行う各国のシラスウナギ池入量の総和にほぼ一致すると考えられる．神頭（2015）は，1972〜2013年度の国別池入量を整理して東アジア採捕量の推移を示し（図4.9），1972〜2013年度に19.8〜161.5 tの間で最大8.2倍もの大きな年変動が明らかになった．

一方，岸田・神頭（2013）は，日本全国のシラスウナギ採捕量（以下，全国採捕量とする）について再考した．その結果，1970年代までの全国採捕量は，シラスウナギより大きいサイズのウナギ種苗（全長15〜25 cm，体重5〜20 g；いわゆるクロコ）を含むと結論付けられることから，シラスウナギの採捕量としては過大に計上されていることを指摘した．また，シラスウナギの流通には違法なルートの存在や，各地の採捕量（農林統計）の過少報告の実態が都府県等から指摘されている．このような背景もあり，水産庁は国際的な資源管理の枠組みの中で，国内のウナギ養殖業を農林水産大臣の許可を必要とする指定養殖業に2015年6月から指定した．また，それに先立って2014年11月以降，シラスウナギ池入量の報告をウナギ養殖業者に義務付けた．

同時に水産庁は，国内で採捕されたシラスウナギは国内の養殖池へ確実に池入れされることから，2003年度以降の全国採捕量について，国内池入量から東アジアより日本へ輸入されたシラスウナギの量を差し引いた値を，農林統計に置き換えて公表している[*4]．水産庁が公表した2003年度以降の全国採捕量[*3]を見ると，5.2〜27.5 tで変動している（図4.9）．年変動は大きく，年によって5.3倍の差が認められる．また，2010年度から4年連続して不漁が続き社会問題となったが，全国採捕量からもその傾向が見てとれる．この採捕量の大きな年変動は，東アジア採捕量と全国採捕量に共通してみられる特徴である．しかし，現在の集計方法となるまでの2002年度以前の全国採捕量や現在までの東アジア採捕量の信頼性については，改めて検討が必要と思われる．

近年，Aoyama *et al.*（2012）は，2010，2011年度の全国的不漁は，来遊盛期の大きな遅れである可能性を相模川での調査結果から指摘しており，その遅れは産卵期の遅れによって生じたことを耳石の日齢解析結果から示した．一方，2003年度以降の全国採捕量と千葉県利根川の採捕量，宮崎県の特定採捕者の採捕量を比較した結果，全国採捕量が少ない年は，両県で共通して少ない傾向があった．しかし，全国採捕量に対して，宮崎県または千葉県利根川の採捕量がそれぞれ卓

*4　水産庁HP「ウナギに関する情報」：http://www.jfa.maff.go.jp/j/saibai/unagi.html

越する年もあり，地域の採捕量と全国採捕量の年々の多寡の傾向は必ずしも一致しない[*2].

4.4.3 シラスウナギ採捕量の多寡や不漁がもたらす影響と今後の課題

シラスウナギは，マリアナ西方の産卵海域から約半年もの長い時間をかけて東アジアの沿岸域へ大回遊して来遊する．その来遊過程では，全球規模の気候の変化から河口域の潮汐や水温変化など，様々な環境や生物学的要因が生残や地域の採捕量の多寡へ影響を及ぼすと考えられる．

シラスウナギの採捕量の減少は，シラスウナギの単価高騰を招き（図 4.10），採捕にかける漁獲努力量の増大へ繋がることが懸念され（採捕許可期間の延長，そのまた期間内での採捕時間の延長，密漁の増加等），採捕の詳細な実態を把握するとともに資源学と社会経済学の両面から，その影響について検証が望まれる．また，野生[*5]ニホンウナギの個体群は，とり残されたシラスウナギの沿岸環境へ

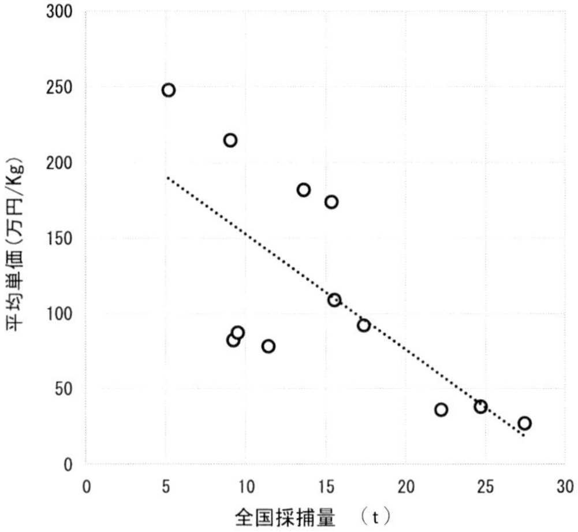

図 4.10 シラスウナギの日本の全国採捕量と平均単価の関係
2006 年度以降の全国採捕量と国内の取引単価（万円 /Kg）を水産庁 HP のウナギに関する情報，ウナギをめぐる状況と対策について（平成 30 年 3 月）より引用．全国採捕量（TC，t）と平均単価（AP，万円 /Kg）には負の相関（$p < 0.01$）が認められ，次の関係式が得られた．$AP = -7.656 \times TC + 229.16$（$R^2 = 0.464$）．

[*5] 野生とはどの成長段階においても人為的な過程を経験しない個体，天然とは野生個体とともに天然環境に順化した放流個体も含む．

の加入によって維持されており，シラスウナギの沿岸環境への加入の確保について検討することが重要である．同時に，ニホンウナギは遺伝的単一集団であることから，東アジア全域で再生産に寄与する天然[*5]ニホンウナギ個体群の増大へ向け，沿岸環境の保全も含めた包括的かつ順応的な管理を実施していく必要がある．

地域的多寡が生じる要因と日本や東アジア全体の不漁の要因は未解明である．また，日本や東アジアへのシラスウナギの来遊量[*6]は把握できていない．ヨーロッパでは，ヨーロッパウナギのシラスウナギの採捕量や採捕調査データが，その地理分布の広い範囲で収集されており，GEREMを用いたシラスウナギの来遊量推定が行われている（Drouineau *et al*., 2016; Bornarel *et al*., 2018）．東アジアのニホンウナギにおいても，全国と地域の採捕量の年々の多寡が必ずしも一致しないことや，来遊盛期が地域特異的に3カ月程度前後する年がみられることから，その多寡がどれくらいの地理的スケールで生じるのかを分析し，それら要因の解明と来遊量の把握へ向けて，適正な地理的スケールで広域的かつ継続的に確度の高い情報を収集する体制が求められる．加えて，養殖用のシラスウナギを天然水域からの採捕に依存する現状においては，シラスウナギの不漁問題を単に「鰻丼」の話題にとどめることなく，天然資源の持続的利用の観点から考える機会としなければならない．〔**山本敏博**〕

4.5　輸送メカニズム

一般に，外洋表層魚の仔魚期間は数週間程度であり，遊泳能力が飛躍的に上昇する稚魚に変態するまでの期間はきわめて短い．一方ウナギ属魚類は，レプトセファルス幼生として約半年から2年もの長い仔魚期間を過ごす．この間に海流によって長距離を輸送され，それぞれの種の分布域へ加入する．しかし，適切な場所に輸送されなかった場合には，その後の生残・成長や産卵回帰に問題が生じ，再生産に寄与しない死滅回遊のリスクを背負うことになる．仔魚の輸送の成否は資源量の年変動を引き起こす原因の一つとして重要で，輸送メカニズムの理解がウナギの初期生活史と資源変動メカニズムの解明に繋がる．

[*6]　種の地理分布域全土へ来遊したシラスウナギで，取り残しも含めた全量をさす．

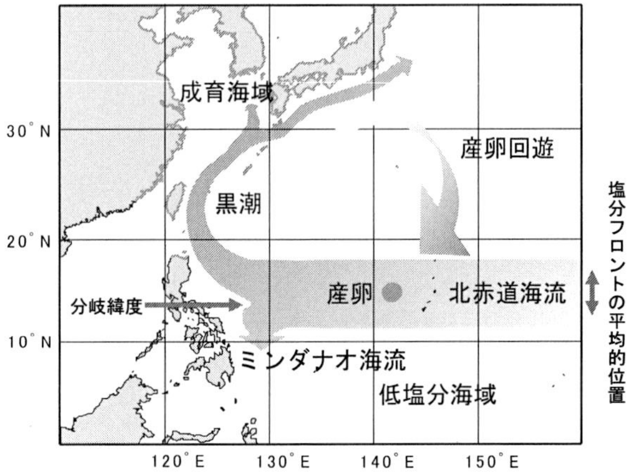

図 4.11　北太平洋亜熱帯循環系におけるニホンウナギの輸送分散過程
産卵場はマリアナ海域にあり，仔魚の回遊は北赤道海流から黒潮を経由するルートが主流と考えられる．産卵場は塩分フロントの位置と関係があるとみられる．塩分フロントの位置は経年的に変動する（Kimura *et al.*, 2006 を改変）．

4.5.1　レプトセファルス幼生の輸送過程

ニホンウナギの産卵場がある北赤道海流は，黒潮〜北太平洋海流〜カリフォルニア海流〜北赤道海流と北太平洋を一周する亜熱帯循環系の一部を構成するが，黒潮のような西岸境界流とは異なるため，表層でも 20〜30 cm/s 程度の流速しかもたず，2〜3 カ月以上かけてフィリピン東部海域にレプトセファルス幼生は到達することになる．図 4.11 は本種の亜熱帯循環における輸送過程を示したものである．この間，鉛直的に強い成層のため，下層からの栄養塩の供給の乏しい生物生産のきわめて低い海域をレプトセファルス幼生は輸送されることになり，基礎生産が最大となる水深は 120 m 前後と黒潮本流域に比べてかなり深い．

北赤道海流域におけるレプトセファルス幼生の餌となる懸濁態有機物の炭素窒素安定同位体比は，約 100 m より浅い水深で窒素が低く炭素は高くなり，約 150 m 付近に生じるクロロフィル最大水深を境として特性が異なる．鉛直的に異なる餌の同位体比の違いはレプトセファルス幼生の同化の違いをもたらすので，種によって摂餌水深に違いが生じることになる（Miyazaki *et al.*, 2011; Onda *et al.*, 2017）．このことは，レプトセファルス幼生が種の違いや成長に伴い夜間は表層に浮上し昼間は深く潜る日周鉛直移動とも関連し，水深によって異なる水平流動環境を生物が能動的に選択して輸送されることを示す．

フィリピン東部海域に到達したレプトセファルス幼生は黒潮への乗り換えが必要で，間違って黒潮とは逆のミンダナオ海流方面に流されてしまうと死滅回遊となる．そのための概念モデルとして，鉛直移動と貿易風によるエクマン輸送（表層に滞在する間には貿易風による地球自転の影響を受けて，北半球では風向に対してより右側に輸送されやすくなり，より北向きの進路に輸送されること）を組み込んだ輸送メカニズムがあり（Kimura *et al*., 1994），それに基づいた3次元数値シミュレーションが導入されている（Kimura *et al*., 1999）.

北大西洋には，ヨーロッパ沿岸や北アフリカ沿岸の河川に生息するヨーロッパウナギと，北米大西洋沿岸や西インド諸島に生息するアメリカウナギの2種がいる．それらの産卵海域はサルガッソー海にあり，北緯25〜30°に位置する亜熱帯収束線付近の水温勾配の大きい水温フロント域とその南側の高水温・高塩分の水塊中において集中的に採集されており，この海域に産卵場が位置すると推定されている（Kleckner and McCleave, 1988）．このことは，産卵回遊中の親ウナギが，水温フロントによる急激な水温の変化や，この水温フロントの南側に分布する水塊の水質の違いを経験することで，回遊を止め産卵が促されていることを示唆する．つまり，水温フロントが産卵条件として重要な役割を果たしている可能性が高い．東アジアに分布するニホンウナギにおいても，塩分フロントに代表される南北の水塊の違いが産卵のためのランドマークとなっていることと一致する．

大西洋に産卵場をもつ両種は，サルガッソー海からフロリダ海流を経由し，湾流（Gulf Stream）によって輸送され，ヨーロッパウナギの場合には北大西洋海流によってヨーロッパあるいは北部アフリカに輸送される．一方で，過去のレプトセファルス幼生の採取位置から判断すると湾流の役割は限定的とも考えられ，亜熱帯収束線の北部に位置する東向きの反流とアゾレス海流などを経由して大西洋を横断するルートも存在するものとみられる（図4.12）.

4.5.2 地球環境変動の影響

ニホンウナギ幼生の北赤道海流から黒潮への乗り換えは，エルニーニョが発生すると成功率が著しく低下する．それは，bifurcationと呼ばれる北赤道海流がフィリピン東部海域で黒潮とミンダナオ海流に分岐する位置が，エルニーニョ発生時には大きく北に移動するためである．そもそもBifurcation緯度（分岐緯度）は，風が季節変動することによって，夏は北緯13〜14°付近に，冬は北緯15〜16°付近に南北移動する．エルニーニョは大気と海洋の相互作用から西向きの貿易風が

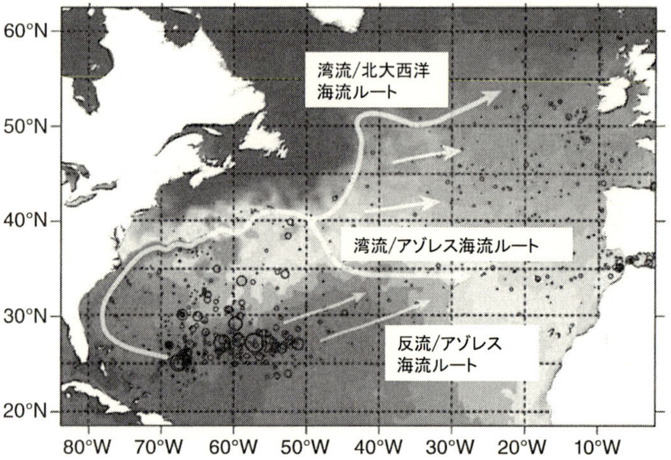

図 4.12　幼生分布から推定した北大西洋におけるヨーロッパウナギとアメリカウナギの輸送分散過程（Miller *et al.*, 2015 を改変）［口絵 19 参照］

産卵場はサルガッソ海にあり，ヨーロッパウナギの場合には湾流～北大西洋海流ルート，湾流～アゾレス海流ルート，および反流～アゾレス海流ルートが推定され，アメリカウナギの場合には湾流～北大西洋海流ルートのみと考えられている．産卵場は水温フロントの位置と関係があるとみられ，図中の黒点は小型幼生が採取された地点を示す．濃淡のスケールは水温の相対値．

弱まることに起因して発生するが，分岐緯度の季節変動と関連したメカニズムで，風系の違いがエルニーニョ発生時に分岐緯度の北上をもたらす．分岐緯度が北上しても産卵場は北上するわけではないので，幼生はミンダナオ海流により多く取り込まれてしまうことになる．

太平洋の循環を緯度・経度方向に 1/10 度グリッドで再現し，レプトセファルス幼生の日周鉛直移動を組み入れた輸送分散の数値シミュレーションからは，エルニーニョ発生年にはミンダナオ海流方面に幼生が輸送される確率が 2 倍程度に高まることがわかっている（Kim *et al.*, 2007; Zenimoto *et al.*, 2009）．また，親魚が産卵海域の指標としているとみられる北赤道海流の塩分フロントの位置はエルニーニョ発生時には大きく南に移動するので，これがレプトセファルス幼生のミンダナオ海流への輸送に拍車をかけることになる（Kimura *et al.*, 1994）．

このエルニーニョの発生と対応したレプトセファルス幼生の回遊機構に関する考え方は，日本沿岸でのシラスウナギ来遊量からも裏付けられており，エルニーニョ発生時にシラスウナギ漁獲量が減少している（Kimura *et al.*, 2001; Kimura and Tsukamoto, 2006）．図 4.13 は，数値シミュレーションで計算したレプトセファ

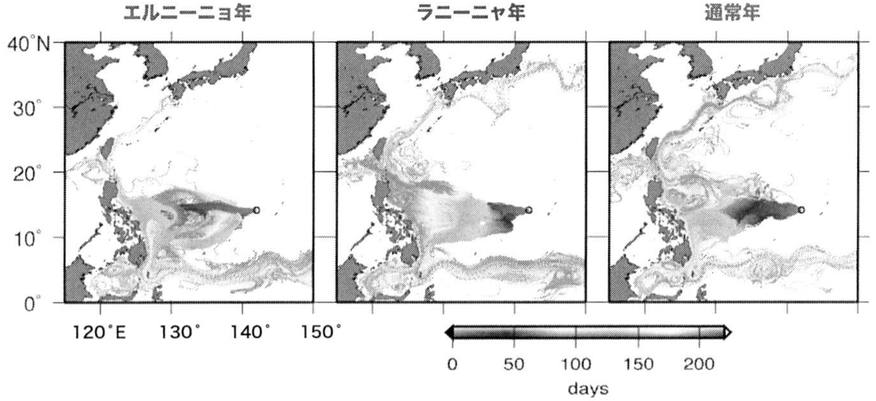

図 4.13 ENSO（エルニーニョ・南方振動）と対応したニホンウナギの輸送分散過程（Zenimoto *et al.*, 2009 を改変）［口絵 20 参照］

エルニーニョが発生するとミンダナオ海流方向に幼生が流される割合が高くなり死滅回遊となる．この傾向はラニーニャ時にはそれほど大きくはないが，やはり通常年より黒潮への来遊量は減少する．また，通常年でも死滅回遊の割合がかなり高いことがわかる．産卵場の丸印は粒子の投入点を示し，濃淡のスケールは産卵してからの経過日数を示す．

ルス幼生の輸送分散過程をエルニーニョ発生年と非発生の通常年，ラニーニャ発生年に分けて示したものである（Zenimoto *et al.*, 2009）．エルニーニョ発生年にはミンダナオ海流域に多くの軌跡が描かれ，死滅回遊となるインドネシア方面に幼生が流されている様子がよくわかる．一方，エルニーニョとは逆の現象であるラニーニャが発生した場合，通常年と比較して日本沿岸への来遊量はやや減少している．しかし，エルニーニョほど大きく減少しているわけではないので，ニホンウナギ資源の加入に与える影響は限定的と考えられる．

1970 年代半ば以降，ニホンウナギのみならずアメリカウナギとヨーロッパウナギの資源量も減少し始めた．その要因として，乱獲（シラスウナギ，親），河川環境の悪化（護岸，河口堰，水質，ダム），地球環境変動（レジームシフト，エルニーニョ，温暖化）などが考えられ，大陸で隔離された両大洋に生息する別種のウナギがほぼ同時に減少し始めたことから，レプトセファルス幼生の輸送分散過程を考慮した地球環境変動の影響を検討する必要がある．

太平洋と大西洋の海洋環境は，それぞれの大洋における気象条件と密接な繋がりがあり，気圧配置によってその状態の経年変動を代表させることができる．太平洋では，ダーウィンとタヒチの気圧差が南方振動指数として，大西洋ではアゾレス諸島とアイスランドの気圧差が北大西洋振動指数として知られており，ウナギに限らずいろいろな海洋生物との関連が研究されている．南方振動指数は1976年以降過去にみられなかった大きな変動をしており，前述したようにエルニーニョとの関連が指摘されている．一方，北大西洋振動指数には長期的な周期的変動傾向があり，1976年を境にしてその正負が逆転している．過去130年間のデータからは，2つの大洋で相関する変動は認められないが，1976年は大西洋と太平洋ともに大きな変動が起きた年といえ，気候のレジームシフトとして知られている地球規模の海洋気象変動があった年である（Kimura and Tsukamoto, 2006）．そして，大西洋ではサルガッソー海での水温フロント構造が変化し，北大西洋振動指数とヨーロッパにおけるシラスウナギ来遊量の間に相関があることが示唆されている（Knights, 2003; Friedland *et al.*, 2007）．これらが，太平洋と大西洋の温帯に生息するウナギ属魚類の長期減少傾向の同期した変動を説明する理由として考えることができるかもしれない．しかし，乱獲や生息環境の悪化といった人為起源の攪乱と区別して定量的に評価するには，まだデータと解析が足りないのが現状である．

〔木村伸吾〕

4.6 接岸生態

マリアナ諸島西方海域で孵化したニホンウナギは，北赤道海流と黒潮によって東アジア沿岸域へ輸送される．レプトセファルスからシラスウナギへ変態する過程で，黒潮を離脱して沿岸に到達し，成長のため汽水・淡水域に接岸する．シラスウナギの接岸行動は，沿岸の流況や河口域の環境条件に強く影響されるため，各地点の接岸量や接岸時期は年により大きく変動する．本節ではいまだ謎の多いシラスウナギの接岸時の生態について概説する．

4.6.1 変態と黒潮からの離脱

ニホンウナギのレプトセファルスは，産卵場から黒潮源流域まで北赤道海流によって受動的に輸送される（4.5節参照）．レプトセファルスがシラスウナギへの変態を始めるのは，黒潮の源流域もしくは黒潮内であると推測されている．これは，今までに採集されている数少ない変態中の仔魚が，黒潮の源流域もしくは台湾南東の黒潮反流の渦の中でのみ見つかっているためである．変態を完了したシラスウナギは，黒潮の流軸内や黒潮よりも西側の海域で採集されている（Shinoda *et al.*, 2011). ニホンウナギは，黒潮への乗り換えと前後して変態を開始し，変態完了後に黒潮を離脱していることになる.

変態に伴い，ウナギ仔魚の行動も変化するものと考えられる．変態直前のレプトセファルスは多量のグリコサミノグリカンを体内に蓄えることによって大きな浮力を得ているが，グリコサミノグリカンはシラスウナギへの変態時に消費されるため，シラスウナギの比重は周囲の海水より重くなる（Tsukamoto *et al.*, 2009)．これによって，シラスウナギは黒潮を離脱して沿岸域へと能動的に遊泳するようになると考えられる.

レプトセファルスが変態を始めるきっかけはどのようなものだろうか．人工孵化・飼育したレプトセファルスを用いた実験では，全長 50～55 mm 以上でないと変態を開始しないこと，変態のきっかけの一つは飢餓条件であることが報告されている（Okamura *et al.*, 2012)．変態が始まるタイミングは，それぞれの個体が成長してきた履歴によって異なる．これまでに行われた耳石を用いた初期生活史の解析結果によると，同じ月に孵化したグループでも，レプトセファルス期の成長が良かった個体は悪かった個体に比べて変態の開始時期が 1～2 カ月も早いことがわかっている．この変態開始のタイミングの違いが黒潮から離脱する位置の違いになる．すなわち，早く変態した個体は台湾や中国南部の低緯度域に接岸し，変態が遅い個体は黒潮に長く乗って日本の太平洋岸に接岸することになる.

4.6.2 接岸時期

一般にニホンウナギのシラスの接岸は 11 月～翌年 4 月にかけて起こる．分布域の南にあたる台湾では 11～2 月に接岸し，その後，黒潮に面した日本の太平洋岸で南から北へと接岸が進む．黒潮流域で最も下流にあたる千葉では，接岸時期は 12～4 月である．黒潮から離れた中国本土や瀬戸内海に面した地点では，同緯度の黒潮に面した地点よりも 1～2 カ月ほど接岸時期が遅くなる（Tsukamoto, 1990)．対馬暖流の影響を受ける九州北部や韓国も同様である．最も遅いのは中国と北朝鮮の国境を流れる鴨緑江の河口で，4～6 月の接岸になる（Han, 2011).

上述の傾向はあくまで一般論であり，各地の接岸時期や接岸量のピークは年によって大きく異なることが広く知られている．接岸時期の大きな年変動を捉えた例として，神奈川県の相模川河口で行われたシラスウナギの接岸モニタリング調査がある（Aoyama *et al.*, 2012)．神奈川県でシラスウナギ漁が許されている漁期は 12～4 月であるが，この調査では漁期以外の接岸状況も把握するため，特別採捕許可をとって通年のモニタリングを行った．毎月の新月の夜間の上げ潮時に2時間以上，灯火で目視したシラスウナギをすくい網で採捕する方法で調査は実施された．その結果，2009年では12月に最初の接岸が認められ，3月に最初のピークを迎えた．その後4月には接岸量は減少するが，漁期終了後の6月に接岸量のピークを記録した．初夏に大量のシラスウナギが採捕されたのである．採集した個体の発育段階を調べたところ，これらの個体が通常の冬場に接岸してその後も河口にとどまっていたものではなく，初夏新たに接岸してきた個体であることがわかった．続く2010年の接岸シーズンでも2009年と同様，初夏に接岸のピークが認められた（Aoyama *et al.*, 2012）．

4.6.3 環境要因

水温，潮汐，月齢，濁りなど様々な環境要因が，シラスウナギの接岸や河川の遡上に影響を与えることが知られている．1カ月単位の接岸時期のズレや，月周期，半月周期，日周期，潮汐周期など，様々な時間スケールでシラスウナギの接岸量は増減する．

a. 水 温

ニホンウナギの分布域の南にあたる台湾では，低水温時にシラスウナギの漁獲量が増加することが報告されている（Tzeng, 1985）．これは，黒潮から離脱したシラスウナギが直接台湾に接岸するのではなく，大陸沿岸の冷たい水塊（15℃程度）に乗って接岸するためと説明されている．その一方で，東シナ海や黄海に面する中国沿岸や韓国では，冬期の沿岸水の表面水温が5℃以下まで下がるためシラスウナギの沿岸への移動が妨げられて，接岸時期が黒潮に面した地点よりも1〜2カ月遅れると考えられている（Han, 2011）．

b. 潮 汐

接岸時のシラスウナギは体長が60 mm程度と小さく，体型もウナギ型であるため，強い流れに逆らって長時間泳ぐ能力はない．そのため，潮汐の影響が大きい河口域では，シラスウナギは上げ潮を利用して河川上流方向へ移動している．このとき，シラスウナギは下げ潮時には海や川の底に着底して潮の流れで運ばれることを防ぎ，再び上げ潮時に表層に浮くことで潮に乗って上流へ輸送される．このような潮汐を利用した特定方向への移動のことを選択的潮汐輸送（selective tidal stream transport: STST）といい，ウナギに限らずヒラメやスズキなど多くの魚種で遊泳力に乏しい稚魚が成育場に到達する方法として利用している．

Fukuda *et al.*（2016）は，浜名湖の湖口で2シーズンにわたって詳細な調査を行うことで，ニホンウナギの潮汐利用の実態を明らかにした．この調査では，浜名湖の湖口から数 km の地点で，表層にリングネットを5～60分展開してシラスウナギを採集するサンプリングを計574回行っている．その結果，夜間の干潮から150～180分後の上げ潮時にシラスウナギの密度が上昇することを明らかにした．この密度の上昇は，浜名湖の外の暖かい海水が湖内の調査地点に到達するタイミングと一致しており，シラスウナギが湖外からの海水流入の波の先端に乗って湖内に入ることを示している（Fukuda *et al.*, 2016）．下げ潮時には，ほとんどシラスウナギが採集されておらず，シラスウナギが選択的潮汐輸送によって浜名湖に加入していることを意味している．

c. 光

シラスウナギが上げ潮に乗って来遊するのなら，1日の潮位差が大きい大潮のときに来遊量が多くなることが予想される．実際，満月，新月にかかわらず，大潮時にシラスウナギの採集量が多くなる傾向が，台湾，韓国の河川（Tzeng, 1985; Hwang *et al.*, 2014）や中国の長江河口域（Guo *et al.*, 2017）でみられている．また，ヨーロッパウナギやアメリカウナギ，ニュージーランドに接岸するシラスウナギでも大潮に対応した採集量の増加が知られている．その一方で，満月の大潮にはニホンウナギのシラス採集量は増えず，新月の大潮のみ増加するとの報告もある（Fukuda *et al.*, 2016）．満月の大潮時にシラスウナギの接岸が増加しないのは，シラスウナギの行動が月の明かりによって制限されるためだと考えられる．月の照度が高く，水の濁りが少ない場合にはシラスウナギは底にとどまり，表層に浮いてこないのだろう（Harrison *et al.*, 2014）．

満月よりも新月に接岸量が増加する傾向は，ニホンウナギだけでなく，ヨーロッパウナギやニュージーランドオオウナギ，ニュージーランドショートフィンウナギ *Anguilla australis schmidtii* などほかの温帯ウナギでもみられる（Jellyman and Lambert, 2003; Harrison *et al.*, 2014）．さらに，スラウェシ島で行われた熱帯ウナギの調査では，満月時にはほとんどシラスウナギの接岸がみられなかったことが報告されている（Sugeha *et al.*, 2001）．シラスウナギの来遊が満月によって阻害されたり，されなかったりするのはどうしてだろうか．詳しく見てみると，Tzeng（1985）は，沿岸のシラスウナギの採集量は新月の大潮時にのみ増加するのに対し，河川内では満月の大潮でも増加することを示している．これは，沿岸と河川でのシラスウナギの発育段階の違いや，濁りによる水中の光環境の違いがシラスウナギの行動に影響を与えている可能性を示唆している．実際，ヨーロッパウナギのシラスウナギを用いた飼育実験では，光に対する反応が発育段階によって異なり，色素段階が発達するほど光が強くても行動するようになることが報告されている（Bardonnet and Belon, 2005）．

シラスウナギの接岸には，変態のタイミング，沿岸水の状態，沿岸および河口域の潮汐や濁り，月齢など様々な要因が影響を与えている．これらの要因の組み合わせによって，それぞれの地点で独特な接岸生態がみられる．さらには，それぞれの要因が複雑に相互作用することで，同一地点においても年によってシラスウナギの接岸時期や接岸量が大きく変動することになる．シラスウナギの接岸と環境要因の相互作用を深く理解するためには，多くの地点で長期にわたるモニタリングを続けることが必要であろう．〔篠田　章〕

4.7 外　来　種

外来種とは，本来は生息しない地域に持ち込まれた生物である．意図して持ち込まれることもあれば，偶然に移動する場合もあるが，いずれにしても従来の生態系に深刻な影響を及ぼす危険がある．例えば，アフリカのヴィクトリア湖において，食資源の確保を目的として放流されたナイルパーチがカワスズメ科の固有種（シクリッド）を捕食して絶滅に追いやった例などがある．日本では，遊漁の対象として人気のあるオオクチバスとコクチバス（通称，ブラックバス）による生態系の攪乱が問題となっている．定着してしまうと完全な駆除は難しく，生態系を復元することはきわめて困難である．

水産重要種であるウナギは，輸入や放流が頻繁に行われてきた．本節では，まずウナギにおける外来種の定義について論じ，その後で日本国内における報告例と問題点について解説する．

4.7.1 ウナギにおける外来種の定義

在来種と外来種を区別するためには，その種が自然に分布する範囲，すなわち地理分布域を決める必要がある．河川で一生を送る魚類の場合，増水したときに近隣の河川に移ることはあっても，それほど長距離を移動することはない．したがって，それぞれの河川を調べていけば境界線を引くことが可能である．一方，外洋で産卵して陸水で成長するウナギの場合は状況が異なる．ニホンウナギ *A.*

japonica は，グアム島西方の海域で生まれ，黒潮で輸送されて台湾，韓国，中国，日本に接岸する（4.5 節参照）．ニホンウナギの分布域の南限はフィリピン北部とされている．実際に，既報のデータをまとめてルソン島北部のカガヤン川河口に接岸したシラスウナギの出現種を見てみると，6 万 3237 個体中の 60 個体がニホンウナギであった．また，フィリピン南部のミンダナオ島でも 4745 個体のうちの 2 個体はニホンウナギであった．単純に考えればフィリピンはニホンウナギの分布域であり，河川を隈なく調査すれば見つけられるかもしれない．しかしその数はごくわずかなものであり，偶発的な接岸はあるものの，ニホンウナギはフィリピンには分布しないと考える方が妥当である．

次に，日本に分布するウナギについて考えてみる．日本の沿岸に接岸するのは，ニホンウナギに加えてオオウナギ *A. marmorata* とタイヘイヨウバイカラウナギ *Anguilla bicolor pacifica* の計 3 種・亜種である．オオウナギは，九州から紀伊半島周辺にかけての太平洋沿岸の河川に生息する．一方，タイヘイヨウバイカラウナギの接岸が確認されたのは屋久島や種子島などきわめて限定された地点のみである．したがって，日本に生息するのはニホンウナギとオオウナギの 2 種とするのが妥当であるが，タイヘイヨウバイカラウナギもわずかながら接岸するため，外来種であるとは断定できない．

温帯と比べて生息する種数が多い東南アジアでは，各種の分布域がほとんどわかっていない．ニューギニア島で原記載されたニューギニアウナギ *A. interioris* は，フィリピン南部に加え，インド洋に面したジャワ島南部でも接岸が確認された．おそらく太平洋とインド洋には異なる集団が存在するものと予想される．しかしその実態は全く不明であり，熱帯に生息するウナギは分布の中心すら明らかとなっていないのが現状である．

亜種や遺伝的に分化した集団の存在も，分布域を考える上で問題となる．オオウナギは少なくとも 4 つの遺伝的に分化した集団からなる（2.3 節参照）．また，バイカラウナギ *A. bicolor* はインド洋と太平洋に遺伝的に分化した 2 亜種が存在し，それぞれインドヨウバイカラウナギ *Anguilla bicolor bicolor* およびタイヘイヨウバイカラウナギとして記載されている．厳密には，インドヨウバイカラウナギやオオウナギのインド洋集団は，太平洋では外来種とみなすべきである．一方，外洋で産卵するウナギの場合は陸水と比べると移動の障壁は限られているため，亜種間や集団間で遺伝的な交流が続いている可能性もある．したがって，それぞれの亜種や集団の分布域に境界線を引くことは困難である．

以上，外洋で産卵して海流によって広く分散し，偶発的に接岸した河川で成長するウナギでは，種の自然の分布域を明確に線引きすることが難しい．純淡水魚の場合のように，その地域においてどれが在来種で，どれが外来種かをはっきりとは定義できないことがおわかりいただけたであろう．

4.7.2　日本におけるウナギの外来種

日本には自然分布しないはずのウナギについて，各地で報告例がある．最も多いのはヨーロッパウナギ *A. anguilla* である．本種はアフリカ北部からヨーロッパ全域にかけて分布する．日本の河川で見つかった個体は，養鰻用の種苗として輸入され，それが養殖池から逃げ出したか，放流により河川に住み着いたものと考えられる．2000 年頃に島根県の宍道湖や新潟県の魚野川で報告されたほか（Zhang *et al*., 1999; Aoyama *et al*., 2000），男女群島周辺では産卵場に向けて回遊するニホンウナギの群れに混ざっていたこともある（Sasai *et al*., 2001）．また，愛知県の三河湾でも銀ウナギ期のヨーロッパウナギが確認されている（Okamura *et al*., 2002）．ヨーロッパウナギの資源が激減したこともあり，現在は放流されていないものと考えられるが，2015 年にも利根川の上流部で発見された（Arai *et al*., 2017）．これは全長 100 cm を超える大型の個体であり，過去に放流されたものが残っていたのであろう．ヨーロッパウナギ以外にはアメリカウナギ *A. rostrata* も確認されており，これらはいずれも中国で養殖されたものと考えられる．放流の際に在来種に限定する規則がないため，重量あたりの価格が安い種が選ばれたことが理由である．

ウナギの外来種を調査する上で問題となるのが，種同定である．形態的な特徴によるウナギの分類には，（1）皮膚の斑紋の有無，（2）背鰭始部の位置，（3）歯帯の太さが用いられるが，いずれも複数の種からなる 4 群に大別されるのみで種には同定できない（2.1 節参照）．ニホンウナギが属する分類群には，ヨーロッパウナギ，アメリカウナギ，ボルネオウナギ *A. borneensis*，モザンビークウナギ *Anguilla mossambica*，ニュージーランドオオウナギ *A. dieffenbachii* の計 6 種が含まれている（第 3 グループ；表 2.1）．すなわち，上述のヨーロッパウナギやアメリカウナギは形態ではニホンウナギとの違いを判別できず，遺伝子解析によって日本の水域での存在が判明したものである．したがって，報告のない地域においても少なからずヨーロッパウナギは放流されていた可能性がある．一方，環境省の委託事業として 2013 年と 2014 年に日本各地で採集したウナギを遺伝子解析により種判別したところ，先述した利根川上流の4個体を除いて全てニホンウナギであった．すなわち，過去には日本の河川には少なからずヨーロッパウナギが生息していたものの，現在はほとんどいないものと考えられる．

4.7.3 外来種が引き起こす問題

ウナギにおける外来種の最大の問題は，寄生虫や細菌などによる病気の発生である（5.3節参照）．ヨーロッパウナギでは，寄生性線虫トガリウキブクロセンチュウが引き起こす鰾線虫症が問題となっている．この線虫は鰾に寄生し，少数の場合は目立った症状は現れないが，多数になると内臓器官を圧迫して炎症を引き起こす（畑井・小川，2006）．もともと東アジアに分布するこの線虫は，1980年頃にドイツが台湾から輸入したニホンウナギとともに持ち込まれたと考えられている（Koops and Hartmann, 1989）．その後はヨーロッパのほぼ全域に急速に広がり，現在でも大きな問題となっている．一方，この線虫はニホンウナギにも寄生するが目立った症状は現れない．これは，トガリウキブクロセンチュウに対するヨーロッパウナギとニホンウナギの感受性の違いによるものである．この線虫と長年にわたって共存してきたニホンウナギの場合は，寄生されても過度の増殖を抑制する何らかの抵抗力をもっている．一方，近年になって寄生されたヨーロッパウナギは防御する手段をもたないため，重篤な症状を引き起こすことになる．逆に，真菌病であるデルモシスチジウム症が，日本がヨーロッパから輸入したシラスウナギによって持ち込まれた例もある（畑井・小川，2006）．これはさほど深刻な症状を生じないが，宿主であるウナギを輸入すれば必然的に寄生虫や病原菌が持ち込まれることを示している．

温帯に生息するウナギの資源が激減したことから，東南アジアに生息する熱帯種に注目が集まっている．特に，東南アジア一帯に分布するバイカラウナギ（通称：ビカーラ）は，インドネシアで養殖から加工まで行われて日本国内で流通している．東アジア各国の養鰻業でも，不足するニホンウナギを補うために熱帯種のシラスウナギが使われるようになってきた．こうした人為的なウナギの移動は今後さらに増加することが予想され，病原菌等が持ち込まれることが懸念される．外来種が天然水域に放流されて病原菌が蔓延すると，在来種の天然個体群に壊滅的な被害をもたらす危険がある．一度広まったら排除することはほぼ不可能であるため，人為的な放流の抑制に加えて，飼育施設からの散逸の防止にも細心の注意が必要である．〔吉永龍起〕

4.8 保全活動

わが国ではシラスウナギ来遊量の短期的変動ばかりが注目を集め，ニホンウナギ資源にかかる本質的な議論はほとんどなされてこなかった．ニホンウナギは 2013 年の環境省に続き，2014 年には国際自然保護連合（IUCN）により絶滅危惧IB 類と評価されている．こうした流れを受け，今，日本社会ではこれまであまり意識されてこなかったニホンウナギの「保全」という考え方のシーズが生み出されつつある．

4.8.1 ウナギの保全とは

近年，保全生物学，保全生態学，保全遺伝学など「保全」を冠した学問分野が大きな注目を集めている．これらから「保全」とは何かを読み解けば，「生態系を含む様々な環境の多様性を維持するとともに，環境と人間社会との持続的かつ良好な関係を築くための行為」ということになろう．はじめて保全生態学の観点からウナギを論じた海部（2016）は，ウナギを守ることの意味について「生態系サービス」と「存在価値」の 2 点をあげている．ここで「生態系サービス」とは人間が享受できる価値であり，「存在価値」とは倫理的に全ての生物に認められるものである．ウナギの生態系サービスには，食糧としての供給サービス，生態系構成員としての基盤サービス，さらには芸術の題材や信仰の対象などとなる文化的サービスが認められる（海部，2016）．わが国におけるこれまでのウナギ資源問題に対する行政やマスコミ，社会の反応を振り返れば，概ね水産資源（供給サービス）の保護・管理，すなわち蒲焼きを食べ続けるためという意識が主流であった．ウナギが危機的な減少を続ける今，われわれは改めてウナギの存在価値を見直す必要があろう．

4.8.2 ヨーロッパのウナギ保全事情

ウナギは古くから世界中で食され，それぞれの国や地域で保護・保全活動が行われてきた．ヨーロッパにおける国際的な組織である ICES/EIFAC ウナギ作業部会は，1998 年にデンマークで開催した会議において，ヨーロッパウナギの資源状態が生物学的許容範囲（safe biological limit）を超え，早急な対策が必要であることをいち早く指摘した（ICES, 2001）．2007 年にはヨーロッパウナギが絶滅危惧種に指定されるとともに，欧州委員会が加盟各国に対し，ウナギの管理・保全の単位となる水系の整理を行い，それぞれで漁業など人為的影響がないと仮定したときに産卵場へ向かうと想定される銀ウナギの量の 40% を確保するための保全計画の策定を指示した．そこでは，(1) 漁業や遊漁の規制，(2) 移植放流，(3) 生息環境の改善，(4) 銀ウナギの海域への移送放流，(5) 捕食者の除去，(6) 水力発電タービンの使用停止など，それまでにウナギ作業部会で議論・検討された手法が例としてあげられた (Dekker, 2009)．これを受けて加盟各国は，それぞれの水系に適した手法による計画を策定，委員会の承認を経て保護・保全活動を実施している．主に漁獲規制や遡上・降海の促進，未利用水域への移植放流などの手法がとられている (Feunteun and Robinet, 2014)．例えばダムや堰堤などの河川横断構造物にイールラダー（ウナギ用梯子）と呼ばれる簡易遡上路や機械式エレベーターを設置してシラスウナギや黄ウナギの上流への移動を促進する一方，海へ下る銀ウナギについては迂回路の整備や取水口への迷入防止，水力発電タービンの改良や一時停止などにより，生息場所の連続性を確保する努力が図られている．また未利用水域への移植放流は，加入が少なく生息密度の低い水系へウナギを移植するものだが，ウナギ個体群にはそれぞれ生息場所（水系）特有の生物・生態学的特性があり，人為的移植の影響や効果については議論の残るところである (Dekker, 2003)．しかしながら，ウナギの存在が漁業者や周辺の人々の関心を集めることによる流域の環境保全効果については概ね関係者一同が認めるところとなっている (Feunteun and Robinet, 2014)．いわゆるウナギの「存在価値」である．10 年近い努力が続けられた現在，ヨーロッパウナギの資源状態は徐々に好転しつつあるとみられている．

4.8.3 日本の現状

日本では長くウナギ資源の増大を目的として「放流」が行われてきた．ここでは養鰻業者から購入したウナギが用いられたため，全国各地の天然水系から日本には生息しないはずの外国産ウナギが多数報告され，1990 年代後半には大きな問題となった（4.7 節参照）．また放流個体がニホンウナギであっても，ヨーロッパの移植放流と同様の議論は残る．さらに日本では一定期間養殖池で育てた個体を放流するため，生物・生態学的な差異はますます顕著となる．こうしたウナギを天然水系へ放流することについては様々な危険性が指摘されている（海部，2016)．「放流」の是非については今なお議論があり，ヨーロッパのように関係者が共通の意義を見出すに至っていない.「放流」とは別に，ニホンウナギの絶滅危惧評価以降，わが国のウナギ保全にこれまでにはない動きが生まれている．政府がシラスウナギの池入量制限や内水面漁業振興法による養鰻業の届出制など新たな取り組みを始める一方，一部の県や漁業協同組合が銀ウナギ漁獲の自主規制やシラスウナギ採捕期間の短縮などを実施している．また，河川改修による環境悪化がウナギ資源減少要因の一つであることから，鹿児島県から岩手県に及ぶいくつかの河川の内水面漁業関係者が「石倉」の設置を試みている．これは河川内に石を積み上げげて金網で囲った工作物を作り，ウナギの住処を造成するとともに餌となる生物を増やそうというものである．さらに2009年に開始された有志によるシラスウナギのモニタリング調査「鰻川計画」（塚本，2012）は，シラスウナギの接岸時期のピークがこれまで考えられていた冬に限らず，初夏にまでずれ込むことを明らかにしている（Aoyama *et al.*, 2012）．それぞれのアプローチの最適化や有機的連携，また保全効果の具体的検証などは今後の大きな課題だが，多様な保全活動が動き出したこと自体は評価すべきであろう．

4.8.4 求められる意識改革

1980～1990年代にかけて台湾における対日養鰻事業が本格化するとともに，中国で養殖されたヨーロッパウナギが大量に日本に流れ込んだ．これにより，かつては専門店で頂く高級品だったウナギがスーパーに山積みとなり，わが国におけるウナギの消費形態は大きく変貌した（井田，2007）．一方，ニホンウナギの資源減少は1990年代から指摘され，一部の研究者や業界関係者による自主的な取り組みが行われてきた．わずか20年前には市場に溢れ返っていたのに，突然絶滅危惧種といわれて社会問題になる．にもかかわらず店先には相変わらず蒲焼きが並ぶウナギの有様に戸惑う消費者は少なくない（山本，2015）．この原因はウナギの保全に不可欠な情報共有が不十分であったことによる．ウナギを単なる食資源でなく，様々な生態系サービスにかかわる地球生態系の構成員と捉えれば，その保全にかかわるべき人や組織が一気に増大することは自明である．ウナギのような家畜化・家魚化されていない食資源動物，特に水産資源の多くについて同様のことがいえる．2015年にはウナギ業界関係者や研究者，行政のみならず生活協同組合や環境NGOなど幅広い参加者がそれぞれの立場から情報を発信，共有できる場を提供することを目的に「日本ウナギ会議」が発足している（海部，2016）．今後，こうした活動を通じて広く一般市民を含むウナギ保全活動が展開されれば，わが国における様々な生物のモデルケースとなるかもしれない．

〔青山　潤〕

文　　献

[4.1 節　漁具・漁法]

Hagihara, S., Aoyama, J. *et al.* (2018). Age and growth of migrating tropical eels, *Anguilla celebesensis* and *Anguilla marmorata*. *J. Fish Biol.*, **92** (5), 1526–1544.

日下部台次郎（1957）．広島県芦田川口の鰻じゆず釣漁法．水産資源，**3**，9–10.

黒木真理・塚本勝巳（2011）．旅するウナギ—1 億年の時空をこえて，東海大学出版会.

水産庁（2018）．ウナギをめぐる現状と対策について．http://www.jfa.maff.go.jp/j/saibai/unagi.html

中尾勘悟（2018）．有明海周辺のウナギ漁「上」有明海の現況とウナギの漁法．季刊 民俗学，**163**，63–84.

リチャード　シュヴァイド著, 梶山あゆみ訳（2005）．ウナギのふしぎ—驚き！世界の鰻食文化，日本経済出版社.

[4.2 節　資源管理]

European Council (2007). Council Regulation (EC) No 1100/2007 of 18 September 2007 establishing measures for the recovery of the stock of European eel. *Official J. European Union*, **L248/17**, 1–7.

Hakoyama, H., Fujimori, H. *et al.* (2016). Compilation of Japanese fisheries statistics for the Japanese eel, *Anguilla japonica*, since 1894: a historical dataset for stock assessment. *Ecol. Res.*, **31**, 153.

ICES (2018). Report of the Joint EIFAAC/ICES/GFCM Working Group on Eels (WGEEL), 3–10 Oct 2017, Kavala, Greece. ICES CM 2017/ACOM：15. pp. 99.

Kuroki, M., Righton, D. *et al.* (2014). The importance of Anguillids: a cultural and historical perspective introducing papers from the World Fisheries Congress. *Ecol. Freshwater Fish*, **23**, 2–6.

Tanaka, E. (2014). Stock assessment of Japanese eels using Japanese abundance indices. *Fish. Sci.*, **80**, 1129–1144.

Tsukamoto, K. and Kuroki, M. eds. (2013). *Eels and Humans*, pp.177, Springer.

水産庁（2018）．ウナギをめぐる現状と対策について．http://www.jfa.maff.go.jp/j/saibai/unagi.html

水産庁（2019）．ウナギをめぐる状況と対策について．http://www.jfa.maff.go.jp/j/saibai/attach/pdf/unagi-109.pdf.

[4.3 節　国際取引と国際規制]

CITES (2017). Illegal trade in *Anguilla anguilla*. Sixty-ninth meeting of the Standing Committee (SC69 Doc. 47.2).　https://cites.org/sites/default/files/eng/com/sc/69/E-SC69-47-02.pdf

Crook, V. (2014). *Slipping away: International* Anguilla *eel trade and the role of the Philippines*, TRAFFIC and ZSL.

Crook, V. and Nakamura, M. (2013). Glass eels：Assessing supply chain and market impacts of a CITES listing on *Anguilla* species. *TRAFFIC Bulletin*, **25** (1), 24–30.

FAO（2017）. Global river eel trade. 1976-2015. *Fishery Commodities and Trade*: http://www.fao.org/fishery/statistics/global-commodities-production/en（2018 年 2 月閲覧）

Shiraishi, H. and Crook, V.（2015）. *Eel market dynamics : An analysis of* Anguilla *production, trade and consumption in East Asia*. TRAFFIC.

Vandamme, S. G., Griffiths, A. M. *et al.*（2016）. Sushi barcoding in the UK：another kettle of fish. *PeerJ*, 4, e1891. DOI:10.7717/peerj.1891

白石広美（2016）．ウナギの保全管理における課題—密漁と違法取引．ワイルドライフ・フォーラム，**21**，10-12.

［4.4 節 シラスウナギの資源変動］

Aoyama, J., Shinoda, A. *et al.*（2012）. Late arrival of *Anguilla japonica* glass eels at the Sagami River estuary in two recent consecutive year classes: ecology and socio-economic impacts. *Fish. Sci.*, **78**, 1195-1204.

Bornarel, V., Lambert, P. *et al.*（2018）. Modelling the recruitment of European eel（*Anguilla anguilla*）throughout its European range. *ICES J. Mar. Sci.*, **75**, 541-552.

Drouineau, H., Briand, C. *et al.*（2016）. GEREM（Glass Eel Recruitment Estimation Model）：A model to estimate glass eel recruitment at different spatial scales. *Fish. Res.*, **174**, 68-80.

神頭一郎（2015）．中国におけるニホンウナギの養殖生産量に関する代替データを用いた間接的推定．水産海洋研究，**79**，61-66.

岸田 達・神頭一郎（2013）．我が国におけるシラスウナギ漁獲量再考．水産海洋研究，**77**，164-166.

［4.5 節 輸送メカニズム］

Friedland, K. D., Miller, M. J. *et al.*（2007）. Oceanic changes in the Sargasso Sea and declines in recruitment of the European eel. *ICES J. Mar. Sci.*, **64**, 519-530.

Kim, H., Kimura, S. *et al.*（2007）. Effect of El Niño on migration and larval transport of the Japanese eel（*Anguilla japonica*）. *ICES J. Mar. Sci.*, **64**, 1387-1395.

Kimura, S. and Tsukamoto, K.（2006）. The salinity front in the North Equatorial Current: A landmark for the spawning migration of the Japanese eel（*Anguilla japonica*）related to the stock recruitment. *Deep Sea Res. II*, **53**, 315-325.

Kimura, S., Döös, K. *et al.*（1999）. Numerical simulation to resolve the downstream migration of the Japanese eel. *Mar. Ecol. Prog. Ser.*, **186**, 303-306.

Kimura, S., Inoue, T. *et al.*（2001）. Fluctuation in distribution of low-salinity water in the North Equatorial Current and its effect on the larval transport of the Japanese eel. *Fish. Oceanogr.*, **10**, 51-60.

Kimura, S., Tsukamoto, K. *et al.*（1994）. A model for the larval migration of the Japanese eel：roles of the trade winds and salinity front. *Mar. Biol.*, **119**, 185-190.

Kleckner, R. C. and McCleave, J. D.（1988）. The northern limit of spawning by Atlantic eels（*Anguilla* spp）in the Sargasso Sea in relation to thermal fronts and surface-water masses. *J. Mar. Res.*, **46**, 647-667.

Knights, B.（2003）. A review of the possible impacts of long-term oceanic and climate changes and fishing mortality on recruitment of anguillid eels of the Northern Hemisphere. *Sci. Total Environ.*, **310**, 237-244.

Miller, M. J., Bonhommeau, S. *et al.*（2015）. A century of research on the larval distributions of the Atlantic eels：a re-examination of the data. *Biol. Rev. Comb. Philos. Soc.*, **90**, 1035-1064.

Miyazaki, S., Kim, H. *et al.*(2011). Stable isotope analysis of two species of anguilliform leptocephali (*Anguilla japonica* and *Ariosoma major*) relative to their feeding depth in the North Equatorial Current region. *Mar. Biol.*, **158**, 2555-2564.

Onda, H., Miller, M. J. *et al.*(2017). Vertical distribution and assemblage structure of leptocephali in the North Equatorial Current region of the western Pacific. *Mar. Ecol. Prog. Ser.*, **575**, 119-136.

Zenimoto, K., Kitagawa, T. *et al.*(2009). The effects of seasonal and interannual variability of oceanic structure in the western Pacific North Equatorial Current on larval transport of the Japanese eel (*Anguilla japonica*). *J. Fish Biol.*, **74**, 1878-1890.

[4.6 節　接岸生態]

Aoyama, J., Shinoda, A. *et al.*(2012). Late arrival of the Japanese glass eel *Anguilla japonica* at the Sagami River estuary in recent consecutive two-year classes: ecology and socio-economic impacts. *Fish. Sci.*, **78**, 1195-1204.

Bardonnet, A., Bolliet, V. *et al.*(2005). Recruitment abundance estimation: role of glass eel (*Anguilla anguilla* L.) responset to light. *J. Exp. Mar. Biol. Ecol.*, **321**, 181-190.

Fukuda, N., Aoyama, J. *et al.*(2016). Periodicities of inshore migration and selective tidal stream transport of glass eels, *Anguilla japonica*, in Hamana Lake, Japan. *Environ. Biol. Fishes*, **99**, 309-323.

Guo, H., Zhang, X. *et al.*(2017). Effects of environmental variables on recruitment of *Anguilla japonica* glass eels in the Yangtze Estuary, China. *Fish. Sci.*, **83**, 333-341.

Han, Y. S.(2011). Temperature-dependent recruitment delay of the Japanese glass eel *Anguilla japonica* in East Asia. *Mar. Biol.*, **158**, 2349-2358.

Harrison, A. J., Walker, A. M. *et al.*(2014). A review of glass eel migratory behaviour, sampling techniques and abundance estimates in estuaries：implications for assessing recruitment, local production and exploitation. *Rev. Fish Biol. Fish.*, **24**, 967-983.

Hwang, S. D., Lee, T. W. *et al.*(2014). Environmental factors affecting the daily catch levels of *Anguilla japonica* glass eels in the Geum River estuary, South Korea. *J. Coast. Res.*, **30**, 954-960.

Jellyman, D. J. and Lambert, P. W.(2003). Factors affecting recruitment of glass eels into the Grey River, New Zealand. *J. Fish Biol.*, **63**, 1067-1079.

Okamura, A., Yamada, Y. *et al.*(2012). Effect of starvation, body size, and temperature on the onset of metamorphosis in Japanese eel (*Anguilla japonica*). *Can. J. Zool.*, **90**, 1378-1385.

Shinoda, A., Aoyama, J. *et al.*(2011). Evaluation of the larval distribution and migration of the Japanese eel in the western North Pacific. *Rev. Fish Biol. Fish.*, **21**, 591-611.

Sugeha, H., Arai, T. *et al.*(2001). Inshore migration of the tropical eels *Anguilla* spp. recruiting to the Poigar River estuary on North Sulawesi Island. *Mar. Ecol. Prog. Ser.*, **221**, 233-243.

Tsukamoto, K.(1990). Recruitment mechanism of the eel, *Anguilla japonica*, to the Japanese coast. *J. Fish Biol.*, **36**, 659-671.

Tsukamoto, K., Yamada, Y. *et al.*(2009). Positive buoyancy in eel leptocephali：an adaptation for life in the ocean surface layer. *Mar. Biol.*, **156**, 835-846.

Tzeng, W. N.(1985). Immigration timing and activity rhythms of the Eel, *Anguilla japonica*, elvers in the estuary of Northern Taiwan, with emphasis on environmental influences. *Bull. Jpn. Soc. Fish. Oceanogr.*, **47**, 11-27.

[4.7 節 外来種]

Aoyama, J., Watanabe, S. *et al.*(2000). The European eel, *Anguilla anguilla* (L.), in Japanese waters. *Dana*, **12**, 1-5.

Arai, K., Itakura, H. *et al.*(2017). Discovering the dominance of the non-native European eel in the upper reaches of the Tone River system, Japan. *Fish. Sci.*, **83**, 735-742.

Koops, H. and Hartmann, F.(1989). *Anguillicola* infestations in Germany and German eel imports. *J. Appl. Ichthyol.*, **1**, 41-45.

Okamura, A., Yamada, Y. *et al.*(2002). Exotic silver eels *Anguilla anguilla* in Japanese waters: seaward migration and environmental factors. *Aquat. Living Resour.*, **15**, 335-341.

Sasai, S., Aoyama, J. *et al.*(2001). Occurrence of migrating silver eels *Anguilla japonica* in the East China Sea. *Mar. Ecol. Prog. Ser.*, **212**, 305-310.

Zhang, H., Mikawa, N. *et al.*(1999). Foreign eel species in the natural waters of Japan detected by polymerase chain reaction of mitochondrial cytochrome *b* region. *Fish. Sci.* **65**, 684-686.

畑井喜司雄・小川和夫監修（2006). 新魚病図鑑，緑書房.

[4.8 節 保全活動]

Aoyama, J., Shinoda, A. *et al.*(2012). Late arrival of *Anguilla japonica* glass eels at the Sagami River estuary in two recent consecutive year classes: ecology and socio-economic impacts. *Fish. Sci.*, **78**, 1195-1204.

Dekker, W.(2003). *Eel Biology* (Aida, K., Tsukamoto, K. *et al.* eds.), pp. 237-254, Springer.

Dekker, W.(2009). *Eels at the Edge: Science, Status, and Conservation Concerns* (Casselman, J. M. and Cairns, D. K. eds.), pp. 3-19, American Fisheries Society.

Feunteun, E. and Robinet, T.(2014). Eels and Humans (Tsukamoto, K. and Kuroki, M. eds.), pp. 75-89, Springer.

ICES (2001). Report of the ICES/EIFAC Working group on Eels. *ICES C. M.*, 2002/ACFM:03.

井田徹治（2007). ウナギ—地球環境を語る魚，岩波新書.

海部健三（2016). ウナギの保全生態学，共立出版.

塚本勝巳（2012). ウナギ大回遊の謎，PHP サイエンスワールド新書.

山本智之（2015). 海洋大異変—日本の魚食文化に迫る危機，朝日新聞出版社.

5
養鰻と種苗生産

5.1　養鰻業の歴史と現状

養鰻業は明治時代のはじめに東京で始まり，間もなく東海地方に拡がった．その後，種苗や餌，飼育法の変化に伴い，主要な産地は変遷し，現在では温暖な南九州における生産量が多くなっている．本節では養鰻業の歴史と現状について概説する．

5.1.1　養鰻業の変遷

ウナギの養殖は1879年に服部倉次郎が東京深川の養魚池で始めたのが最初とされている（松井, 1972）．当時の養殖法は体重20g程度の種鰻（天然のクロコ）を広大な養魚池に放養し，数年後に食用サイズに育ったものを取り上げるきわめて粗放的なものであった．その後，静岡，愛知，三重など東海地方で多くの養鰻池が作られ，養殖法も養蚕業の副産物である蛹を餌とする集約的な方法に改善されたことから，種鰻が不足するようになった．

大正時代（1912〜1926）には種鰻不足対策として，それまで飼育が不可能であった，河川や沿岸に来遊する全長5〜6cm，体重0.2g弱のシラスウナギを養成する試験が愛知県の淡水養殖試験場で始まり，1920年代にはシラスウナギからの養殖が可能となった（松井, 1972）．また，大正時代に公布された「開墾助成法」や「公有水面埋立法」により養鰻池が増加するとともに，生産性の低い水田が養鰻池に転換されたことから，1930年頃には養殖ウナギは天然の生産量を上回るまでになった．

昭和初期（1930年代頃）には養鰻池の増加に伴って，浜名湖沿岸地域ではシラスウナギの不足が問題となり，近隣の伊勢，三河地方だけでなく，千葉，茨城，福島，山陽，四国，九州など日本全国，さらに朝鮮，中国からもシラスウナギを移入するようになった．1934 年には静岡県水産試験場浜名湖分場が設立され，シラスウナギの養成試験に本格的に取り組み，養成技術が一層高まったことにより，シラスウナギから養中（10～50 g 前後）まで育てて原料ウナギとして出荷する養殖業者と養中から養太（成品サイズ）まで育てる養殖業者が現れ，分業システムが形成されるようになった．また，飼料に関して，シラスウナギの餌付けにはエビ，雑魚，魚のアラ，貝類などを使用し，徐々に蛹と鮮魚に切り替えていく方法が行われていた.生蛹は鮮度保持が困難で遠距離の輸送ができなかったため，飼料の使用量の増加とともに供給量が不足するようになり，乾燥蛹や生イワシを混合した飼料が使われるようになっていった.

第二次世界大戦が始まると，食料欠乏が深刻となり，生活必需物資令による鮮魚介類配給統制規則の実施で養鰻用餌料が入手できなくなったために，養殖池は水田や蓮田に転換され養鰻業は一時衰退した．終戦後，ウナギは雑魚として扱われ統制経済の枠外に置かれたため,食糧難時代のタンパク源として需要が高まり，価格は上昇したが，餌料は統制品となっていたために闇取引が横行し，闇で餌料を調達できた一部の業者だけが養鰻業を再開することができた．1949 年には水産業協同組合法が施行され，かつての養鰻地帯に養鰻組合が作られ，漁業基金制度施行による養殖業復興資金の融資が可能となったため，養鰻業の復興が本格的に始まった（増井，2013).

この頃から普及した養鰻池に酸素を補給する電動水車は，溶存酸素不足によるウナギの鼻上げを防ぎ，養殖密度を高めた．また，養鰻用餌料は養蚕業の衰退によって蛹から鮮魚中心に移行していたが，鮮魚は腐敗しやすいため冷凍魚（イワシ，サンマ，ホッケ，サバ，アジ，イカナゴ，カツオ・マグロのアラなど）の利用が増加していった．しかし，鮮魚や冷凍魚は品質が不安定で水質変化を引き起こしやすい問題もあったために配合飼料の開発が進められ，1965 年頃から実用化されるようになった（増井,2013)．配合飼料は生餌に比べて水管理が容易で，給餌の労力が大いに省力化され，ウナギの餌付き，成長もよかったことから急速に普及した．このような背景のもと養鰻業は急激な復興を遂げ，1970 年頃には生産量は 2 万 t に達した（図 5.1)．その一方で，配合飼料は過剰投与に陥りやすく，過密養殖に繋がるデメリットもあった．養殖密度を高めたことからシラスウナギの需要が高まり，種苗費と餌料費が生産コストを上昇させ，ウナギ養殖の経営に大きな影響を及ぼした．シラスウナギ不足への対策として，外国から種苗を輸入することが試みられ，1964 年には台湾，韓国，中国からニホンウナギのシ

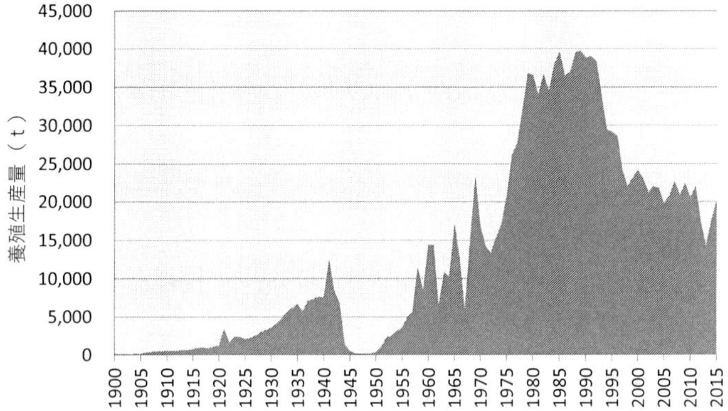

図 5.1　わが国におけるウナギ養殖生産量の推移（農商務省統計，農林省統計表，農林水産省統計表，農林水産省 漁業・養殖業生産統計年報より作図）

ラスが，1969 年にはフランスからヨーロッパウナギのシラスが輸入された（松井ほか，1997）．ヨーロッパウナギのシラスの輸入はその後も続けられたが，夏季の高水温時に発生する「狂奔症」という大量斃死を引き起こす病気を克服できなかったことから，国内での養殖は軌道に乗らなかった（中田，2008）．

またこの頃には，えら腎炎と呼ばれる病気が全国的に発生し，生産量が大幅に減少した（5.2 節参照）．ビニールハウスによる野菜園芸が盛んであった高知県で始められた加温式ハウスを利用したウナギ養殖は，一年中飼育でき，病気の発生が少なく，生残率や生育速度も高く，小面積で大量のウナギが生産できたので，その後広く普及した（増井，2013）．1972 年には大隅地区養まん漁業協同組合が設立され，シラスの採捕から養殖，加工まで一貫した体制が整備され，今日に至るまで一大産地となっている．このような状況のもと，国内の養鰻業は大きな発展を示し，1980 年代後半には生産量は 4 万 t に迫るまで増大した（図 5.1）．

一方，1980 年代には温暖な気候の台湾，1990 年代以降は広大な土地と豊富な水，安価な労働力の中国において低コストでのウナギ養殖生産が飛躍的に増加した（増井，2013）．ニホンウナギのシラスだけでは間に合わなくなったため，中国では独自の低水温養殖技術を開発して，フランスなどからヨーロッパウナギのシラスを大量に輸入して生産を拡大し，後にワシントン条約による国際取引の規制に繋がることとなった（増井，2013）．安価な加工品の輸入が増加し，ピークの 2000 年には 13 万 t（国内生産量と合わせた供給量は 16 万 t）に達したため国内生産は減少したが，その後も安全・安心な国産ウナギは根強い人気を保っており，生産量は2010年頃まで2万t強を維持してきた.

ところが，シラスウナギの採捕量は2010～2013年の4年間は国内で10tに満たない極端な不漁となり，東アジア全体の池入量も4年連続で40tを下回る状況となった．そのためニホンウナギは2013年には環境省のレッドリストに絶滅危惧IB類として，また，2014年には国際自然保護連合（IUCN）のレッドリストにも絶滅危惧IB類として掲載された.

このような状況のもと，今後ともニホンウナギを持続的に利用していくためには国内外での資源管理対策が必要であり，水産庁は台湾，中国，韓国と協議を重ね，2014年には養殖池に導入する稚魚の数量を前年度の水準より20%削減することを申し合わせた．しかしながら2015年以降，各国の池入量は申し合わせた上限値に到達した例はなく，シラスウナギの採捕量が養殖生産量を制限する要因となっている．ニホンウナギシラスの不足，ヨーロッパウナギシラスの取引制限の状況下，東アジア各国ではフィリピンやインドネシアからバイカラウナギ（通称：ビカーラ種），北中米からアメリカウナギのシラスウナギなどを養殖用種苗として導入する動きもあるが，資源状況を考慮した慎重な対応が必要であろう．また，わが国ではニホンウナギの人工種苗生産技術も開発されているが，低コストでの大量生産が実現していないために実用化に繋がっておらず，今後の進展が期待されている.

5.1.2 養鰻業の現状

現在の養鰻池は，台湾や中国南部では広大な露地池が主流であるが，日本国内ではビニールハウスに覆われた面積100～400 m^2，水深50～100 cm程度の池での加温養殖が中心である(図5.2)．冬季はボイラーを用いて加温することにより，水温は28～30℃程度に保たれ，水質についてはpH，亜硝酸，アンモニア濃度等に注意が払われている．最近の大規模な養鰻場では各水槽の水温，注排水などを制御室で一括管理できるシステムが導入されており，ウナギの選別や出荷も可能な限り機械化・自動化が進められて，省力化が非常に進んでいる．また近年は，循環ろ過システムを備えたタンク式の養鰻施設も導入され始めている．このようなシステムは熱量の損失が少ないので，寒冷な気候の韓国やヨーロッパでは有利な方式であると考えられる.

現在の養殖方法は，12月～翌年1月頃にシラスを池入れし，6~9月頃にかけて商品として出荷する「単年養殖」と，2～4月頃にシラスを池入れし，10月～

図 5.2　ビニールハウスで覆われたウナギの加温養殖池

翌年7月頃に出荷する「周年養殖」に分けられる．愛知県一色町が単年養殖の主要な産地であり，かつては愛知県が養鰻生産量日本一を誇っていたが，現在の県別生産量では鹿児島，愛知，宮崎，静岡の順となっている．また近年新たに取り入れられている養殖形態として，「低温養殖」と呼ばれる方法がある．ビニールハウスの養殖池ながら基本的に加温せず，冬場の水温は20～21℃前後まで落とし，飼料へのフィードオイルの添加量を抑え，養殖密度は通常の半分以下として，2年近くかけてじっくりと成長させる養殖方式である．徳島，鹿児島に続き高知，熊本などでも，この方式の導入が増えてきている．

養鰻用飼料のうち，シラスウナギの餌付けにはかつてイトミミズが使われていたが，パラコロ病が出やすい傾向があったことから，現在ではイトミミズ代替飼料として開発された生イカ，オキアミを中心に各種ビタミン，ミネラル，嗜好性物質などを配合したペースト状の人工初期飼料が主流となっている．餌付け後はシラス用，クロコ用，稚魚用，成魚用として若干成分の異なる粉末の配合飼料が用いられている．成分はタンパク源として魚粉が75%前後配合されており，ウナギ飼料特有の粘着性を保つためのアルファ澱粉が20%前後，その他各種ビタミン，ミネラル，嗜好性物質などが配合されている．粉末飼料は給餌直前に水とフィードオイルを加えて専用の機械で練り上げて，餅状になったものを給餌する．水分添加量はウナギの大きさによって加減して飼料の130～160%程度，フィードオイル添加量は水温やウナギの大きさにより3～10%程度の範囲で調整される．また近年は，浮上性のあるウナギ用のエクストルーダーペレットも開発されており，自動給餌器の利用による給餌の省力化も進んでいる．　**〔田中秀樹〕**

5.2 疾病と対策

ウナギ養殖ではこれまで様々な疾病の流行があり，その変遷は養殖技術の発展の歴史の中に見ることができる．特に，ハウス加温養殖の確立により，流行する疾病は様変わりしている．ここでは露地池養殖時代の疾病の変遷と，現在のハウス加温養殖で問題となっている主な疾病について記述する．

5.2.1 露地池養殖時代の疾病の変遷

露地池養殖での最初の脅威は，イカリムシ（*Lernaea cyprinacea*）の口腔内寄生である．本虫は甲殻類のイカリムシ科に属し，雌の成虫が寄生する．寄生を受けたウナギは口の開閉が妨げられ，摂餌不良により衰弱して死に至る．この対策として，海水浴が当時試みられていたが，後に有機リン系殺虫剤が開発されたことにより駆除法が確立している．また，露地池養殖では，「アオコ」と呼ばれるラン藻を主とした植物プランクトンの大量発生が，ウナギの酸欠死を引き起こしていた．この酸欠死は電動水車を導入し池水へ酸素を供給することで解決した．

池水中の酸素量が増えると，ウナギの収容密度も増加した．それと同時に，露地池でぽろぽろと死んでいた「ボロ」の増加を招いた．「ボロ」は単独の疾病ではなく，その病魚からは鰭赤病の原因菌である *Aeromonas hydrophila* およびパラコロ病の *Edwardsiella tarda* の2種の細菌とミズカビ病の *Saprolegnia parasitica* が検出された（若林，2002）．これらの疾病は流行する時期が異なり，鰭赤病とミズカビ病は越冬明けの春先から初夏に，パラコロ病は盛夏に発生していた．

1966年，配合飼料の普及と同時期に，静岡県吉田町でカラムナリス病が発生した（江草，1967）．本病は *Flavobacterium columnare* による細菌性疾病で，病魚は貧血し体色が褪め，トラ縞模様となる．鰓弁が欠損する「鰓ぐされ」と，尾柄部の筋肉が崩壊し筋肉が露出する「尾ぐされ」がある．発生後数年間，夏に猛威を振るったが，病勢は時を経て沈静化していった．

1969年には，冬眠中のウナギが底泥表面に出て大量に死んでいるのが発見された．吉田町で発生した本病は，静岡県下にとどまらず愛知県や三重県でも発生し，甚大な被害をもたらした．本病は鰓薄板の上皮細胞の肥厚・癒着および腎臓尿細管の硝子滴変性がみられることから「えら腎炎」と呼ばれた（江草，

1970). また,血液中の塩素イオン濃度がきわめて低いという特徴をもっている. 当時, シラスウナギの輸入に伴う病原体の侵入が疑われ, 種々検討されていた. その中で3種のウイルスが分離されたが, これら分離ウイルスでは「えら腎炎」を再現することはできなかった.

このような中, 本病は高水温で周年飼育し, 冬眠を避けることができるハウス加温養殖の普及に伴い, 原因不明のまま終息した. ハウス加温養殖の導入は, えら腎炎のみならず春先の低水温期に発生していた鰭赤病やミズカビ病を過去のものと消し去った. 同様に, 1980年代, 秋から春にかけての低水温期に流行した頭部潰瘍症（非定型 *Aeromonas salmonicida*）も消えていった. また, ほかの水中細菌との競合に弱い *F. columnare* によるカラムナリス病は, 微生物による水作りをするハウス加温養殖では,脅威の少ない疾病となっている. その一方で,夏季に発生していたパラコロ病が周年を通して発生するようになり, 被害の大きな疾病の一つとなっている. また, ハウス加温養殖では養殖技術の確立までの過渡期に, しばしば水質の急変により大きな被害を出している. 中でも, 池水中の亜硝酸濃度の上昇によるメトヘモグロビン血症は, たびたび大量死を招いた.

そのほか, 高水温を好み流行が危惧された *Heterosporis anguillarum* によるべこ病は, 現在のハウス加温養殖では問題となっていない. なお, 種苗輸入に伴いわが国への侵入を疑われた *Pseudomonas anguilliseptica* による赤点病や *Dermocystidium anguillae* によるデルモシスチジウム症等は, 特定の地域での流行はあったものの, わが国の養殖場に定着することはなかった.

5.2.2 ハウス加温養殖でみられる疾病

a. ウイルス性血管内皮壊死症（鰓うっ血症）

1985年頃から静岡県下でみられた本病は, 年を追うごとにその発生例が増加し, ウナギ養殖で最も被害の大きな疾病となっている. ハウス加温養殖以降に顕在化した疾病で, もともとあったものかどうかは明らかではない. 当初, 鰓弁の中心静脈洞の強度なうっ血と拡張を特徴とすることから, 本病は「鰓うっ血症」と呼ばれていた（図5.3). その後, 全身的な血管内皮細胞の壊死を特徴とし, 電顕観察により変性した血管内皮細胞の核内にウイルス粒子が確認されたことから, 本病はウイルス性血管内皮壊死症と名付けられた（井上ほか, 1994). 病魚は鰓弁中心静脈洞のうっ血のほか, 胸鰭や鰓孔部等が発赤し, 解剖すると腹腔内に腹水や出血が観察される. 病理組織学的には, 鰓弁の中心静脈洞の拡張, 肝臓

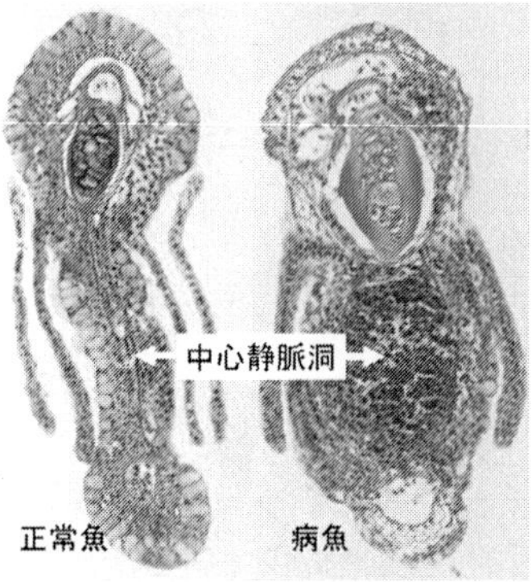

図 5.3 鰓弁の病理組織
病魚の中心静脈洞が拡張し血液が充満.

の実質組織内出血や内皮細胞の変性を伴う血管の崩壊，腎臓の造血組織内出血と糸球体や血管の内皮細胞の変性が観察された.

原因ウイルスはウナギ由来の血管内皮細胞により培養可能で，DNA 合成阻害剤により増殖を阻害され，クロロホルムおよび酸（pH 3）に耐性を示す．血管内皮細胞の核内に観察されるウイルスは直径 70〜80 nm の正六角形でアンテナ様突起をもつことから，アデノ様ウイルスと考えられた（小野ほか, 2007）．しかし，遺伝子解析から，本ウイルスはポリオーマウイルスにやや相同性のある遺伝子断片をもつものの，新しいウイルスファミリーを構成する可能性があると考えられている（Mizutani *et al.*, 2011）.

有効な治療薬のない本病では，シラスウナギを池入れする前の池の消毒，その後の外部からの原因ウイルスの侵入防止等により，疾病の発生を未然に防ぐことが重要である．発病魚については，餌止めや飼育水温の 35℃ への昇温で死亡率が低減されることが報告されている（田中ほか，2008）．この方法で発病群を処置した場合，発病時に罹患しているウナギは一部であることから，処置後に再発することがある．なお，発病魚群は回復した後も健康保菌魚となることから，出荷までの期間隔離飼育が必要である.

b. パラコロ病

本病は *E. tarda* による細菌感染症で，本菌が当初 *Paracolobactrum anguillimortiferum* と呼ばれていたことが，病名の由来となっている．現在のハウス加温養殖では，シラスウナギから成魚までサイズを問わず周年発生している.

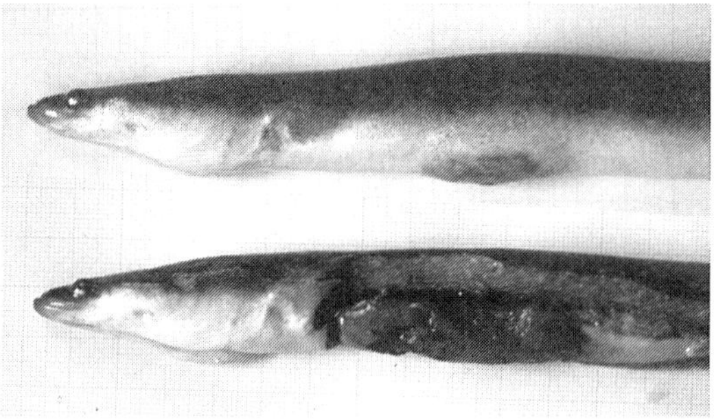

図 5.4 肝臓に患部をもつパラコロ病の病魚
上；外観，下；肝臓にみられる潰瘍.

病死魚は悪臭が強く，外部症状は鰭や腹部の発赤，肛門の拡大突出およびその周辺の発赤腫脹がみられる．腎臓後部あるいは肝臓に潰瘍や膿瘍病巣が形成される．病状が進行すると，潰瘍周辺の組織が崩壊し，体表に孔が開くこともある（図5.4）．原因菌の *E. tarda* はグラム陰性の周毛性短桿菌で，腸内細菌科に属し，発育温度は 15～42℃，発育適温は 31℃，発育可能 pH は 5.9～9.0 である．SS 寒天培地では硫化鉄により中心部が黒色で周辺部が透明な特徴あるコロニーを形成する．

シラスウナギに発生する本病は，成魚より死亡率が高く脅威であった．しかし，飼料がイトミミズから人工初期餌料に変わると，キソリン酸や塩酸オキシテトラサイクリン等の医薬品の経口投与が可能となり治療が容易になった．また，理由は明らかにされていないが，人工初期餌料の普及は，シラスウナギに発生する本病の発生頻度や死亡率を減少させ，本病を脅威のない疾病とした．なお，治療にあたっては，薬剤耐性菌が出現することから，適切な水産用医薬品を正しく使用することが必要である．

c. シュードダクチロギルス症

シュードダクチロギルスは扁形動物の単生類に属する．体長 1～2 mm で，前方に 4 個の眼点があり，後端の錨鉤により鰓に固着，それを起点に体を前後左右に動かす．本虫は卵生で，産み出された卵は水底で孵化し，オンコミラキジウムと呼ばれる仔虫となる．仔虫はウナギの口から侵入して鰓に到達する．ウナギには *Pseudodactylogyrus bini*，*Pseudodactylogyrus anguillae* および *Pseudodactylogyrus kamegaii* の 3 種類が寄生し（Iwashita *et al.*, 2002），養殖では前 2 者が問題となる．*P. bini* は *P. anguillae* より大型であるが，錨鉤は小さい（図 5.5）．

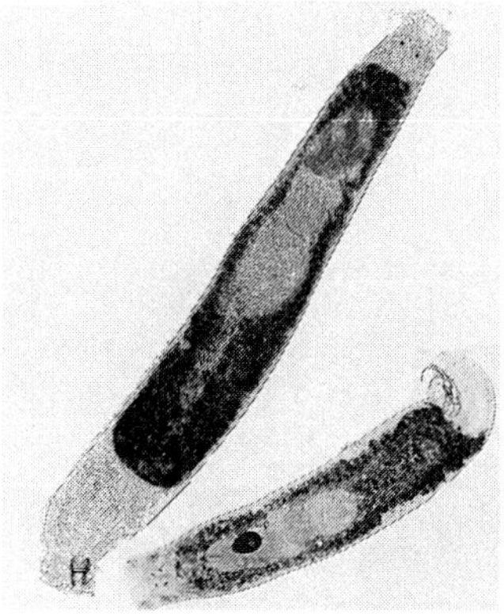

図 5.5 シュードダクチロギルス
左上；*P. bini*，右下；*P. anguillae*

錨鉤により前者は鰓弁基部に，後者は鰓表面に固着し，成虫となる．両者は同時に寄生していることが多く，少数では影響はみられないが，大量に寄生すると，成魚では摂餌不良となり，シラスウナギでは死ぬこともある．

本病に対する治療法としては，35℃，5 日間の昇温処理が有効である（田中ほか，2009）．また，シラスウナギに発生する本病は，池に残存する本虫の卵が感染源となることから，飼育開始前に池を十分に消毒・乾燥させて卵を死滅させる，または，卵の孵化を促し，孵化後 5～6 時間以内に寄生が必要な仔虫を死滅させることが重要である．

d. その他の疾病

養殖ウナギにはほかに，「板状《いたじょう》」や「骨曲がり」など，被害は大きいが原因不明の疾病が存在する．前者は外観や臓器に異常は認められず，鰓薄板内に血液が板状に貯留するのが特徴で，鰓薄板の支柱細胞の退行変性と支柱細胞および基底膜の硝子変性がみられる（江草，1993）．支柱細胞を冒すウイルスが原因として疑われているが確証はない．後者は死ぬことはないが，脊椎骨の変形から商品価値が低下する．変形は椎体の垂直方向への脱臼と台形変形，そして骨折・癒合により脊柱が落ちくぼんだ結果とし（江草，1991），胴部が凸湾する「背曲がり」と尾部が上湾する「尾曲がり」がある．

ハウス加温養殖の確立は，季節性をなくしたことで発生する疾病を限定し，また，水温等の飼育環境制御技術が疾病対策に活かされつつある．他魚種に先行し

ている飼育環境制御技術を，医薬品に頼らない疾病対策として，さらに進めていくことが重要と考える．　〔田中　眞〕

5.3　天然ウナギ資源と感染症

ニホンウナギと同様，ヨーロッパウナギとアメリカウナギの個体群も大きく減少している．感染症や寄生虫病もその要因の一つと考えられている．

5.3.1　ヨーロッパウナギ

1969年初春にヨーロッパウナギ種苗が日本養鰻漁業協同組合連合会によってわが国に大量に輸入され，各地の養鰻場に導入された．1974年には輸入量は200 t あまりに達したが，導入されたヨーロッパウナギは鰾に寄生する線虫 *Anguillicola crassus*（ウナギ鰾線虫）と鰓に寄生する単生類寄生虫 *P. bini*，*P. anguillae* に対する抵抗性が低かった．これらの寄生虫はニホンウナギを自然宿主としており，ニホンウナギへの病原性は低いが，ヨーロッパウナギへの病原性は高かったことが日本においてヨーロッパウナギ養殖が定着しなかった一因となった．一方，1980年代に東アジアからヨーロッパへニホンウナギが輸出された際，3種の寄生虫はヨーロッパに侵入し，当地の養殖ウナギや天然ウナギに蔓延した．

A. crassus は1980年前後にドイツではじめて確認された後，主としてウナギの人為的移動によってほぼ10年でヨーロッパのほとんどの国に分布を拡大し，養殖場のウナギに大量死を引き起こすとともに，天然河川にも広がった（図5.6）．ハンガリーの自然湖やチェコの貯水池などでは，天然ウナギの大量死も引き起こした．本虫は，動物プランクトンであるコペポーダを中間宿主（体内で寄生虫の発達が進む）としており，中間宿主がウナギに食べられると鰾に移動し，そこで2回の脱皮を経て成虫になり産卵する．ニホンウナギに寄生した場合，幼虫の多くは死亡するのに対し，ヨーロッパウナギでは大半が生き延びて成虫になる．寄生による障害自体もニホンウナギでは小さいが，ヨーロッパウナギでは鰓の肥厚，気管の閉塞，鰾の癒着や崩壊などの強い症状を示し，死亡に繋がる．また，東アジアでは延長中間宿主（中間宿主の後，一時的に寄生する宿主．終宿主への寄生可能性を増大させる）の存在は知られていないが，ヨーロッパでは様々な魚種や無脊椎動物が延長中間宿主となるため，小型のウナギはコペポーダを，大型のウ

図 5.6 ヨーロッパにおける *Anguillicola crassus* の分布の拡大（Kirk, 2003）
図中の数字は各国における初報告年を示す.

ナギは延長中間宿主を摂食することで寄生を受ける. また, 直接的証拠はないが, 寄生数が少なく死亡しない個体であっても, 遊泳に重要な器官である鰾に障害を与えていることから, ヨーロッパウナギの産卵回遊の成否に大きな影響を与えていると考えられている.

P. bini と *P. anguillae* もニホンウナギとともにヨーロッパにもたらされた. その病害性は前節に記されているが, 2種ともにヨーロッパウナギに対する病害性がより高く, 養殖場で大きな脅威となる. また, アメリカウナギに対しても病害性が高く, ヨーロッパや北米の養殖場では対策として薬剤による駆虫が行われている. しかし, 河川・湖沼でのこれらを原因とする大量死は認められておらず, 天然ウナギへの影響は小さいと考えられている.

天然あるいは養殖のヨーロッパウナギから3種のウイルス Eel virus European (EVE), Eel virus European X (EVEX), alloherpesvirus Anguillid herpesvirus 1 (AngHV1) がしばしば分離される. これらのうち, EVE は日本に輸入されたヨー

ロッパウナギから，EVEX は日本に輸入されたアメリカウナギとヨーロッパウナギから最初に分離された．どちらも，当時日本で流行した「えら腎炎」の原因と疑われたが，実験では症状は再現されていない．また，上記 3 つのウイルスは健康魚からも見つかるため，その病原性は明確になっていない．しかしドイツでは，養殖ウナギならびに天然ウナギが AngHV1 に高率に感染していること，多くのウナギ養殖場で本ウイルスが潜伏感染していることから，養殖ウナギおよび天然ウナギの両方に脅威となっていると疑われている．また，ヨーロッパウナギをスタミナトンネル内で遊泳させた実験では，EVEX に感染したウナギは 1000～1500 km 泳いで死亡したのに対し，未感染のウナギは 4500 km 泳いだことから，EVEX に感染したウナギは産卵海域に辿り着けない可能性がある．

5.3.2　ニホンウナギ

ヨーロッパウナギの導入が始まった 1969 年の年末から，原因不明のえら腎炎が日本各地の越冬中のニホンウナギに発生し，ニホンウナギが大量死，生産量が激減した(図 5.7；5.2 節参照)．本疾病は原因の特定に至らぬまま発生がなくなったが，一方日本におけるウナギの漁獲量も 1970 年から減少し始めた．それ以前は，ウナギ漁獲量は年によって大きく変動していたが，1970 年以降はほぼ右肩下がりの状態が継続している．これらのことから，えら腎炎が天然ウナギに拡散し資

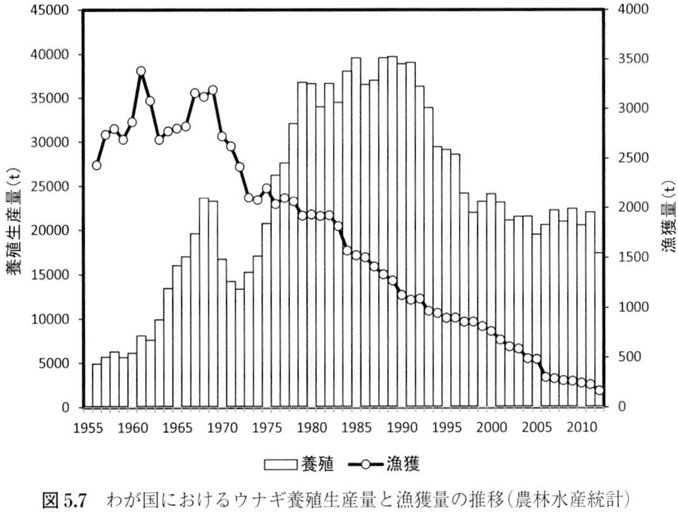

図 5.7　わが国におけるウナギ養殖生産量と漁獲量の推移(農林水産統計)

源量減少の一因になったという仮説が想定されるが，この仮説を検証するための研究は進んでいない．

天然のニホンウナギには，赤点病の病原細菌である *P. anguilliseptica*，ならびにウイルス性血管内皮壊死症の原因ウイルスであるJEECVの感染が確認されている．JEECVは河川の天然ウナギ，シラスならびに産卵場近辺で捕獲されたウナギからも検出されている．*P. anguilliseptica* は1971年にはじめて日本で確認され，ヨーロッパからウナギ種苗とともに持ち込まれたと考えられている．赤点病は加温養殖の普及により養殖場での発生はなくなったが，ウイルス性血管内皮壊死症は現在も問題となっている．これらの病原体が天然ウナギ資源に影響していると懸念されるが，研究は進んでいない．

5.3.3 防疫の観点から見た異種ウナギの問題

動物の移動により病原体が持ち込まれ，新たな宿主に出会って感染することがしばしばある．このような感染は宿主転換と呼ばれる．もともとの宿主（自然宿主）に対してはほとんど病原性をもたないが，宿主転換によって強い病原性を示すことも多い．鰾線虫 *A. crassus* はその典型的な例である．

近年，ニホンウナギ種苗の不足に伴い，異種ウナギの導入が盛んになっている．しかし，異種ウナギはそれぞれに「地元」の病原体をもっており，それらが日本に侵入した場合にニホンウナギにどのような影響を与えるかはわかっていない．例えば *Anguillicola* 属線虫でみても，オーストラリア産オーストラリアロングフィンウナギ *Anguilla reinhardtii* には *A. australiensis* が，南太平洋産のニュージーランドオオウナギとオーストラリアウナギには *A. novaezelandiae* が，南アフリカ産のモザンビークウナギには *A. papernai* の寄生が報告されているが，これらのどれもニホンウナギへの病害性は調査されていない．一般に自然宿主の病原体はきわめて低レベルで感染していることが多く，病原体がいても存在が認識されていない場合がある．さらに，養殖対象になっていない種については，そもそも病原体がいるかどうか調査されていないことが多い．こうした認識されていない病原体が宿主とともに移動し，新しい宿主に出会って大きな被害に繋がることもしばしばである．

現在のウナギ養殖場はハウス加温式で，閉鎖的かつ水の使用量も少ない．したがって，用水の消毒や薬剤などによる病原体の侵入防除は比較的容易である．しかし，天然集団に侵入した病原体のコントロールは不可能であり，ほぼ永続的に天然集団に悪影響を与える．異種ウナギの導入は，異種ウナギそのものが生態系や在来種へ悪影響を与えるだけでなく，防疫の観点から見ても重要な問題である．やむなく異種ウナギの導入をする場合でも，養殖場から病原体の漏出防止のために万全の措置を講じる必要がある．〔良永知義〕

5.4　種苗生産の歴史と現状

ウナギの繁殖は古代より学者たちの興味を引いたが，親魚の成熟，産卵，孵化，仔魚の発育過程が人の目に触れなかったため，近代に至るまでその生活史は謎に包まれていた．そこで，実験室で下りウナギを人工的に成熟させて受精卵を手に入れ，人工孵化を行って仔魚を飼育し，これらの謎を解明しようとする試みがヨーロッパで1930年代に始められた．一方わが国では，生物学的興味とともに養殖用種苗の安定供給に対する強いニーズから1960年代に人為催熟の研究が始まり，1973年に人工孵化，2002年に稚魚までの飼育に世界ではじめて成功した．しかしながら，実用的なコストで大量に稚魚を生産することが困難であるため，現在も人工種苗は実用化されておらず，稚魚の低コスト大量生産のための飼料と飼育技術の改良が望まれる．本節ではウナギ種苗生産の歴史と現状について概説する．

5.4.1　人為催熟および採卵

ウナギ属魚類はいずれも飼育下では自然に成熟・産卵することはないので，まずはじめに人工的に成熟を誘起する技術の開発が必要であった．魚類の成熟はほかの脊椎動物と同様に脳下垂体から分泌される生殖腺刺激ホルモンによって制御されておりウナギも例外ではないが，飼育環境下や内水面，汽水域，沿岸に生息する未熟なウナギの脳下垂体ではほとんど生殖腺刺激ホルモンが作られていないため，ウナギの成熟誘起には人為的なホルモン処理が不可欠であった．

ヨーロッパウナギの雄については1930年代に妊婦尿などを注射して成熟誘起が試みられ，精液を得ることに成功している（Boucher *et al.*, 1934）．雌についても1930年代から成熟促進が試みられたが，雌の催熟は容易ではなく，採卵の成功までには約30年を要し，1964年に雌の下りウナギにコイの脳下垂体と核酸を投与し，さらにステロイドホルモンを注射して完熟卵と思われる透明卵を得たが，受精はできなかった（Fontaine *et al.*, 1964）．

ニホンウナギについては，わが国で人為催熟の研究開始後間もない1961年に，東京大学の日比谷らが哺乳類の脳下垂体および絨毛性性腺刺激ホルモンを混合したホルモン剤の投与によって雄の成熟を誘起し，精液を採取することに成功している（日比谷，1966）．一方，雌の成熟誘起にはその後10年以上を要し，1970年代になって千葉水試の石田・石井，北海道大学の山本らなどが排卵させることに成功した（石田・石井，1970；山本ほか，1974）．また，1973年には山本らが雌の下りウナギにサケの脳下垂体を，雄の下りウナギおよび養殖ウナギにシナホリン（脳下垂体および絨毛性性腺刺激ホルモンを混合したホルモン剤）を注射して熟卵および精液を採取し，世界ではじめて人工孵化に成功して，孵化後5日間の発生を観察した（Yamamoto and Yamauchi, 1974）．さらに，山内らは1976年に孵化後14日間の発生を報告している．

しかし，当時の成熟誘起法では卵は受精可能な状態になり排卵されることはまれで，成熟は進むが排卵されることなく過熟になってしまうことが多かった．これは，最終成熟に必要なステロイドホルモンである17α，20β-ジヒドロキシ-4-プレグネン-3-オン（DHP）が分泌されないためであることが山内らの研究で1988年に明らかにされ（山内・三浦，1988），サケ脳下垂体の投与によって成熟が進み，体重増加を示した雌ウナギにDHPを投与することにより高い確率で排卵させられるようになった．また，下りウナギを使った成熟誘起の研究では，親魚が入手できる季節が限られるばかりでなく，良質な親魚を数多く入手することが非常に困難であったため，養殖ウナギを親魚として用いることが考えられたが，養殖ウナギは極端に雄が多く，外見で雌雄を見分けることはできないため，雌親魚の確保が課題とされた．そこで，愛知水試の立木らは1980年代後半から養殖魚を産卵用雌親魚として育成する技術の開発に取り組み，1991年，シラスウナギに雌性ホルモン（エストラジオール-17β）を経口投与して雌にする方法を開発し，雌化した個体を2年6カ月程度育て，ホルモン投与によって成熟を誘起し，孵化仔魚を得ることにも成功した（立木，1992；立木ほか，1997）．これらの技術革新によって季節を問わずに必要な数の雌雄親魚が入手できるようになり，ウナギの人為催熟・人工孵化の研究は，その後の急速な発展へと繋がった．

養殖研究所（現 水産研究・教育機構増養殖研究所）では，雌化養成親魚を利用して，ウナギの成熟誘起技術を高めるために様々な条件の検討が行われた．サケの脳下垂体抽出液を反復投与することにより卵の成長を促進した後，どの段階でDHPを投与するのが最も有効であるかを検討し，直径800 μm以上の卵で高率に最終成熟・排卵を誘起できることを示した（Kagawa *et al.*, 1995）．また，卵内の油球の状態に基づく最終成熟・排卵誘起の最適ステージについて詳しい検討がなされた．さらに，DHP の投与後一定の時間（18 時間前後）で排卵すること，投与時刻を変えることによって排卵時刻を自由に制御できることを明らかにするとともに，排卵後速やかに受精させることが受精成績の向上に不可欠であることも実験的に解明した．

雄については，ヒト絨毛性性腺刺激ホルモン（hCG）の投与により排精が促されることが明らかにされていたものの，得られる精液量や精子の活性など詳しいことはわかっていなかった．養殖研究所での研究の結果，全く未熟な養殖ウナギに体重 1 g あたり 1 IU の hCG を 7 日間隔で 10 回以上注射することによって，精液が約 1 g 採れるようになることがわかったが，運動活性の低い精子がしばしばみられるという問題点があった．魚類の精子の運動能獲得には精子周囲の液体（精漿）の pH や種々のイオン濃度が重要と考えられていたので，これらについて詳細に検討した結果，ウナギ精子の運動能力の獲得とその維持にはカリウムと重炭酸イオンが重要であることが明らかになった．これらのイオンを適量含む人工精漿を作って運動活性の低い精子を培養すると受精能力の高い精子になること，成熟した精子をこの溶液中で高い受精能を保持したまま 1 カ月程度冷蔵保存できることが示された．さらに，精子の凍結保存技術も開発され，半永久的に精子を保存することも可能となった（Koh *et al*., 2017）．

以上のような技術の進歩により以前より安定して卵や精子が得られるようになったが，現在も受精率，孵化率などは不安定である．これまでウナギの成熟誘起に用いられてきたホルモンが異種生物のものであることがその原因の一つと考えられたので，解決手段としてウナギ自身の生殖腺刺激ホルモン（LH および FSH）を遺伝子工学的手法によって生産する技術が最近開発された（Kazeto *et al*., 2014）．これらの組換え生殖腺刺激ホルモンはニホンウナギの生体内で高いホルモン活性を示すことが確認されており，投与量や投与時期などの検討が進めば良質卵・仔魚の安定的確保に結びつくものと期待されている．

採卵に関しては，従来は卵および精子を搾出して乾導法で媒精する人工授精法が主流であったが，近年は最終成熟・排卵誘起のためのホルモン投与を行った雌親魚と排精している雄親魚を同時に産卵水槽に収容して自然に産卵させる誘発産卵法も採用されている．誘発産卵法では親魚が適切なタイミングで放卵・放精すると推定されることから卵質の向上が期待され，採卵作業の省力化の点でも有利である．

5.4.2　初期発生と仔魚の飼育および変態

山本らの初期の研究では人工授精した卵を23℃で孵化させているが，孵化適水温については詳しく検討されていなかった．また，当時は天然での孵化水温や仔魚の生息水深も明らかではなかったので，養殖研究所で安定して人工授精が可能になった1990年代半ばに，孵化や摂餌開始までの飼育適水温および仔魚の光に対する反応などについての検討が行われた．

孵化適水温に関しては，16～31℃まで3℃間隔の海水中で受精卵を培養したところ，19～28℃の範囲で孵化がみられた．しかし，19℃は孵化率が低く，その仔魚もほとんどが奇形であり，正常な仔魚が得られ孵化率も高かったのは25℃を中心に±3℃の範囲であった．しかしながら当時の飼育例では，大量受精を行った場合，高水温域では死卵の腐敗による水質悪化が速く，孵化が不安定になる場合が多かったので，飼育試験に用いる仔魚の孵化水温として正常孵化可能水温域の下限付近が採用された．最も安定して孵化させることができた22～23℃では35～40時間で孵化し，孵化後3～4日で口が開き，6日で目が黒くなり，9日目以降，顕著な負の走光性を示した．また，眼が機能的になり口が前方を向く6日目以降，膵臓の発達が確認され，消化酵素も分泌されるようになり餌を食べて消化吸収する体制が整うことが確認された．しかしながら，このような条件下で得られたウナギ仔魚には様々なタイプの形態異常が頻繁に観察されることも大きな問題となっていた．人工種苗の形態異常は他魚種でも報告されており，その発現は水温や塩分などの外部環境要因の影響を受けることが知られていたため，ニホンウナギについても詳細な検討を行った結果，受精から4日間は水温25℃，塩分34 psuを維持した場合に形態異常の発現が少ないことが明らかになった（Kurokawa *et al.*, 2013）．

1973年に北海道大学で世界初の人工孵化に成功した当時は，天然の後期仔魚の採集例がきわめて乏しかったため，自然界における後期仔魚の餌がどのようなものであるか全く見当がつかなかった．それでも孵化した仔魚を何とか育てようとして様々な餌が試されていたが，明確な摂餌の記録はなく，卵の栄養を使い果たして衰弱死する孵化後2週間前後まで生存させるのが限界であった．養殖研究所では，それまでに人工種苗生産が可能となっていたマダイやヒラメなど海産魚の初期餌料として実績のあったワムシを摂餌させることに成功したが，ワムシを餌とした飼育ではウナギ仔魚は成長しなかった．そこで餌の候補を一から見直し，様々な試行錯誤の結果，サメ卵，大豆ペプチド，オキアミ等からなるスラリー（粘

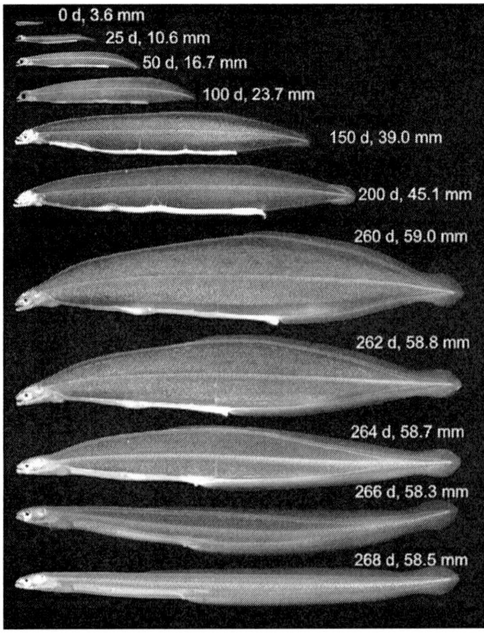

図 5.8　飼育条件下におけるウナギ仔魚の成長と変態
図中の数字は日齢（d）と全長（mm）（写真：筆者撮影）.

性の強い懸濁液）状飼料を開発して，1999 年に全長 30 mm 程度の後期仔魚までの飼育を可能とし，2002 年には世界ではじめて稚魚に変態させることに成功した（Tanaka *et al.*, 2003）（図 5.8）.

5.4.3　完全養殖の達成と残された課題

人工孵化したウナギ仔魚を稚魚まで育てることが可能となったことから，人工種苗を親として次世代を作出する完全養殖を目指して親魚養成が続けられ，2010 年には人工孵化第 2 世代の作出に成功し，ウナギの完全養殖が達成された（Masuda *et al.*, 2012）．飼育下での世代交代が可能となったことから将来の育種にも道が開かれたが，現在の飼育法では稚魚まで育つ率は十分に高いとはいえず，天然に比べて成長も遅いと推定されている．その原因の一つとして現在用いられているスラリー状飼料が天然餌料とは全く異なる成分，物性であるためではないかと指摘されている．また，スラリー状飼料は飼育水および水槽を非常に汚すことから，使用できる水槽および飼育法が制約され，飼育規模の拡大が困難である．

自然界でウナギの後期仔魚が実際に食べている餌は完全には解明されていないが，最近の研究でマリンスノーと呼ばれる懸濁態有機物が最有力だと推定されている．人工的に生産した浮遊懸濁物を餌として人工孵化したウナギ仔魚を成長させた例はまだないが，マリンスノー様飼料を実用化することができれば，水槽の深さを有効利用し，飼育規模を大幅に拡大できる可能性があり，今後の研究の進展が期待される．〔田中秀樹〕

5.5 親魚養成

ウナギの繁殖を人為的に行おうとする場合，マダイやヒラメといったすでに種苗生産に成功している魚種にはない障壁が存在する．第一に天然で産卵直前の個体がいまだ得られておらず，成熟機構解明のための情報が大幅に不足していることである．第二に人工的な環境で飼育した場合，性成熟が最後まで進行しないことである．これは，採集された天然の下りウナギでも養殖ウナギの場合でも同様である．さらに第三として，シラスウナギを養殖など人工的な環境で飼育すると性比が大幅に雄に偏り，生殖関連の研究に十分な数の雌魚の用意が難しいからである．これらの障壁に対しこれまで半世紀以上にわたって多くの努力がなされてきた．その結果，ニホンウナギではホルモン処理により親魚の養成・催熟が可能となり，孵化仔魚が概ね安定的に得られるようになった．本節では，親魚養成のために重要なシラスウナギの雌化技術，親魚のホルモン催熟技術，さらに最終成熟から産卵誘発にかけての採卵技術について概説する．

5.5.1 稚魚の雌化技術

天然魚でも雌雄の偏りは見られるが，養殖における性比の雄への偏りは極端である．これを解決し，雌親魚の確保のためにシラスウナギの段階から雌性ホルモンを投与して雌性誘導する技術が開発された（立木ほか，1997）．雌性ホルモンのエストラジオール-17βを餌に添加してシラスウナギの段階から性決定期間を過ぎるまで経口投与することにより雌性誘導を行うのである．具体的には，完成した餌料1 kg中に上記エストラジオール-17βが10 mg含まれるよう配合飼料を用いて調製し，餌付けから4カ月間，週に2回の頻度で与える．4カ月経って体重が45 g程度になる頃には，雌の割合は95%を超える．性決定は全長30 cm程度（体重約35〜40 g）に成長したときに起こるといわれているので（佐藤ほか，

1962)，これらのウナギは十分に性決定期を過ぎている．

従来，ウナギの種苗生産に用いる雌親魚には天然の下りウナギの大型個体や養鰻池にまれに現れる「ボク」と呼ばれる，商品サイズを超えて大きくなってしまった魚を使用するしかなかったが，立木らの雌化処理技術は研究材料の確保の懸念を解消した点で，功績は大きい．雌化親魚を用いることで，実験計画に自由度が増し，年間通じた採卵さえ可能となった．

5.5.2 親魚の催熟技術

一度飼育下におかれた個体は，人為的に催熟しない限り自然に産卵に至ることはない．最も進んだ卵母細胞の成熟段階は，天然下りウナギにおいては第一次卵黄球期にすぎない（山本ほか，1974；Ijiri *et al.*, 1998）．雌化ウナギにおいても同様で，飼育し続けても第一次卵黄球期以上に成熟することはない．雄の精巣内の生殖細胞に関しては，天然下りウナギで変態期の精子が認められた例もあるが（松井，1972），養殖ウナギの雄ではほとんどが精原細胞の段階にとどまっている（山本ほか，1972）．なお養殖ウナギで雌雄同体の個体から受精可能な精子を得た例が報告されており，これを使って人工授精し，シラスウナギまで得た例がある（Matsubara *et al.*, 2008）．

性決定後，天然では黄ウナギとして成長し，成熟が始まると銀ウナギとなる．銀ウナギは，生殖腺指数 GSI ＝ {生殖腺重量 / 体重 × 100} がほぼ 1.0 以上となっており，この値は雌では卵母細胞の油球期あるいは第一次卵黄球期の状態に相当する．黄ウナギの段階では，投与された生殖腺刺激ホルモンに対して全く反応しないが，銀ウナギになると反応して卵巣の成熟が促進される（Okamura *et al.*, 2008）．生殖腺刺激ホルモン投与の前には銀化インデックス（Okamura *et al.*, 2007）や Eye index の計測のほか，バイオプシーで卵巣の一部摘出を行うなどして成熟度の確認が必要である．なお雄魚の方は市販養殖魚をそのまま用いても問題はなく，体重 200 g 程度に達していれば成熟状況を確認しなくてもホルモン投与すればほぼ採精可能である．

5.5.3 催熟に使うホルモン剤

一度飼育下におかれた個体は性成熟が途中で停止してしまうので，成熟卵や運動活性のある精子を得るには，雌雄親魚ともに外因性のホルモンを投与することになる（山本ほか，1974）．下りウナギは産卵回遊中，消化管が退縮し摂餌しないことを受け，外因性ホルモンの投与中は無給餌としている．

卵黄蓄積のため雌魚に注射するホルモン剤（生殖腺刺激ホルモン）としてはシロサケ，ハクレン，コイなどの他魚種の脳下垂体がこれまで用いられてきた．排卵のために最終成熟ホルモンも必要で 17α, 20β-ジヒドロキシ-4-プレグネン-3-オン（Ohta *et al.*, 1996）やその前駆体である 17α-ヒドロキシプロゲステロンが使用される．雄では専らヒト絨毛性生殖腺刺激ホルモン（HCG）が使用されてきた．

現在一般に行われている雌のニホンウナギのホルモン催熟には，定置網で漁獲された遡上直前のシロサケの脳下垂体抽出液（SPE）が用いられ，週 1 回体重 1 kg あたり乾燥重量 20～40 mg が投与されている．催熟中は 20℃の海水で飼育する．卵黄蓄積が進行すると，第三次卵黄球期に達し，やがて核移動期へと続き，最終成熟の段階になって排卵，放卵へと至る（Ohta *et al.*, 1996）．投与の回数が重ねられると雌親魚の体重は次第に増大する．核移動期まで達した雌親魚の体重は投与開始時の 110％を超える値を示す．多くの場合，定期的ホルモン投与日の 2 日後（定期投与日が月曜日ならば水曜日）に体重は 120％前後となっている．このとき，生殖口から卵母細胞を樹脂チューブ等で少量採取し，直径が 750 μm を超えていることを確認したら，追加の SPE を注射で投与する．さらにその投与の 24 時間後（定期投与日が月曜日ならば木曜日），最終成熟ホルモン（2 mg/kg 体重）を投与して排卵を誘導する．その 15 時間後に最も受精率・孵化率の高い良質卵が得られる（Kagawa *et al.*, 1997）．

一方雄ウナギのホルモン催熟には，現在は主に市販の HCG が用いられ，週 1 回体重 1 kg あたり 1000 IU 分が投与される．雄親魚も催熟中は 20℃の海水で飼育する．投与の回数が重ねられるとともに親魚の体重は次第に増加していき，催熟開始時体重の約 105％になる 5～6 週間後には生殖口からの排精が確認できるようになり，親魚として使えるようになる．

5.5.4 自然催熟法の開発研究

現在の催熟法では，ウナギ本来のものでない他種の脳下垂体を投与するため，成熟が順調に進まなかったり，親魚の体調を乱したりする例も多い．加えて脳下垂体は作用の異なる様々なホルモンが含まれているので，効果は目的の卵黄蓄積だけではない．ことに上記サケ脳下垂体は生殖腺刺激ホルモンのうち卵黄蓄積に関与する濾胞刺激ホルモン（FSH）よりも最終成熟に関与する黄体形成ホルモン

(LH) の方が多く含まれているので，最初に卵黄蓄積が求められるウナギの催熟に適しているとは言い難い．近年は遺伝子組換えによるウナギの生殖腺刺激ホルモン (FSH および LH) の生産ができるようになり (Kazeto *et al.*, 2008)，すでに市販されている．

外因性のホルモンに頼らず環境条件の制御だけでウナギ自身のホルモン調節システムの引き金を引き，成熟を進行させようとする自然催熟の研究は現在進行中である．ヨーロッパウナギの下りウナギへ装着した超音波発信器による行動追跡の調査結果から，産卵回遊魚が日周鉛直移動を行い，その結果，昼夜経験する水温が大きく規則的に変動することがわかったので (Tesch, 1989)，飼育下でニホンウナギの雌化魚に変動水温の刺激を与えたところ，第二次卵黄球期まで成熟を進めることができた事例もある．まだ例数は少ないものの，今後こうした外因性ホルモンを使わない自然催熟技術の開発が望まれる．これは卵質の向上に寄与し，安定的な種苗生産技術の確立に繋がる．　〔堀江則行〕

5.6　採卵と卵仔魚管理

1990 年代後半にニホンウナギの最終成熟を誘起するステロイドホルモン (DHP もしくは前駆体である 17α-P) の投与法が確立され，それ以前と比べ受精卵を得られる確率が飛躍的に向上した．その結果，親魚の産卵行動や受精からプレレプトセファルス期に関する知見が集積され，今日の種苗生産研究の発展に繋がっている．

5.6.1　採　卵

ニホンウナギの採卵に用いられている方法には，卵を搾り出し媒精を行う人工授精法 (artificial fertilization method) と雌雄のペアリングによる自発産卵法 (spontaneous spawning method) がある (図 5.9)．

人工授精法では精子の質や量，媒精のタイミングを揃えられ，また複数個体間での組み合わせで受精させることも可能である．そのため，親魚の履歴と受精結果の違いを比較したい場合や，有用形質を固定化させるために計画的な交配が必要となる育種などに適している．どちらの採卵方法においても雌魚には排卵させる前日にステロイドホルモンの投与を行うが，人工授精法では前もって雄魚から精液を採取し，カリウムおよび重炭酸イオンを最適濃度に調整した人工精漿で希

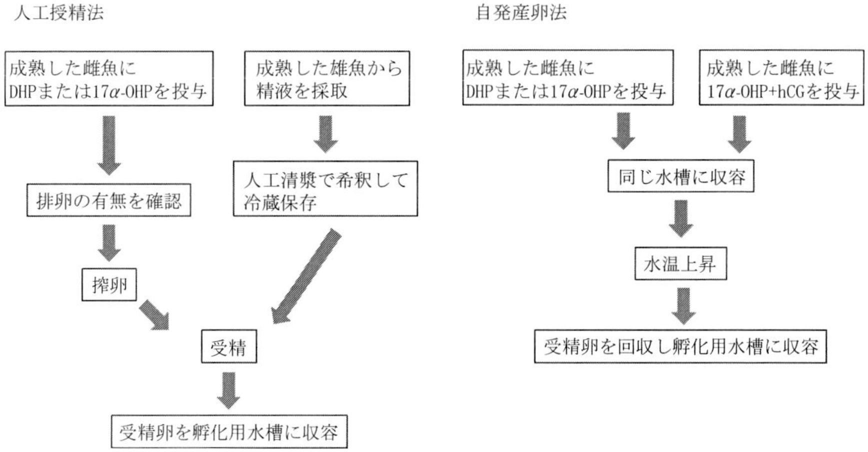

図 5.9　ウナギの採卵方法

釈しておく．これにより，3 週間程度冷蔵保存中も精子の活性が維持される（Ohta *et al*., 1996）．また，近年ではより長期間の保存が可能な精子の凍結技術が開発され（Koh *et al*., 2017），安定的かつ計画的な人工授精が行えるようになっている．雌魚に DHP を投与すると，飼育水温が 20℃の場合，約 16〜18 時間後に排卵が確認されるが（Kagawa *et al*., 1997），排卵後は時間経過とともに卵質が低下してしまい（排卵後過熟），受精率・孵化率に悪影響を及ぼす．そのため，人工授精においては媒精のタイミングが非常に重要であり，排卵の有無を確認するためのハンドリングが必要となる．

一方，自発産卵法ではホルモン投与により十分に成熟した雌雄の親魚を同一水槽内に収容して 2〜3℃の昇温処理を行い，産卵行動を促す（堀江ほか，2008）．また，人工授精法とは異なり，雄魚にも産卵水槽に収容する前にステロイドホルモンを投与する．産卵には 1000 L の円形水槽を用い，確実に受精卵を得るため雌 1 尾に対し雄 3 尾を一組として収容し，翌日水槽内の受精卵を回収する．この方法では，親魚自身の生理的なタイミングで排卵→放卵→受精が起こるため，人工授精においては必要となる排卵確認によるハンドリングストレスを回避できる．また，自発産卵法で得られた卵・仔魚の質（受精率・孵化率・生残率・形態正常率）は人工授精法のものより高いという結果が示されている（堀江ほか，2008）．これまでにホルモン投与によって成熟した親魚の産卵行動が観察されているが（Dou *et al*., 2008; Okamura *et al*., 2014），自発産卵法ではおそらく放精と放卵が適切なタイミングで起こる確率が高く，排卵後過熟が起こりにくいと考えられる．さらに，18～22℃が産卵行動に適切な温度条件であるとされ，これは産卵場では水深およそ200～250 mの水温に相当する（Kurogi *et al.*, 2011; Tsukamoto *et al.*, 2011）．しかし，これまでに実験室で観察されている行動が天然のものと同様なのか否かはいまだ不明であり，産卵行動を誘発するとされるフェロモンなどの生理活性物質の関与についても解明されていない．

自発産卵法では受精は親魚任せであるため手間は少ないが，確実に受精卵を得るためには産卵水槽に収容する前に親魚の成熟状態をよく見きわめておくことが重要である．また，交配の組み合わせが限定される，複数個体の親魚を水槽に収容した場合，産卵に関与した親魚の情報を得るために生まれた仔魚の親子鑑定が必要となるなど考慮すべき点もある．どちらの採卵法にも長所と短所があるため，研究目的に応じて使い分けることが必要である．

長い間，ウナギはサケと同様に一生に一度しか産卵しないと考えられていた．しかしながら，2008～2009年の産卵場調査で捕獲された雌魚の卵巣組織を調べたところ，発達した卵母細胞に加え過去に排卵したことを示す排卵後濾胞も観察され，ウナギは一産卵期に複数回産卵する繁殖生態をもつことが示された（Tsukamoto *et al.*, 2011）．実際，ホルモン投与による催熟法においても同一個体から2～3回は排産卵が可能なことが確認されている（風藤，2010）．

5.6.2　卵仔魚管理

雌ウナギは，体の大きさにもよるが1尾あたり約30～60万粒の卵を産む．得られた受精卵は，100 Lのアルテミア孵化槽に浮かべた円筒形ネットの中に収容し管理する．この間，卵内の胚発生の進行は水温の影響を大きく受ける．水温16～31℃の範囲では受精後3～4時間で桑実胚期に達するが，それ以後は水温が高いほど胚発生の進行が早くなる．孵化は19～28℃の範囲であれば可能であり，16℃および31℃では孵化しない．また，孵化率および開口時の生残率は25℃が一番高い（Okamura *et al.*, 2007; Ahn *et al.*, 2012）．さらに，水温および塩分濃度は正常な胚発生にも影響を及ぼす．

形態異常魚（図5.10）の出現率を低く抑えるためには，少なくとも孵化後4日目までは水温25℃，塩分34 psuの環境で飼育するのがよい（Okamura *et al.*, 2007; Kurokawa *et al.*, 2013）．これは，2009年に西マリアナ海嶺南端部の海山域で受精卵およびそれと同一産卵群由来と思われる多数のプレレプトセファルスが

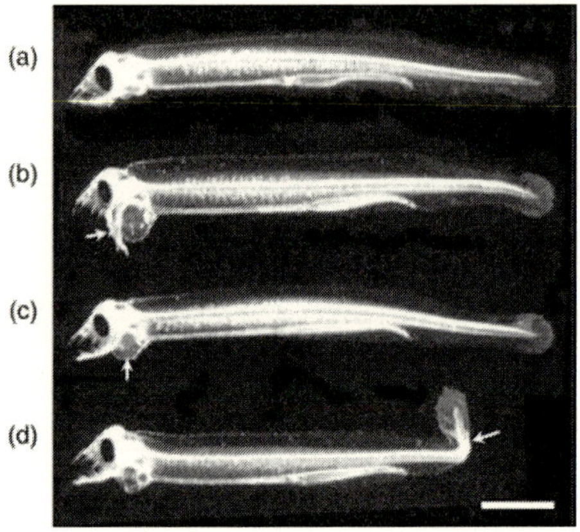

図 5.10　ウナギ仔魚の形態異常
（a）正常魚，（b）下顎異常，（c）囲心腔肥大，（d）尾部屈曲（Okamura *et al.*, 2007）.

採集されたが，それらの分布水深 160 m の環境とも一致している（Tsukamoto *et al.*, 2011）．受精卵は 25℃ で飼育すると受精後約 30 時間で孵化する．その全長は 3～4 mm 程度で眼は黒化しておらず，口も開いていない．また頭部を上にして垂直に漂っており，泳ぎ回ることはない．孵化後は，180 L の円筒形水槽に 1 基あたり 10～15 万尾の仔魚を収容し，引き続き水温 25℃，塩分 34 psu の条件下で管理する．3 日齢になると下向きに口が開き，5 日齢で眼が黒化して光に反応するようになる．そして，6 日齢になると全長が 6.5～7.5 mm となり，口が前方を向いて摂餌可能な状態となる．

近年ではニホンウナギと同様に資源量が減少しているヨーロッパウナギにおいても，種苗生産に関する研究が盛んになってきており，基礎的な知見の集積が進んでいる．現在，ニホンウナギで用いられている方法を取り入れ採卵を行っているが，受精卵を得られる確率はまだ低いようである．孵化は 16～24℃ の範囲で観察されるが，24℃ で得られる孵化尾数はわずかですぐに死亡してしまう（Politis *et al.*, 2017）．ヨーロッパウナギでは生残率や奇形率などの比較から，18℃ が孵化仔魚飼育の適温とされており，この水温では受精後 56 時間で孵化し，孵化後 12 日齢になると摂餌できるようになる．

ホルモン投与による催熟，排産卵方法の開発・改良および受精卵の管理技術の向上により，ニホンウナギでは孵化仔魚の飼育研究が計画的に行えるようになってきた．しかしながら，卵質（受精率・孵化率・生残率）にはいまだバラつきも

大きく，今後も改善が必要である． 〔三河直美〕

5.7 仔魚飼育と初期餌料

1973年，飼育下ではじめてウナギの仔魚が誕生した．それから約半世紀後の現在，商業化への道は半ばながら，ウナギ完全養殖技術の進歩は年間数千尾程度のシラスウナギを生産できるまでになっている．本節では，現段階の仔魚飼育技術と初期餌料開発の実態を概説し，今後の課題について述べる．

5.7.1 レプトセファルスの行動と飼育環境

海洋におけるニホンウナギ産卵場調査から，レプトセファルスの生息環境の物理・生物学的特性や餌に関して様々な知見が集積され，これらは現在仔魚飼育技術の開発研究において基盤的情報として役立っている．天然のレプトセファルスは，夜間は水深数十～100 m（水温26～28℃），昼間は水深100～200 m（水温20～26℃）の層に分布することが知られている（Otake *et al.*, 1998）．レプトセファルスは，強い負の走光性を有しており，飼育下において2 lux程度の弱光でもこれを嫌って水槽底面に向かって泳ぐ（Yamada *et al.*, 2009）．現行のウナギ仔魚の飼育では，この性質を利用して，水槽底面にスラリー状の餌を置き，上からの照明によって仔魚に底面に向かって泳がせ，そこで餌と遭遇させるという方法で摂餌させている．というのも，現行の餌では，ウナギの仔魚は離れた場所にある餌を認知し接近して自発摂餌することはなく，強制的に餌に接触させてやる必要があるからである．

一般にウナギ仔魚は，23℃前後の水温で飼育されているが，この水温は天然の分布水深の平均水温(約26℃)より低い値である．最近の予察的結果によれば，25～29℃の高い水温で飼育すると，給餌開始（日齢6）後の1～2週間は速く成長することが明らかになっているが，この高成長率をその後も長期間維持することは困難であることもわかっている．

一方，塩分については，むしろ天然とは異なる条件で高い飼育成績が得られている．天然環境の塩分はおよそ35‰であるが，約半分の塩分環境で飼育した方が約2倍の生残率を記録することが明らかとなっている（Okamura *et al.*, 2009）．海水中の魚が体内の浸透圧を一定に維持するために塩類細胞から過剰な塩を排出する際に必要なエネルギーを，節約できるからと考えられている．

図 5.11　20 L クライゼル型水槽

ウナギ仔魚の飼育には，半球型・横円筒型などいくつかの形状の水槽が使用されている．これらの水槽は,他魚種でよく用いられる円柱や多角柱型とは異なり,水槽底部が曲面となっている（図 5.11）．これにより，鉛直方向の回転流が維持でき，次のようなメリットが生じる．(1) 遊泳能力の低い若齢期に，水面に仔魚が貼り付いて斃死する現象を防止できる．(2)強い水流によって残餌の付着によって汚れた水槽底面から仔魚を引き離し,皮膚のスレや細菌感染を防止できる．(3) 照明下，水槽底面に口を押しつけ下向きに遊泳することで起きる下顎の奇形や頭部後方の脊索の屈曲奇形を防止できる．一方で，大きすぎる回転流速は，脊索の後彎奇形を助長することが明らかになっている（Kuroki *et al.*, 2016）．

5.7.2　初期餌料

天然のウナギ目仔魚の初期餌料は長年謎とされてきた．過去には，前方に突出した大きな歯の形態から，この歯を餌生物に突き立てて体液を吸収するという説や，消化管内に餌らしい餌が確認できないことから，体表から直接溶存体有機物（dissolved organic matter）を摂取しているとの説（Pfeiler, 1986）など，いつくかの仮説が提唱されてきた．しかしその後，消化管内から，オタマボヤのハウスやコペポーダの糞粒（Otake *et al.*, 1993）が発見され，通常の仔魚同様，口から粒子状有機物（particulate organic matter: POM）を摂餌できることが明らかにされた．また，抗体利用や遺伝子解析（Riemann *et al.*, 2010）などの生化学的・分子遺伝学的手法により，消化管内から刺胞動物，放散虫，植物をはじめ多様な生物分類群が検出された．さらにアミノ酸の窒素安定同位体を用いた栄養段階解析の結果から，現在では様々な動植物プランクトンの分泌物，死骸，糞粒などからできた凝集沈降物，すなわちマリンスノーがレプトセファルスの餌の実体であると考えられている（Miller *et al.*, 2013）．

一方，飼育下では北海道大学の山本喜一郎らによりはじめてウナギ仔魚が得られて以降，様々な研究機関で，多種多様な餌（例えばアミノ酸溶液，配合飼料，乳製品，魚卵や鶏卵，動植物プランクトン，菌類等）が試みられた．その後，アブラツノザメの卵を主原料にして，大豆ペプチド，オキアミエキス，ビタミン，ミネラルなどを添加したスラリー状の餌が現在仔魚の飼育に使われている（5.4節参照）（Tanaka *et al.*, 2003）．

しかし，将来の商業ベースの大規模種苗生産を考慮すると，供給安定性に優れた餌原料が必要である．アブラツノザメは，国際自然保護連合のレッドリストで絶滅の危険のある危急種にあげられており（ICUN, 2016），持続可能な餌原料になりえない．そこで，鶏卵黄（Okamura *et al.*, 2013）や魚肉分解物（増田ほか, 2016）を主原料に用いた餌が開発されている．しかし，アブラツノザメ卵，鶏卵黄，魚肉分解物を主原料としたいずれの餌も日間成長率が 0.1～0.3 mm/日で，天然の 0.3～0.5 mm/日の半分程度と低い．多くの場合，摂餌開始から約 200 日以上もの長期にわたって飼育が必要で，生産コストの高騰を招き，実用化を阻む大きな要因の一つとなっている．

飼育成績の向上を目指して餌開発の様々なアプローチが試みられている．海洋中には植物プランクトンが分泌する酸性多糖類から生成される透明細胞外ポリマー粒子（transparent exopolymer particles: TEP）が多数存在し，これが基質となり凝集し，マリンスノーが形成されると考えられている．実際マリンスノー様物質を採集し分析したところ，TEP 由来と考えられる糖が非常に多く含まれていた（友田ほか, 2018）．レプトセファルスはこれらの糖を吸収利用すると考えられる．実際，現行の餌にグルコースやマルトースを添加して飼育すると成長がよくなることが知られている（三河ほか, 2011）．現行のサメ卵餌や鶏卵黄餌と，POM の脂質含量の違いに着目し，これらの餌の中性脂質含量を低減した餌で飼育した結果，生残率および成長速度の向上が認められた（Furuita *et al.*, 2014）．この結果は，天然のプレレプトセファルス（孵化後摂餌を開始する日齢約 7 日までの仔魚）およびレプトセファルス（摂餌開始以降の仔魚）において，タンパク質消化酵素の発現割合が高く，脂質および炭水化物消化酵素の発現が低いという，トランスクリプトーム解析の結果とも矛盾しない（Hsu *et al.*, 2015）．一方，同解析における栄養素輸送体の発現を見ると，糖輸送体（グルコーストランスポーター）の発現がレプトセファルス期に増加している．レプトセファルスは，成長に伴い体内にムコ多糖の一種であるヒアルロン酸を蓄積し，エネルギー源（Pfeiler, 1996）や浮力調節（Tsukamoto *et al.*, 2009）として利用していることが知られている．レプトセファルス期の糖輸送体の発現増大は，このムコ多糖合成に対応していると考えられる．また，炭水化物消化酵素の発現が低いにもかかわらず，輸送体の発現が高いのは，マリンスノー内の多糖類がバクテリアの分泌する酵素により分解を受け，レプトセファルスはそれを吸収利用している可能性が指摘されている（Hsu *et al.*, 2015）．

現在のウナギレプトセファルスの飼育では，天然水域でウナギが摂餌している餌とは全く異なるものが用いられているが，実際に産卵海域周辺で採取したマリンスノー（Chow *et al.*, 2017）や，マリンスノーを構成する要素の一つである植物プランクトンとその分泌多糖類を給餌する試み（Tomoda *et al.*, 2015）もなされている．しかし，これまでのところ成長させるには至っていない．一方で，生産したシラスウナギの約半数に奇形が出現しており，こうした観点からも餌の改良や飼育環境の改善が必須である．

約半世紀にわたる技術開発により，1事業所あたりの年間シラスウナギ生産尾数は数千尾を超えるまでに至った．しかし，事業化に至るまでには様々な問題が山積している．コスト面の課題も克服しなければならない．現在，シラスウナギ生産コストの約60%が人件費，約20%が飼育水加温コスト，20%が餌コストとなっており，1日5回の給餌作業などに要する人件費が突出している．人件費の問題は，飼育水槽の大型化，高密度飼育，自動化，成長率向上による飼育期間の短縮により大幅に軽減できる．今後の技術開発研究の進展に期待するところ大である．

〔**山田祥朗**〕

5.8　育　　種

育種とは人にとって望ましい性質を向上させた個体や集団を作り出すことである．今日われわれが食べ物として利用しているものの多くは育種されてきたものである．しかし，水産物に関しては天然資源が豊富に存在することもあり育種の実践例は多くない．ウナギが育種にとって必要不可欠な完全養殖技術（人工種苗から成魚になった親魚を用いて次の世代の人工種苗を作出する技術）を達成したのも近年のことであり，ウナギの育種研究は始まったばかりの段階にある．ここでは畜産動物と水産動物の育種を概観した上で，萌芽的段階であるウナギ育種研究の現状を概説する．

5.8.1 畜産動物の育種

20 世紀以降の畜産動物の育種は，量的遺伝学の発展とともに歩んできた．量的遺伝学の動物育種への応用は，1930 年代に米国のラッシュにより進められた．1970 年代に入るとヘンダーソンにより開発された BLUP（best linear unbiased prediction）法が畜産動物の育種の現場で利用されるようになっていった．BLUP 法は，変量効果（遺伝的効果）と固定効果を同時に推定する混合モデル方程式を解く方法であり，個体がもつ育種価（遺伝的メリット）を推定することができる．現在，BLUP 法はほとんどの家畜の選抜において利用されているだけでなく，ミツバチ，タイセイヨウサケなどの魚類，トウモロコシなどの作物，材木の育種などにも応用されている．

また，分子遺伝学の発展も畜産動物の育種に寄与した．1980 年代にウシやブタなど畜産動物のゲノム解析が実施され，遺伝病の原因遺伝子の特定や診断，正確な個体識別や親子鑑定が可能になった．畜産動物の経済形質についても，形質に関連する量的形質遺伝子座（quantitative loci: QTL）やその近傍に位置する遺伝マーカーの探索が行われてきた．これに応じて，遺伝マーカーの情報を利用した選抜手法（marker-assisted selection: MAS）が開発されてきたが，畜産動物の育種の現場においては際立った成果は上げていない．

近年では，次世代シーケンサーの登場により大量の塩基配列情報の入手が可能となったことを背景に，BLUP 法と分子遺伝学の手法を融合した選抜手法であるゲノミックセレクションが注目されている．この手法は，一つ一つの遺伝子座の効果に注目するのではなく，ゲノム予測で評価した育種価に基づく選抜育種である．現在，乳牛についてはゲノミックセレクションによる育種が取り組まれている．

5.8.2 水産動物の育種

水産業は畜産業とは異なり多様な種に対して市場が開かれている．多くの水産動物は天然資源を直接利用する場合が多く，育種の対象となる養殖対象魚種は多くない．また，養殖の技術レベルも種によって違うことや多産であることなどが畜産動物と異なる．こうした背景から水産動物ではこれまでに個体選抜，家系選抜，グループ選抜など様々な選抜法が実践されてきた．特に，BLUP 法による選抜育種を実践した水産動物において成長の改善や FCR（feed conversion ratio）などの経済形質の向上がみられる（Gjerdem *et al.*, 2012）．畜産動物に比べて進んでいない水産動物の育種はその重要性が増しつつある．

水産動物における大規模な家系ベースの選抜育種は 1970 年代にサケ科魚類を対象に実施された．水産動物への家系ベースの選抜育種はニジマス，タイセイヨウサケ，ギンザケ，マスノスケ，ティラピア，ヨーロッパスズキ，カレイ類等に研究例がみられる（和田，2008）．特に，ノルウェーは 1990 年代から BLUP 法で予測した育種価を用いたタイセイヨウサケの大規模な選抜育種に取り組み，経済的に大きな価値を生み出している．

MAS の成功事例としてはヒラメとタイセイヨウサケがあげられる．ヒラメで同定されたリンホシスチス症に対する耐性 QTL の効果は大きく，その寄与率は 50％に達していた（Fuji *et al.*, 2006）．この遺伝マーカーを利用した MAS により作出された系統（Fuji *et al.*, 2007）は商品化され市場に流通するに至っている．また，タイセイヨウサケの伝染性膵臓壊死症の耐性 QTL の効果が非常に大きく，MAS の効果が養殖産業に大きな影響をもたらしている（Houston *et al.*, 2010）．

さらに水産動物にもゲノミックセレクションの応用が始まっている（細谷・菊地，2016）．ゲノミックセレクションは，BLUP 法による育種価の予測よりも正確度に優れ，近交度の上昇を抑えられる利点があるため，今後の水産動物への実践が期待されている．

5.8.3 ウナギの育種を実践するための基盤技術

水産育種を実践するためには，まず育種する種の完全養殖技術が確立されていなければならない．ニホンウナギは 2010 年に完全養殖が達成され（Tanaka, 2015），ニホンウナギの育種の導入が技術的には可能な状態となっている．

育種を効率的に進めるには，計画的で柔軟な人為交配ができることが重要である．ニホンウナギは人工授精技術が確立されており，精子の凍結保存技術（野村，

2016）もあるため，比較的柔軟な交配が可能である．また，畜産動物で主要な育種法であるBLUP法を実施するには家系（血縁）情報の把握が必要である．ニホンウナギの家系情報はタグ付けによる個体識別とマイクロサテライトマーカーを利用した遺伝子鑑定による親子判別ツール（Sudo *et al*., 2016）によって把握・管理が可能である．

また，ゲノム情報を利用した最新の育種の実践に対応するためには遺伝学的な基礎情報の蓄積も重要である．ニホンウナギはドラフトゲノムが公開されており，多数のDNAマーカーを配置した高密度遺伝連鎖地図も作製されている（Kai *et al*., 2014）．現在，連鎖地図のさらなる高密度化やゲノムデータとの統合作業も進行中であり（野村，2016），ニホンウナギでもゲノミックセレクションといった最新の育種を実践するための基礎的な知見は充実しつつある．

5.8.4　ウナギの育種の現状

飼育下のウナギの仔魚は天然の仔魚に比べて成長が遅く，シラスウナギに変態するまでの仔魚期間が長いことが知られている．また，成長率や仔魚期間は個体差によるばらつきが大きく，効率的な種苗生産をする上で大きな問題となっている．以上の背景から，現時点においてウナギの育種の目標形質は，成長率と仔魚期間を選定するのが適切であると思われる．ニホンウナギの仔魚期間の長さに関しては，大規模な交配試験と遺伝解析により，親から子に遺伝することが明らかとなっており（Nomura *et al*., 2018），選抜育種への応用が期待されている．

筆者らはMASによる仔魚期間の短縮の可否を探るため，仔魚期間のQTL解析を実施した．雌雄1対1交配により得られた子供75尾の表現型データ（仔魚期間：孵化から変態が終了するまでの日数）と遺伝子型データを取得した．遺伝子型データは，次世代シーケンサーを用いたGBS（genotyping-by-sequencing）法によりゲノムワイドにSNP（single nucleotide polymorphism）マーカー情報を取得した．QTL解析の結果，この家系においては有意な仔魚期間に関連するQTLは検出されなかった．このことから，解析した家系において，仔魚期間に大きく寄与する遺伝子はなく，マーカーアシスト選抜を適用して仔魚期間の短縮を目指すことは難しいことが推察される．

また，筆者らは血縁情報に基づく育種により仔魚の成長の改善の可能性についても調べた．まず仔魚の成長に関する遺伝学的基礎情報を調べる目的で，雌2尾と雄3尾を用いた交配を2回および雄3尾と雌3尾を用いた交配を1回実施し，

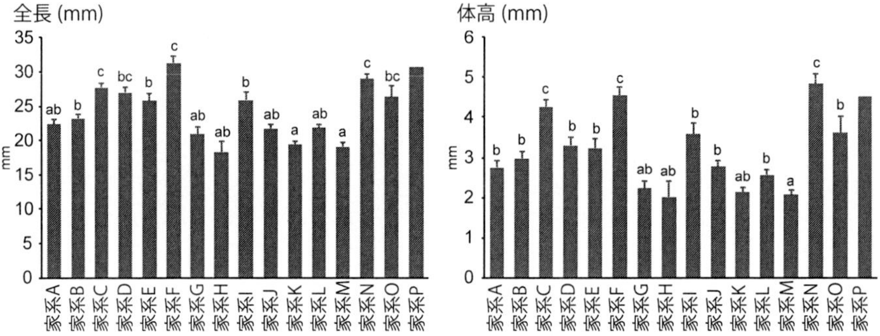

図 5.12　作出した解析家系の家系ごとの全長と体高
アルファベットは家系間に検出された有意な差を表す（ANOVA $p < 0.05$，Tukey-Kramer $p < 0.05$）.

得られた仔魚を交配ごとに一つの水槽で飼育した．孵化後 100 日に 669 個体の仔魚をサンプリングし，全長と体高を計測後，全個体の血縁情報を調べた．全長と体高を家系間で比較したところ，ともに有意な差があり（図 5.12），全長と体高の遺伝率を推定したところ中程度以上の遺伝率（全長，$h^2 = 0.59$；体高，$h^2 = 0.82$）が観察された．以上のことから，家系ベースの選抜育種によりウナギ仔魚の成長率を改善することが可能であることが推察される．

現在，ウナギの種苗生産技術は実用レベルでの大量生産が実現しておらず，今後使用される餌料や飼育システムが大きく変わることが予想される．こうした状況の中で，育種研究を実施することは困難な課題であると言わざるをえない．しかしながら，成長などの遺伝構造の把握やゲノム情報の整備などの基礎的な知見や実際に育種を実践して得られる情報は，将来のより洗練された飼育技術を利用した飼育下で育種を実施する上でも役立つものと考えられる．　〔**須藤竜介**〕

文　　献

[5.1 節　養鰻業の歴史と現状]

近藤　優(2000)．魚種別—栄養要求を踏まえた給餌管理 ウナギ．養殖臨時増刊, 42-46, 緑書房.
中田　誠（2008）．ぜひ知っておきたい日本の水産養殖，pp. 46-66，幸書房.
廣瀬慶二（2005）．うなぎを増やす（二訂版），pp. 95-111，成山堂書店.
増井好男（2013）．〈暮らしのなかの食と農 54〉ウナギ養殖業の歴史，筑波書房.
松井　魁（1972）．鰻学〈養成技術編〉，恒星社厚生閣.
松井　魁，角皆英明ほか（1997）．〈養魚講座 7〉鰻，緑書房.

［5.2 節　疾病と対策］

Iwashita, M., Hirata, J. *et al.*（2002）. *Pseudodactylogyrus kamegaii* sp.n.（Monogenea: Pseudodactylogyridae）from wild Japanese eel, *Anguilla japonica*. *Parasitol. Int.*, **1**, 337–342.

Mizutani, T., Sayama, Y. *et al.*（2011）. Novel DNA virus isolated from samples showing endothelial cell necrosis in the Japanese eel, *Anguilla japonica*. *Virology*, **412**, 179–187.

井上　潔，三輪　理ほか（1994）．養殖ウナギ（*Anguilla japonica*）の"鰓うっ血症"に関する病理組織学的研究．魚病研究，**29**，35–41.

江草周三（1967）．養殖ウナギの鰓病について．魚病研究，**1**，72–77.

江草周三（1970）．今冬（1969～1970）養殖ウナギに流行したえら腎炎について．魚病研究, **5**, 51–66.

江草周三（1991）．養殖ウナギの躯幹上方屈折について．平成 2 年度魚病対策技術研究成果報告書，1–6.

江草周三（1993）．鰓病の感染・発病条件に関する研究，鰓薄板内にいわゆる板状血液貯留を生じるウナギの鰓病について．平成 4 年度魚病対策技術研究成果報告書，175–180.

小野信一，若林耕治ほか（2007）．養殖ウナギのウイルス性血管内皮壊死症の原因ウイルスの分離．魚病研究，**42**，191–200.

田中　眞，佐藤孝幸ほか（2008）．ウナギのウイルス性血管内皮壊死症に対する昇温処理および無給餌の効果．魚病研究，**43**，79–82.

田中　眞，佐藤孝幸ほか（2009）．*Pseudodactylogyrus* spp. のウナギ寄生に対する高水温処理の効果．魚病研究，**44**，133–138.

若林久嗣（2002）．魚類の感染症―我が国の現状と課題．日水誌，**68**，815–824.

［5.3 節　天然ウナギ資源と感染症］

Haenen, O., van Ginneken, V. *et al.*（2009）. *Spawning Migration of the Europian Eel*（*Fish and Fisheries Series*, vol. 30）（van den Thillart, G., Dufour, S. *et al.* eds.）, pp.387–400. Springer.

IUCN（2017）. The IUCN red list of threatened species 2017–3. http://www.iucnredlist.org/（2018 年 3 月 31 日閲覧）

Kennedy, C. R.（2007）. *J. Fish Diseases*, **30**, 319–334.

Kirk, R. S.（2003）. *Fish. Manag. Ecol.*, **10**, 385–394.

van Beurden, S. J., Engelsma, M. Y. *et al.*（2012）. *Dis. Aquat. Organ.*, **101**, 69–86.

［5.4 節　種苗生産の歴史と現状］

Boucher, S., Boucher, M. *et al.*（1934）. Sur la maturation provoquée des organes génitaux de l'anguille. *C. r. Séances. Soc. Biolses. fil.*, **116**, 1284–1286.

Fontaine, M. M., Bertrand, E. *et al.*（1964）. Sur la maturation des organes genitaux de l' anguille femelle（*Anguilla anguilla* L.）et l'émission spontanée des oeufs en aquarium. *C. r. hebd. Séances. Acad. Sci.*, **295**, 2907–2910.

Kagawa, H., Tanaka, H. *et al.*（1995）. In vitro effects of 17α-hydroxyprogesterone and 17α, 20β-dihydroxy-4-pregnen-3-one on final maturation of oocyte at various developmental stages in artifcially matured Japanese eel *Anguilla japonica*. *Fish. Sci.*, **61**, 1012–1015.

Kazeto, Y., Ozaki, Y. *et al.*（2014）. Mass production of recombinant Japanese eel follicle-stimulating hormone and luteinizing hormone: their differential actions on gametogenesis *in vivo*, in: *International Conference on Frontiers in Comparative Endocrinology and Neurobiology* 2014（*IC-FCEN* 2014）*Program and Abstract Brochure*. p.17.

Koh, I. C. C., Hamada, D. *et al.*（2017）. Sperm cryopreservation of Japanese eel, *Anguilla japonica*.

Aquaculture, **473**, 487–492.
Kurokawa, T., Shibahara, H. *et al.* (2013). Determination of periods of sensitivity to low-salinity and low-temperature conditions during the early development of cultured Japanese eel *Anguilla japonica* larvae with respect to the rate of morphological deformity at completion of yolk resorption. *Fish. Sci.*, **79**, 673–680.
Masuda, Y., Imaizumi, H. *et al.* (2012). Artificial completion of the Japanese eel, *Anguilla japonica*, life cycle: challenge to mass production. *Bull. Fish. Res. Agency*, **35**, 111–117.
Tanaka, H., Kagawa, H. *et al.* (2003). The first production of glass eel in captivity: fish reproductive physiology facilitates great progress in aquaculture. *Fish. Physiol. Biochem.*, **28**, 493–497.
Yamamoto, K. and Yamauchi, K. (1974). Sexual maturation of Japanese eel and production of eel larvae in the aquarium. *Nature*, **251**, 220–222.
石田　修，石井俊雄（1970）．ウナギの成熟促進試験．水産増殖，**17**，263–271.
立木宏幸（1992）．ウナギ種苗生産研究の現状．養殖，**29**(7)，94–96.
立木宏幸，中川武芳ほか（1997）．ニホンウナギにおける estradiol-17*β* の経口投与による雌化効果，成長および親魚養成．水産増殖，**45**，61–66.
日比谷京（1966）．ウナギの完熟採卵に成功．養殖，**3**(7)，12–15.
山内晧平・三浦　猛（1988）．日本産ウナギの性成熟とホルモン機構．海洋科学，**20**，184–189.
山本喜一郎，大森正明ほか（1974）．日本産ウナギ（*Anguilla japonica*）の卵形成について．日水誌，**40**，9–15.

[5.5 節　親魚養成]

Ijiri, S., Kayaba, T. *et al.* (1998). Pretreatment reproductive stage and oocyte development induced by salmon pituitary homogenate in the Japanese eel *Anguilla japonica*. *Fish. Sci.*, **64**, 531–537.
Kagawa, H., Tanaka, H. *et al.* (1997). Induced ovulation by injection of 17,20*β*-dihydroxy-4-pregnen-3-one in the artificially matured Japanese eel, with special reference to ovulation time. *Fish. Sci.*, **63**, 365-367.
Kazeto, Y., Kohara, M. *et al.* (2008). Japanese eel follicle-stimulating hormone（Fsh）and luteinizing hormone（Lh）: production of biologically active recombinant Fsh and Lh by Drosophila S2 cells and their differential actions on the reproductive biology. *Biol. Reprod.*, **79**, 938–946.
Matsubara, H., Tanaka, H. *et al.* (2008). Occurrence of spontaneously spermiating eels in captivity. *Cybium*. **32**, 174–175.
Ohta, H., Kagawa, H. *et al.* (1996). Changes in fertilization and hatching rates with time after ovulation induced by 17,20*β*-dihydroxy-4-pregnen-3-one in the Japanese eel, *Anguilla japonica*. *Aquaculture*, **139**, 291–301.
Okamura, A., Yamada, Y. *et al.* (2007). A silvering index for the Japanese eel *Anguilla japonica*. *Environ. Biol. Fish*, **80**, 77–89.
Okamura, A., Yamada, Y. *et al.* (2008). Effects of silvering state on induced maturation and spawning in wild female Japanese eel *Anguilla japonica*. *Fish. Sci.*, **74**, 642–648.
Tesch F-W. (1989). Changes in swimming depth and direction of silver eels (*Anguilla anguilla* L.) from the continental shelf to the deep sea. *Aquat. Living. Resour.*, **2**, 9–20.
佐藤英雄，中村中六ほか（1962）．ウナギの生殖腺の成熟に関する研究- I．性分化および生殖腺の成熟過程．日水誌，**28**，579–584.
立木宏幸，中川武芳ほか（1997）．ニホンウナギにおける estradiol-17*β* の経口投与による雌化効果，成長および親魚養成．水産増殖，**45**，61-66.
松井　魁（1972）．鰻学〈生物学的研究篇〉，pp.120-184，恒星社厚生閣．
山本喜一郎，大森正明ほか（1974）．日本産ウナギ（*Anguilla japonica*）の卵形成について．日水誌，**40**，9-15.
山本喜一郎，広井　修ほか（1972）．シナホリン投与による養殖ウナギの精巣催熟について．日水誌，**38**，1083-1090.

[5.6 節　採卵と卵仔魚管理]

Ahn, H., Yamada, Y. *et al.*(2012). Effect of water temperature on embryonic development and hatching time of the Japanese eel *Anguilla japonica*. *Aquaculture*, **330-333**, 100-105.
Dou, S. H., Yamada, Y. *et al.*(2008). Temperature influence on the spawning performance of artificially-matured Japanese eel, *Anguilla japonica*, in captivity. *Environ. Biol. Fishes*, **82**, 151-164.
Kagawa, H., Tanaka, H. *et al.*(1997). Induced ovulation by injection of 17, 20β-Dihydroxy-4-pregnen-3-one in the artificially matured Japanese eel, with special reference to ovulation time. *Fish. Sci.*, **63**, 365-367.
Koh, I. C. C., Hamada, D. *et al.*(2017). Sperm cryopreservation of Japanese eel, *Anguilla japonica*. *Aquaculture*, **473**, 487-492.
Kurogi, H., Ozaki, M. *et al.*(2011). First capture of post-spawning female of the Japanese eel *Anguilla japonica* at the southern West Mariana Ridge. *Fish. Sci.*, **77**, 199-205.
Kurokawa, T., Shibahara, H. *et al.*(2013). Determination of periods of sensitivity to low-salinity and low-temperature conditions during the early development of cultured Japanese eel *Anguilla japonica* larvae with respect to the rate of morphological deformity at completion of yolk resorption. *Fish. Sci.*, **79**, 673-680.
Ohta, H. and Izawa, T.(1996). Diluent for cool storage of the Japanese eel (*Anguilla japonica*) spermatozoa. *Aquaculture*, **142**, 107-118.
Okamura, A., Horie, N. *et al.*(2014). Recent advances in artificial production of glass eels for conservation of anguillid eel populations. *Ecol. Freshwater Fish*, **23**, 95-110.
Okamura, A., Yamada, Y. *et al.*(2007). Effects of water temperature on early development of Japanese eel *Anguilla japonica*. *Fish. Sci.*, **73**, 1241-1248.
Politis, S. N., Mazurais, D. *et al.*(2017). Temperature effects on gene expression and morphological development of European eel, *Anguilla anguilla* larvae. *PLoS One*, **12**, e0182726.
Tsukamoto, K., Chow, S. *et al.*(2011). Oceanic spawning ecology of freshwater eels in the western North Pacific. *Nat. Commun.*, **2**, 179.
風藤行紀（2010）．親魚成熟メカニズムは？―天然成熟親魚と人為催熟親魚との違い―．養殖，**47**，26-27.
堀江則行，宇藤朋子ほか（2008）．ウナギの人工種苗生産における採卵法が卵質に及ぼす影響（搾出媒精法と自発産卵法の比較）．日水誌，**74**，26-35.

[5.7 節　仔魚飼育と初期餌料]

Chow, S., Kurogi, H. *et al.*(2017). Onboard rearing attempts for the Japanese eel leptocephali using POM-enriched water collected in the Western North Pacific. *Aquat. Living Resour.*, **30**, 38.
Furuita, H., Murashita, K. *et al.*(2014). Decreasing dietary lipids improves larval survival and growth of Japanese eel *Anguilla japonica*. *Fish. Sci.*, **80**, 581-587.

Hsu, H. Y., Chen, S. H. *et al.*(2015). De novo assembly of the whole transcriptome of the wild embryo, preleptocephalus, leptocephalus, and glass eel of *Anguilla japonica* and deciphering the digestive and absorptive capacities during early development. *PLoS ONE*, **10**, e0139105.

Kuroki, M., Okamura, A. *et al.*(2016). Effect of water current on the body size and occurrence of deformities in reared Japanese eel leptocephali and glass eels. *Fish. Sci.*, **82**, 941-951.

Miller, M. J., Chikaraishi, Y. *et al.*(2012). A low trophic position of Japanese eel larvae indicates feeding on marine snow. *Biol. Lett.*, **9**, 20120826.

Okamura, A., Yamada, Y. *et al.*(2009). Growth and survival of eel leptocephali (*Anguilla japonica*) in low-salinity water. *Aquaculture*, **296**, 367-372.

Okamura, A., Yamada, Y. *et al.*(2013). Hen egg yolk and skinned krill as possible foods for rearing leptocephalus larvae of *Anguilla japonica* Temminck and Schlegel. *Aquacult. Res.*, **44**, 1531-1538.

Otake, T., Inagaki, T. *et al.*(1998). Diel vertical distribution of *Anguilla japonica* leptocephali. *Ichthyol. Res.*, **45**, 208-211.

Otake, T., Nogami, K. *et al.*(1993). Dissolved and particulate organic matter as possible food sources for eel leptocephali. *Mar. Ecol. Prog. Ser.*, **92**, 27-34.

Pfeiler, E.(1986). Toward an explanation of the developmental strategy in leptocephalus larvae of marine teleost fishes. *Environ. Biol. Fishes*, **15**, 3-13.

Pfeiler. E.(1996). Energetics of metamorphosis in bonefish (*Albula* sp.) leptocephali: Role of keratan sulfate glycosaminoglycan. *Fish Physiol. Biochem.*, **15**, 359-362.

Riemann, L., Alfredsson, H. *et al.*(2010). Qualitative assessment of the diet of European eel larvae in the Sargasso Sea resolved by DNA barcoding. *Biol. Lett.*, **6**, 819-822.

Tanaka, H., Kagawa, H. *et al.*(2003). The first production of glass eel in captivity: fish reproductive physiology facilitates great progress in aquaculture. *Fish Physiol. Biochem.*, **28**, 493-497.

Tomoda, T., Kurogi, H. *et al.*(2015). Hatchery-reared Japanese eel *Anguilla japonica* larvae ingest various organic matters formed part of marine snow. *Nippon Suisan Gakkaishi*, **81**, 715-721.

Tsukamoto, K., Yamada, Y. *et al.*(2009). Positive buoyancy in eel leptocephali：an adaptation for life in the ocean surface layer. *Mar. Biol.*, **156**, 835-846.

Yamada, Y., Okamura, A. *et al.*(2009). Ontogenetic changes in phototactic behavior during metamorphosis of artificially reared Japanese eel *Anguilla japonica* larvae. *Mar. Ecol. Prog. Ser.*, **379**, 241-251.

友田　努，張　成年ほか（2018）．西部北太平洋で採集したウナギ目葉形仔魚の消化管内容物の観察．日水誌，**84**，32-44.

増田賢嗣，谷田部誉史ほか（2016）．魚肉タンパク分解物を主原料とする飼料によってニホンウナギ *Anguilla japonica* 仔魚のシラスウナギまでの飼育が可能である．日水誌，**82**，131-133.

三河直美，山田祥朗ほか（2011）．ウナギ仔魚における糖類の成長促進効果．日本水産学会講演要旨集，2001 秋季，**141**.

[5.8 節　育種]

Fuji, K., Hasegawa, O. *et al.*(2007). Marker-assisted breeding of a lymphocystis disease-resistant Japanese flounder (*Paralichthys olivaceus*). *Aquculture*, **272**, 291-295.

Fuji, K., Kobayashi, K. *et al.*(2007). Identification of a single major genetic locus controlling the resitance to lymphocystis disease in Japanese flounder (*Paralichthys olivaceus*). Aquculture, **254**, 203-210.

Gjedrem, T., Robinson, N. *et al.* (2012). The imortance of selective breeding in aquaculture to meet future demands for animal protein: A review. *Aquaculture*, **350–353**, 117–129.

Gjedrem, T. and Baranski, M. eds. (2009). *Selective Breeding in Aquaculture: An Introduction*, Springer.

Houston, R. D., Haley, C. S. *et al.* (2010). The susceptibility of Atlantic salmon fry to freshwater infectious pancreatic necrosis is largely explained by a major QTL. *Heredity*, **105**, 318–327.

Kai, W., Nomura, K. *et al.* (2014). A ddRAD-based genetic map and its integration with the genome assembly of Japanese eel (*Anguilla japonica*) provides insights into geneme evolution after the teleost-specific genome duplication. *BMC Genomics*, **15**, 233.

Nomura, K., Fujiwara, A. *et al.* (2018). Genetic parameters and quantitative trait loci analysis associated with body size and timing at metamorphosis into glass eeels in captive-bred Japanese eels (*Anguilla japonica*). *PLoS One*, **13** (8), e0201784.

Sudo, R., Miyao, M. *et al.* (2018). Parentage assignmment of a hormonally induced mass spawning in Japanese eel (*Anguilla japonica*). *Aquaclture*, **484**, 317–321.

Tanaka, H. (2015). Progression in artificial seedling production of Japanese eel, *Anguilla japonica*. *Fish. Sci.*, **81**, 11–19.

祝前博明，国枝哲夫ほか編（2017）．動物遺伝育種学，朝倉書店．

野村和晴（2016）．ニホンウナギの遺伝育種に関する基礎研究．日水誌，**82**，540–542.

細谷　将・菊池　潔（2016）．これからの水産育種：ゲノム予測による新たな育種の取り組み．水産育種，**46**，1–14.

和田克彦（2008）．水産における選抜育種への BLUP 法の適用について．水産育種，**37**，7–8.

6 食品科学

6.1 栄　　養

ウナギは, 水産庁の「水産物の消費動向」調査に基づく「日本人が食べたい魚」のランキング第1位である（2015年朝日新聞社調べ）.「土用の丑の日」はウナギの消費量が年間で最も多くなる. 古くから日本人はウナギを栄養価の高い食品と捉え, 夏バテ対策に好んでウナギを食してきた. ここではウナギの栄養・機能性成分の特徴について説明する.

6.1.1 一般成分

国内に流通するウナギは, かつてはヨーロッパウナギも出回っていたが, 現在では多くがニホンウナギである. 日本食品標準成分表2015年版（七訂）には, ニホンウナギの栄養成分が掲載されている. そこではウナギは4品目「養殖, 生」,「キモ, 生」,「白焼き」,「蒲焼き」の食品に分類されている. 日本では, ウナギの食べ方といえば「蒲焼き」が一般的で, キモ（内臓）と白焼きは別に食用とされている. ウナギとその他数種の魚肉および畜肉の一般成分（表6.1）のうち, 生の中で比べると, ウナギ（養殖, 生）はエネルギー量が可食部100gあたり1067 kJ（255 kcal）と一番高く, 脂質（19.3 g/100 g）も最大である.

6.1.2 タンパク質

ウナギ可食部のタンパク質に含まれるアミノ酸を見ると, 100gあたりの含有量では, 分枝アミノ酸（バリン, ロイシン, イソロイシン), リシン, トリプトファンがほかの魚種と比較して少ない（表6.2). 一方, アラニン, グリシン, プロリン, ヒドロキシプロリンはきわめて多い. これらは後述するウナギのコラーゲン量の多さを反映している.

表 6.1　ウナギおよびその他の魚肉・畜肉の一般成分

可食部 100 g あたり

		エネルギー kJ	エネルギー kcal	水分 g	タンパク質 g	脂質 g	炭水化物 g	灰分 g
ウナギ	養殖 生	1067	255	62.1	17.1	19.3	0.3	1.2
	キモ(内臓)生	494	118	77.2	13.0	5.3	3.5	1.0
	白焼き	1385	331	52.1	20.7	25.8	0.1	1.3
	蒲焼き	1226	293	50.5	23.0	21.0	3.1	2.4
マダラ		322	77	80.9	17.6	0.2	0.1	1.2
ヒラメ	養殖	526	126	73.7	21.6	3.7	Tr	1.3
マアジ	皮付き	527	126	75.1	19.7	4.5	0.1	1.3
マイワシ		706	169	68.9	19.2	9.2	0.2	1.2
マサバ		1032	247	62.1	20.6	16.8	0.3	1.1
カツオ	秋獲り	690	165	67.3	25.0	6.2	0.2	1.3
アナゴ	生	674	161	72.2	17.3	9.3	Tr	1.2
牛	ヒレ 赤肉 生	933	223	64.6	19.1	15.0	0.3	1.0
豚	ヒレ 赤肉 生	543	130	73.4	22.2	3.7	0.3	1.2
鶏	ムネ 皮付き	607	244	72.6	21.3	5.9	0.1	1.0

日本食品標準成分表 2015 年版（七訂）

表 6.2　ウナギおよびその他魚類の可食部タンパク質のアミノ酸

mg/可食部 100 g

	ウナギ	マダラ	ヒラメ	マアジ	マイワシ	マサバ	カツオ	アナゴ
イソロイシン	610	690	980	850	880	930	1000	810
ロイシン	1100	1300	1700	1500	1500	1600	1800	1400
リシン	1300	1500	2000	1800	1700	1800	2100	1600
メチオニン	470	530	660	580	560	680	690	510
シスチン	140	190	220	200	180	220	270	210
フェニルアラニン	600	640	890	780	790	840	920	670
チロシン	470	580	750	670	640	690	800	550
トレオニン	680	730	1000	890	880	960	1100	720
トリプトファン	130	180	230	220	210	230	300	180
バリン	700	780	1100	960	1000	1100	1200	850
ヒスチジン	590	440	570	780	990	1300	2300	520
アルギニン	1100	1100	1400	1200	1100	1200	1300	1100
アラニン	1200	1000	1400	1200	1200	1200	1400	1000
アスパラギン酸	1500	1700	2200	1900	1900	2000	2200	1700
グルタミン酸	2200	2500	3200	2800	2700	2800	3000	2400
グリシン	1700	950	1300	1100	920	1000	1100	960
プロリン	970	620	860	750	650	740	800	610
セリン	650	750	930	790	750	820	880	640
ヒドロキシプロリン	460	100	180	110	(88)	(94)	80	(130)

日本食品標準成分表 2015 年版（七訂）

6.1.3 コラーゲン

ウナギの体側筋は白筋で，表面血合筋の発達は低く，真正血合筋はない（3.3節参照）．コラーゲンは結合組織の中に含まれる筋基質タンパク質で，全ての脊椎動物に存在するが，中でもウナギには特異的に多く含まれている．ウナギのコラーゲンは魚体の粗タンパク質中40%を超える（吉中, 1989）．部位別に見ると，全コラーゲンのうち40%が皮・鱗, 37%が頭・骨・鰭, 18%が普通筋に存在する．また，全魚体あたりの乾燥重量百分率を見ると，活動性の高い天然ウナギ（6%）は養殖ウナギ（3%）と比較するとその量が2倍であった（吉中，1989）．

魚類は遊泳様式により，体全体をくねらせて泳ぐウナギ型，体の後半部に比べ前半部の振幅が小さいマダイ型，体後半部の振りで泳ぐアジ型，尾柄部と尾鰭の振りで泳ぐマグロ型の4群に分類される．ニホンウナギを含む22種類の魚類を遊泳型により4群に分類し，各部位の筋肉コラーゲン量を調べた結果，コラーゲンはウナギ型が最も多く，また体全体にわたり分布していた．遊泳時に大きく体を屈曲させる部位の筋肉ほどコラーゲン含量が高いことから，遊泳時の筋肉組織の構造保持や力の伝達にコラーゲンが寄与していると考えられている（Sato *et al.*, 1986; Yoshinaka *et al.*, 1988）．

6.1.4 脂肪酸およびコレステロール

ウナギは栄養価の高い食品として評価される反面, 高脂肪食品ともいわれる（表6.3）．ウナギの脂肪は，皮下でなく，マグロのトロのように筋組織に広く存在している．食品成分表（七訂）によると，養殖ウナギの生肉100 g あたりの全脂肪含量は19.3 g であるが（表6.1），脂肪酸はそのうち15.45 g とほかの魚類に比べて多い（表6.3）．全脂肪酸の中で一価不飽和脂肪酸が約55%を占め，そのうちの7割が，炭素数が18，二重結合が1カ所のC18：1脂肪酸である．また魚に特徴的に含まれるIPA（イコサペンタエン酸；EPAエイコサペンタエン酸ともいう），DHA（ドコサヘキサエン酸）などのn-3系（カルボキシ基の反対側にある末端メチル基から数えて3番目の炭素に初めて二重結合をもつ）多価不飽和脂肪酸がほかの魚種と比べて比較的多く含まれ，中でもDHAは非常に多い．

一般に消費者は脂質を豊富に含む魚を好む傾向にある．脂質は「コク」を強化し酸味・苦味を和らげるほかに,「やみつき」にする効果があるとされる（坂口，2016）．天然ウナギの脂質含量は約10%であるが，養殖魚では餌に添加する油脂量を操作することにより可食部の脂質含量を約30%にすることもできる

表 6.3 ウナギおよびその他の魚肉・畜肉の脂肪酸およびコレステロール

可食部（生）100 g あたり

		ウナギ 養殖	マダラ	ヒラメ 養殖	マアジ 皮付き	マイワシ	マサバ
脂肪酸総量	g	15.45	0.14	2.92	3.37	6.94	12.27
飽和脂肪酸	g	4.12	0.03	0.8	1.1	2.55	4.57
一価不飽和脂肪酸	g	8.44	0.03	0.95	1.05	1.86	5.03
多価不飽和脂肪酸	g	2.89	0.07	1.17	1.22	2.53	2.66
n-3	g	2.42	0.07	0.89	1.05	2.1	2.12
n-6	g	0.39	0.01	0.25	0.13	0.28	0.43
16:0	mg	2800	25	530	670	1600	2900
18:0	mg	710	6	98	250	340	830
18:1	mg	5900	21	600	630	1000	3300
20:5 n-3（IPA）	mg	580	24	170	300	780	690
22:6 n-3（DHA）	mg	1100	42	520	570	870	970
コレステロール	mg	230	58	62	68	67	61

		カツオ 秋獲り	アナゴ	牛 ヒレ 赤肉	豚 ヒレ 赤肉	鶏 ムネ・皮付き
脂肪酸総量	g	4.67	7.61	13.18	3.13	5.23
飽和脂肪酸	g	1.5	2.26	5.79	1.29	1.53
一価不飽和脂肪酸	g	1.33	3.7	6.9	1.38	2.67
多価不飽和脂肪酸	g	1.84	1.65	0.49	0.45	1.03
n-3	g	1.57	1.42	0.02	0.03	0.11
n-6	g	0.24	0.21	0.47	0.43	0.92
16:0	mg	930	1400	3600	780	1100
18:0	mg	230	320	1600	450	320
18:1	mg	770	2700	6200	1300	2400
20:5 n-3（IPA）	mg	400	560	0	2	5
22:6 n-3（DHA）	mg	970	550	0	5	16
コレステロール	mg	58	140	66	59	73

日本食品標準成分表 2015 年版（七訂）

(Takeuchi, 1980)．ただし，ウナギは他魚種と比べコレステロール含量（230 mg/100 g）がきわめて高いこともあり，脂質異常症の患者には食事制限の対象とされることがある．

6.1.5 ビタミン

ウナギの筋肉にはビタミン A，E，B 群が豊富に含まれる（表 6.4）．ビタミン A は，ウナギの標準的蒲焼きの半分量（50 g）で，成人男性 1 日の必要摂取量を超え，ビタミン E とともに脂質の酸化を防いでいると考えられる．また，ウナギはビタミン B_1 を魚介類の中で特に多く含み，ビタミン B_2，パントテン酸も他

表 6.4　ウナギおよびその他の魚肉・畜肉のビタミン

可食部（生）100 g あたり

	ビタミンA	ビタミンD	ビタミンE	ビタミンK	ビタミンB_1	ビタミンB_2	ナイアシン	ビタミンB_6	ビタミンB_{12}	葉酸	パントテン酸	ビオチン	ビタミンC
	µg	µg	mg	µg	mg	mg	mg	mg	µg	µg	mg	µg	mg
ウナギ　養殖	2400	18.0	7.5	(0)	0.37	0.48	3.0	0.13	3.5	14	2.17	6.1	2
キモ(内臓)	4400	3.0	3.9	17	0.30	0.75	4.0	0.25	2.7	380	2.95	-	2
マダラ	10	1.0	0.8	(0)	0.10	0.10	1.4	0.07	1.3	5	0.44	2.5	Tr
ヒラメ　養殖	19	1.9	1.6	-	0.12	0.34	6.2	0.44	1.5	13	0.89	10.1	5
マアジ　皮付き	7	8.9	0.6	Tr	0.13	0.13	5.5	0.30	7.1	5	0.41	3.3	Tr
マイワシ	8	32.0	2.5	1	0.03	0.39	7.2	0.49	15.7	10	1.14	15.0	0
マサバ	37	5.1	1.3	2	0.21	0.31	11.7	0.59	12.9	11	0.66	4.9	1
カツオ　秋獲り	20	9.0	0.1	(0)	0.10	0.16	18.0	0.76	8.6	4	0.61	5.7	Tr
アナゴ	500	0.4	2.3	Tr	0.05	0.14	3.2	0.10	2.3	9	0.86	3.3	2
牛　ヒレ 赤肉	1	0.0	0.4	4	0.09	0.24	4.3	0.37	1.6	8	1.28	-	1
豚　ヒレ 赤肉	3	0.3	0.3	3	1.32	0.25	6.9	0.54	0.5	1	0.93	3.0	1
鶏　ムネ 皮付き	18	0.1	0.3	23	0.09	0.10	11.2	0.57	0.2	12	1.74	2.9	3

日本食品標準成分表 2015 年版（七訂）

魚種より多い．一方，キモ（内臓）にはビタミン A および葉酸の含有量がきわめて高いことが特徴である．

6.1.6　ミネラル

ウナギ筋肉に含まれるミネラルのうち，カルシウム（Ca）は 100 g 中 130 mg と，ほかの食品に比べて含量が多く，牛乳を超える（表 6.5）．一般に Ca とリン（P）の摂取量の比は 1：1～2 が推奨されている．多くの魚類に含まれる Ca と P の比率は 1：5 以上であることから，ウナギの Ca（130 mg/100 g）と P（260 mg/100 g）のバランスは比較的良好である．加えて，ウナギは Ca の吸収を促進するビタミン D（18.0 µg/100 g）も多いことから，ウナギを食べることにより Ca の吸収効率は高まると考えられる．このほかにウナギにおける亜鉛（Zn）含量もほかの魚種に比べ高く，特にキモ（内臓）で顕著である．

6.1.7　機能性成分

カルノシンやアンセリンなどのイミダゾールジペプチドは，ヒスチジンと β-アラニンが脱水縮合によって結合したものである（図 6.1）．これらは抗酸化作用

表 6.5　ウナギおよびその他の食品のミネラル

可食部（生）100 g あたり

	Na	K	Ca	Mg	P	Fe	Zn	Cu	Mn	I	Se	Cr	Mo
	mg	mg	mg	mg	mg	mg	mg	mg	mg	μg	μg	μg	μg
ウナギ　養殖	74	230	130	20	260	0.5	1.4	0.04	0.04	17	50	0	5
キモ(内臓)	140	200	19	15	160	4.6	2.7	1.08	0.08	-	-	-	-
マダラ	110	350	32	24	230	0.2	0.5	0.04	0.01	350	31	0	0
ヒラメ　養殖	43	440	30	30	240	0.1	0.5	0.02	0.03	8	47	Tr	0
マアジ　皮付き	130	360	66	34	230	0.6	1.1	0.07	0.01	20	46	1	0
マイワシ	81	270	74	30	230	2.1	1.6	0.20	0.04	24	48	Tr	Tr
マサバ	110	330	6	30	220	1.2	1.1	0.12	0.01	21	70	2	0
カツオ　秋獲り	38	380	8	38	260	1.9	0.9	0.10	0.01	25	100	Tr	Tr
アナゴ	150	370	75	23	210	0.8	0.7	0.04	0.20	15	39	0	0
牛　ヒレ赤肉	40	340	3	22	180	2.5	4.2	0.09	0.01	-	-	-	-
豚　ヒレ赤肉	56	430	3	27	230	0.9	2.2	0.07	0.01	1	21	1	1
鶏　ムネ皮付き	42	340	4	27	200	0.3	0.6	0.03	0.01	0	17	1	2
牛乳	41	150	110	10	93	0.	0.4	0.01	Tr	16	3	0	4

日本食品標準成分表 2015 年版（七訂）

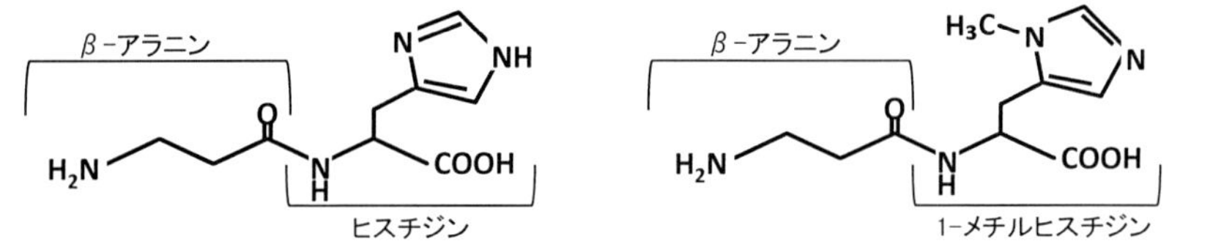

カルノシン(carnosine, β-alanyl-L-histidine)　アンセリン(anserine, β-alanyl-1-methyl-L-histidine)

図 6.1　イミダゾールジペプチド

や pH 緩衝作用に伴う多様な機能があるとされている．またこれらは鶏胸肉にも多く含まれ，疲労回復効果を示す機能性成分として注目されている．最近では脳老化に対する改善効果も見出された（Hisatsune, 2016）．

ウナギにおけるヒスチジンおよびイミダゾールジペプチド含量を見ると，イミダゾールジペプチドの中でもカルノシン含量がほかの魚類に比べきわめて高いことがわかる（表 6.6）．捕食や逃避などの急激な運動により筋肉内の pH が低下した際，これらの物質はウナギでも pH 緩衝物質としての機能を果たしていると考えられている．

これまで述べてきたように，ウナギの栄養・機能性成分には他魚種にみられない特徴的な点が数多くあげられることがわかる．このことは，ウナギの特異的な生態や行動を反映していると考えられる．

表6.6　ウナギおよびその他魚類のヒスチジンおよびイミダゾールジペプチド

μmol/g 筋肉

		ヒスチジン	カルノシン	アンセリン	総量
ウナギ	普通肉	0.37	18.3	+	18.7
カツオ	普通肉	93.5	2.90	51.1	148
	血合肉	13.3	0.56	7.31	21.2
クロカジキ	普通肉	15.9	2.64	105	124
	血合肉	4.79	+	21.1	25.9
トビウオ	普通肉	31.1	+	8.43	39.5
	血合肉	1.75	+	1.59	3.34
ヤマトカマス	普通肉	4.86	+	+	4.86
マアナゴ	普通肉	4.53	5.16	+	9.69

阿部（1996）

6.2　加　　工

魚類は一般に畜肉よりも鮮度が落ちやすいため，流通が困難であった．しかし冷凍・保存技術の進歩や冷凍冷蔵施設の普及に伴い，加工したものを保存することによって流通量の調整を図ることが可能になった．ウナギにおいても例外ではない．日本人はウナギを主に蒲焼きにして食べている．昔はウナギ専門店で客の注文を受けると，熟練した料理人が生きたウナギをその場で割いて調理をした．現在では蒲焼きに加工されたウナギが冷凍，缶詰等で市場に出回っているほかに，蒲焼きの途中段階である白焼きのウナギも市販されている．また包装技術とともに加工施設の衛生管理技術も改良されたことから，数カ月間チルド状態で品質が保持されるウナギ加工製品が流通するようになった．

6.2.1　蒲焼き

ウナギ加工品とは「うなぎ（ウナギ属に属するものをいう.）を開き，これを焼き若しくは蒸したもの又はこれにしょうゆ，みりん等の調味液を付けた後，焼いたもの（これらを細切したものを除く.）」と定義される（消費者庁告示「うなぎ加工品品質表示基準」)．ここではウナギ加工施設における蒲焼き製造について詳しく述べる．

養殖中のウナギが通常200～250 g の大きさまで育つと，ウナギ（活鰻）は太さ別に選別され，数種類のグループに仕分けされた上で集荷場に送られる．その後, ウナギを専用の容器かごに入れ何段か積み重ねた「立て場」(図 6.2) に置き, 新鮮な地下水を数日間かけ流す. これにより, 消化管内容物が排泄され, 養殖池に由来する糞尿, 残餌および泥臭さ・不快臭が消失する. その後, 職人がウナギを手早く割き加工が開始される.

ウナギの蒲焼き加工法（図 6.3）が, 関東風と関西風に大きく分かれることは有名である. 関東風は無頭背開きで, 頭側の背から包丁を入れ, 尾まで割く. 背骨を取りキモ（内臓）と鰭を除き, 頭を切り落し, 2 つか 3 つに切って串を打つ.

ウナギ職人の技術修得の困難さを表す言葉に「串打ち三年, 裂き八年, 焼き一生」などがある. 串の打ち方には各所で特色のある規格があり, 切り身の大きさや注文に応じて切り身の組み合わせが選ばれ, 串を打ち, 焼き（焙焼）工程に供

図 6.2　立て場（愛野修治氏提供）

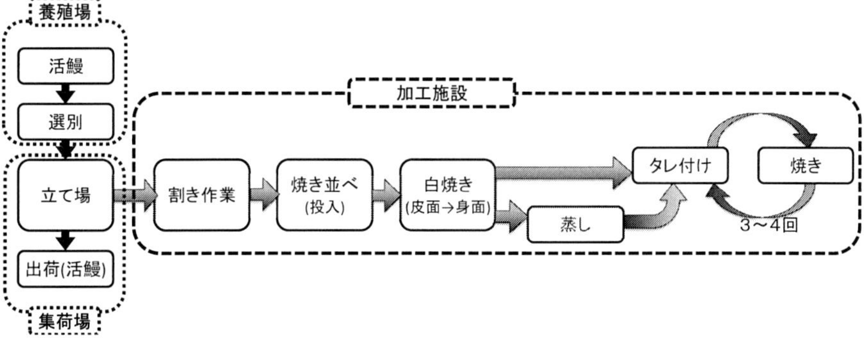

図 6.3　ウナギの蒲焼き工程例

される．現在では赤外線バーナーなどの焙焼機が使用され，片面焼き，両面焼き，反転式などがある．ここまでの状態を白焼きと称する．白焼きは蒸さない場合と蒸し器に入れて蒸す場合と両方がある．蒸すことによって脂肪分が多少除かれ，また肉が軟らかくなるが，蒸すことによりエキス成分も流れ落ちるため味が薄くなるという人もいる．

最後にタレを付けて焼く．タレが乾く度に付け直し，表面と裏面を交互に3～4回焼く．白焼き→タレ付け→焼きの工程は自動化されているところが多いが，焼きが少ないと渋味が残り蒲焼き本来の美味が失われるものの，焼きすぎると風味を失う．白焼きも蒲焼きも生原料を使用しなければよい風味と弾力ある肉質の製品は得られないという．

関西風は有頭腹開きで，頭側の腹から包丁を入れ尾まで割く．背骨を取りキモを除く．鰭と頭はつけたまま金串に刺して丸ごと肉の方から焼く．焼いてから2～3切れにする．通常，関西風は蒸すことなくタレ付けして数回焼く．

九州では有頭背開きが一般的で，蒸さずに焼き工程に入ることが多いが，福岡県柳川地方では蒲焼きをご飯と一緒にせいろ蒸しにしている．俗説では，江戸の武家社会で腹開きは「切腹」を連想させるため背開きになり，関西では大阪商人の文化から「腹を割って話す」という意味で腹開きになったとされる．しかし，実際には背開きの方が蒸す際に身が崩れにくいために関東では背開きにするようである．関東で蒸すのは，利根川，印旛沼，深川など流れの少ないところに育つウナギの泥臭さを抜くためであり，一方，関西のウナギは吉野川など清流で育つために臭いが少なく，蒸し工程は必要なかったといわれる．

蒲焼き用のタレは，それぞれの製造加工施設で「秘伝」として工夫されるが，基本的には醤油，みりん，砂糖，酒のほか，ウナギの頭や骨をよく焼き込んだものを加えて煮込まれたものである．このときタレはウナギの調味料として味を付与するばかりでなく，蒲焼きの加工工程でタレの中の成分の一部が褐変物質に変化する．この褐変物質はタレに含まれる醤油にもともと含まれ，食品中の糖とアミノ酸などによりメイラード反応（アミノカルボニル反応）が進行した結果生じる化学物質の総称である．これらは加工食品に風味を与えるほか，脂質の酸化を抑制するとともに微生物の増殖を抑制する効果がある．

日本人にウナギの人気が高いのは，ウナギに多く含まれるコラーゲンと脂質を巧みに利用した蒲焼きの美味しさにあると考えられる．コラーゲン含量の多い筋肉は固い傾向をもつが，加熱するとコラーゲンがゼラチンに変化するため，コラーゲン含量が多いほど軟らかく，液汁に富むようになる．ウナギに非常に多く含まれるコラーゲン由来のゼラチンは，脂質とともに口腔内でエキスの希釈や流出を妨げ，その結果ウナギ独特の味と持続性のあるコクが生じるものと考えられる．

味と深く関連する遊離アミノ酸は，多い順にグリシン，リシン，アラニン，ヒスチジンが 13〜7 mg/100 g，グルタミン酸，バリン，ロイシン，イソロイシン，トレオニン，セリンが 5〜3 mg/100 g などで，いずれの遊離アミノ酸も他魚種より比較的低値である（Konosu and Yamaguchi, 1982）．ウナギを加熱加工しても脂肪酸組成と量に変動はなく，また遊離アミノ酸にも大きな変化はなかったことから（田中ほか, 1995），ウナギ自体の味は他魚種に比べ淡泊と考えられる．したがって日本人が想起するウナギの味には蒲焼きのタレが大きく寄与するのだろう．

6.2.2　世界各地におけるウナギの加工

食用ウナギとしてニホンウナギのほか，ヨーロッパウナギ，アメリカウナギ，バイカラウナギなどが知られている．ウナギは世界各地で干物，塩漬け，燻製，フライ，煮込み，焼き魚など様々な調理方法で加工されている．

6.2.3　燻　製

燻製はヨーロッパで人気の高い加工法で，その加工の原理は次の通りである．食品を塩で調味し，加熱と燻煙による乾燥と同時に燻煙成分を食品表面に付着・浸透させる．燻煙の成分は，有機酸（ギ酸，酪酸，プロピオン酸，バレリアン酸，カプロン酸等），アルコール（メタノール，エタノール等），アルデヒド（ホルムアルデヒド，アセトアルデヒド，フルフラール等），エステル（酢酸メチル，ギ酸メチル等），ケトン（アセトン，メチルエチルケトン等），フェノール類等である．燻煙は，これら多種の化学物質による特有の香味を食品にもたらすとともに，殺菌作用，酸化防止作用を有しており貯蔵性を付与する．デンマーク，ドイツなどのヨーロッパでは，ウナギ（ヨーロッパウナギ）の魚体を頭から縦に吊るして何尾かまとめて燻製にされることが多いが，日本ではニホンウナギを開いて燻製にする．図 6.4 にウナギ燻製の製造工程の一例を示す．ウナギを背開きにして頭，内臓，鰭と背骨を除去する．次に食塩，コショウ等で調味し，包丁でぬめりを取った後，水気を取って風乾する．燻乾は燻製品の重要な工程で，ウナギの場合 50〜80℃ で行われることが多い．燻製に用いる木材（燻材）は，サクラ，ナラ，クヌギ，カエデなど堅木の薪またはおが屑を使用する．燻乾は，徐々に温度を上

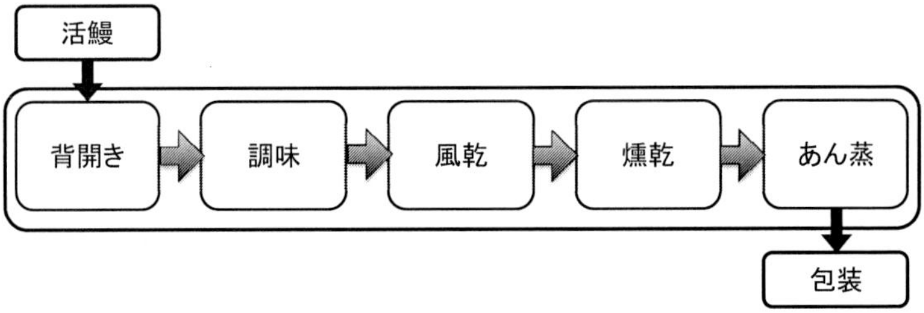

図 6.4　ウナギ燻製の加工工程例

げ5～6時間程度行うのが適当とされる．その後，表面の塵埃，汚れを拭き取り十分に放冷する．そして一夜密封することによってあん蒸（内部の水分が乾燥した表層にしみ出てくるまで休ませること）をして，水分と油分が均一になってから，1本ずつ包装して冷凍保存する．最近はウナギを蒸して専用の調味液に浸漬することで燻す時間を短縮するなど，より簡便な製法が用いられるほか，開いたウナギをロール状に巻いて燻す方法なども見受けられる．ウナギの燻製では一般的に食塩の使用量が少なく，塩分濃度が比較的低いので，微生物の増殖を抑制するために，工程の低温管理が重要である．

このようにウナギは世界各地で食用に加工されているが，共通しているのは必ず加熱工程を含んでいることである．加熱によりウナギ血清中のタンパク毒を変性・失活させることは，安全な食品を提供するために最重要なことである．しかしそれにもまして，加熱加工でウナギに特異的に多く含まれるコラーゲンがゼリー状になり，脂質とともにウナギの味わいを豊かなものにしていることは間違いない．

6.3　利　　用

ウナギは豊富なビタミン，機能性成分，コラーゲン等を含んでいるが，希少性の問題から健康食品や化粧品の原料として利用される可能性はなく，食用が専らである．一方，中医学（中国医学）や薬膳には古くから利用されてきた．ここでは主にウナギに含まれる成分を活かした利用という観点から解説し，併せてウナギの生産地における取り組みを紹介する．

6.3.1 食用としてのウナギの利用

前節で述べた通り，刺身好きの日本でウナギがこれまでほとんど生食されなかったのは，ウナギ血清中にタンパク性の毒が含まれているからである．この毒は目，口，傷口に入ると局所的に激しい炎症を引き起こす．したがってウナギが食用にされるときは必ず加熱工程を経て無毒化されている．

6.3.2 蒲焼き

前節で述べたように，国内のウナギは全て食用である．ウナギの可食部は全体の80％ぐらいなので，他魚種に比べると無駄の少ない魚である．国内ではウナギを蒲焼きで食すことがほとんどであるが，蒲焼き工程で製造される白焼きをわさびと醤油などで味わうこともある．蒲焼きは鰻重，鰻丼として食べるのが最も一般的であるが，最近は欧米でも握り寿司のネタとして好んで食べられるようになった．蒲焼きは，ひつまぶし，う巻き，うざくなどの様々な料理にも用いられ，食べ方のバリエーションが豊かである．

6.3.3 ウナギのキモ

ウナギの「キモ」は，肝臓のみならず消化管などの内臓も含まれる．内臓は通常の魚介類では廃棄処分にされるが，ウナギではキモに含まれる栄養成分が豊富で，ビタミンA，パントテン酸，葉酸，鉄，亜鉛が特に多い（表6.4，表6.5）．味も独特な味わいがあることから，ウナギ専門店等で肝吸いまたは肝焼きの材料となっている．

6.3.4 ウナギのゼリー寄せ

ウナギに特異的に多いコラーゲンを利用した英国・ロンドンの一地区の伝統調理である（jellyed eel）．材料は英国産の生のヨーロッパウナギである．通常ウナギは身を筒状にぶつ切りにされた後，酢と水にレモン汁やナツメグを加えた液の中で煮込まれ，その後煮汁ごと冷やされる．ウナギを煮込むとコラーゲンがゼラチンとして溶け出すので，冷やせば自然にゼリー状に固まった煮こごりとなる．

6.3.5 ウナギ骨の利用

ウナギの生産地では，観光土産にウナギの骨の短片を加工した食品が，いわゆるウナギ骨煎餅などとして販売されている．ウナギから取り出した「中落ち」の

表 6.7 薬用魚としてのニホンウナギの薬効

適用症	用法	使用地区
1 長期療養中の肺結核患者の虚弱体質	内臓を除き，酒と水で煮熟する	広西省
	土瓶に入れて焼き粉末とし，白湯に溶かす	
2 結核性発熱	ユリなどの植物と水煮する	中国東北地区
3 婦人病	蓮肉と実，当帰などとともに水で煎じる	中国東北地区
4 通風，骨痛，虚弱体質	蒸す	福建省

中国産有毒魚類および薬用魚類（野口ほか，1999）

骨をまっすぐに整形しながら素焼きし，片栗粉をまぶした後，しばらくおいて粉をなじませてから油で揚げる（骨煎餅）．ウナギの骨はカルシウムに富んだ食品として利用されている．

6.3.6 ウナギの加工廃棄物の利用

ウナギ骨および加工処理で出る廃棄物を水で抽出し凍結乾燥したエキス粉末をパイ生地等に練り込んだ菓子が産地の特産品として販売されている（例えば「うなぎパイ」「うなぎサブレ」など）．このほか，ウナギ廃棄物を加えて製造された肥料を利用し栽培したサツマイモ（「うなぎいも」）や，そのサツマイモを原料として製造した菓子が販売されている（例えば「うなぎいもタルト」）．

6.3.7 薬用としてのウナギの利用

中国では薬用の植物・動物・鉱物について研究する本草学が古くから盛んであった．その集大成として1500年代に李時珍によって『本草綱目』が著された．そこにニホンウナギが収載されており，ウナギが薬としても利用されてきたことがわかる．中医学によるウナギの性状は，「四気五味：甘（補益；補うこと），薬性：平（体を温めることも冷やすこともしない），帰経（中医学の解釈による作用部位）：肝・腎（肝臓，自律神経系，腎臓，生殖器系等），効能：滋補強壮・去風殺虫」と記載されている．ニホンウナギの適用症，用法，中国における使用地区を表6.7に示す（野口ほか，1999）．

このほか，オオウナギも中国福建省では民間薬として筋肉および頭が利用され，ニホンウナギと同様に「甘，平，滋補強壮」の効能があるとされる．適用症は，頭痛，目眩《めまい》，妊婦の虚弱体質で，ウナギを煮るかスープにして服用される．

6.3.8 薬膳としての利用

中国では滋養強壮ならびに病気の治療効果を高める目的で，漢薬（生薬）を料理と組み合わせて美味しく食べる技術「薬膳」が古くからあった．薬膳は，中医学および薬食同源の理論に基づき，薬物と食物の相互作用によって保健・強身(健康を保ち，体を強くする)，疾病予防，治療回復の促進，老化防止を実践することが目的の料理である．ウナギを用いた薬膳では，ウナギの味と薬効成分を同時に利用して効果を引き出すことを意図し，腫れ物や婦人の帯下等に用いられるほか，腰・膝を温めることから関節疾患等にも用いられる（難波，2000）．

6.3.9 大型ウナギの利用の試み

ウナギの生産地である静岡県では，ウナギ資源の減少が危惧される中，資源保全とウナギ養殖業の振興を図るため，養殖ウナギの大型化や異種ウナギの養殖が実施されている．そこでは，これらに対応した利用法が検討されている．

種苗価格の高騰により1尾あたりの価格を高くする必要があるため，ニホンウナギの大型化の可能性が検討された．一般に蒲焼きに加工されるニホンウナギは，1尾あたりの体重が200～250 g であるが，出荷サイズを超えて350 g 程度までは順調に養殖できる．経済性を考慮すると，1尾あたり約330 g が最も値が高いと試算された．

ニホンウナギ以外のウナギ（異種ウナギ）も日本国内に導入されている．それらには，オオウナギ，アメリカウナギ，バイカラウナギ，モザンビークウナギなどがある．このうちバイカラウナギは，ニホンウナギと同等以上の成長を示し，養殖種として適していることが明らかとなった．また，500 g 以上のサイズへの成長も見込まれることから，大型ウナギとしての利用が期待される．

異種ウナギの養殖にあたっては，まず養鰻種苗としての利用が可能であり，ニホンウナギの養殖方法に準じた飼育ができること，日本に存在していない病原体をもっていないこと，万が一逃走した場合であっても在来種や環境に影響を与えないことなどが求められる．

大型ウナギは，身が厚くなると同時に皮や骨が硬くなるため，一般的な蒲焼きの用途には不向きである．そこで大型のバイカラウナギは，開いた状態で真空袋詰めにし，加熱することにより皮の剝離を防ぐことができるようになった．これによりバイカラウナギは新しい料理の素材として利用される．また大型ニホンウナギは，ハモ調理で身に細かく切れ目を入れる「骨切り」の技術を施すことによって，小骨の影響を小さくし干物にするなど，大型ウナギに適した加工方法が検討されている．

ウナギは，昨今の資源の減少から，その美味しさを頻繁に味わうことができないほど食用としての利用が限られてきている．しかし，中医学の長い歴史が示すように，われわれの健康に寄与する栄養的価値の高い魚ともいえる．ウナギの持続的な利用を真剣に考えるときがきている．〔良永裕子〕

文 献

Hisatsune, T., Kaneko, J. *et al.*(2016). Effect of Anserine/Carnosine Supplementation on Verbal Episodic Memory in Elderly People. *J. Alzheimers Dis.*, **50**, 149–159.

Konosu, S. and Yamaguchi, Y.(1982). *Chemistry and biochemistry of marine food products* (Martin, R. E., Flick, G. J. *et al.*), 367–404, AVI Pub. Co.

Sato, K., Yoshinaka, R. *et al.*(1986). Collagen content in the muscle of fishes in association with their swimming movement and meat texture. *Bull. Jpn. Soc. Sci. Fish.*, **52**, 1595–1600.

Takeuchi, T., Arai, S. *et al.*(1980). Requirement of eel *Anguilla japonica* for essential fatty acids. *Bull. Jpn. Soc. Sci. Fish.*, **46**, 345–353.

Yoshinaka, R., Sato, K. *et al.*(1988). Distribution of collagen in body muscle of fishes with different swimming modes. *Comp. Biochem. Physiol.*, **89B**, 147–151.

2017 年度 静岡県経済産業部の報告書「新しい水産技術 No.631」

阿部宏喜（1996）．魚類におけるイミダゾール化合物の代謝と生理機能に関する研究．*Nippon Suisan Gakkaishi*，**62**, 351–354.

坂口守彦（2016）．油脂のおいしさと科学―メカニズムから構造・状態，調理・加工まで（山野善正監修），pp.155–158，エヌ・ティー・エス．

田中健二，中川武芳ほか（1995）．養殖ニホンウナギにおける品質特性の季節変動．水産増殖，**43**，499–509.

難波恒雄（2000）．薬膳原理と食・薬材の効用(2)薬膳に用いる身近な食物．日本調理科学会誌，**33**，100–106.

野口玉雄・橋本周久監訳（1999）．中国産有毒魚類および薬用魚類，264–266，恒星社厚生閣．

三輪勝利監修（1982）．水産加工品総覧，光琳．

吉中禮二（1989）．水産動物筋肉タンパク質の比較生化学（新井健一編）．pp.81–90，恒星社厚生閣．

7 ウナギの流通・経済

7.1 流　　通

ウナギの生産量は，主に養殖の拡大により増加している．しかし養殖用種苗のシラスウナギをめぐっては密漁・密輸のような不透明・不適切な流通が継続的に行われている．ここではシラスウナギ，活鰻（生きた状態のウナギ），ウナギ調整品（製品となった蒲焼き）について，その流通の過程をまとめた．

7.1.1 シラスウナギの流通

国内で採捕されたシラスウナギは，集荷業者によって集められた後，「センター」を経由し養殖業者に供給される．集荷業者が採捕人から買い取った価格は浜値と呼ばれる．センターは農林水産団体が組織しており，例えば高知県では「高知県しらすうなぎ流通センター」というが，府県によって呼称が異なる（筒井，2014）．一般の魚介類と違い大部分が卸売市場を通さず，業者間で取引されており，不透明な部分も多い．また韓国，台湾，中国，その他（フィリピン，インドネシア，ベトナムなど）からの輸入もあり，これらは商社等を介し流通している．

財務省の貿易統計でウナギ稚魚の輸入国を見ると，2007～2017 年まで中国の香港経由が圧倒的な量となっている．例えば 2016 年は輸入量の 8 割以上，2017 年は 6 割以上が香港からの輸入である．しかし 2006 年までは，主に台湾から輸入していた．台湾は日本より南に位置し，早期種苗が入手できる．利点を活かし，2001 年から毎年 5～6 t のシラスウナギを日本へ輸出してきた．ところが 2007 年以後自国の養殖業者を守るため，台湾はシラスウナギを原則禁輸とした．このため実態は台湾で採捕されたシラスウナギが闇取引で香港を経由して日本国内に輸入されているといわれる．

ウナギ養殖業（養鰻業）は，2015 年 6 月 1 日，農林水産大臣の許可を要する指定養殖業になった．したがって現在は，農林水産大臣による「うなぎ養殖業の許可」を有している者以外は，養鰻業を営むことはできなくなった．日本の養鰻は，1879 年服部倉次郎が東京深川で始めたといわれている（5.1 節参照）．その後，深川では手狭になり，1897 年静岡県浜名郡舞阪町吹上の池で養鰻を始めた．当時すでに浜名湖畔で同様の事業が行われており，やがてウナギといえば浜名湖というブランドになっていった．第二次世界大戦後も静岡の独占状態であったが 1968 年が生産量のピークで，次第にほかのウナギ養殖県が増え，1983 年愛知県が静岡県を抜き全国 1 位となった．その後 1998 年には鹿児島県が 1 位となり，2000 年以降は鹿児島県，愛知県，宮崎県が上位 3 県として定着している．

国内のシラスウナギの採捕報告数量・輸入数量の合計と養殖業者の池入数量には数 t もの開きがある．その原因として，(1) 採捕者が自分の採捕数量を知られたくない（優良な採捕場所を秘密にしたい，大漁への妬みを回避したい等），報告するのが面倒などの理由で報告しない，(2) 採捕者が指定された出荷先以外へ，より高い価格で販売し，その分を報告しない，(3) 無許可の密漁がある（水産庁，2017）などが指摘されている．

図 7.1 はシラスウナギ取引価格の推移であるが，2010 年以降は，1 kg あたり 80 万円を超えており，不漁であった 2013 年は 248 万円で取引されている．さらに図にはないが，2018 年は歴史的不漁で 360 万円（1 月時点）と最高水準になっている．シラスウナギ 1 kg はおよそ 5000～6000 匹であり，一般には 5000 匹として計算されることが多い（筒井，2014）．それに従うと 2018 年 1 月の例では養殖業者が池入れするときの価格は 1 匹 720 円にもなる．

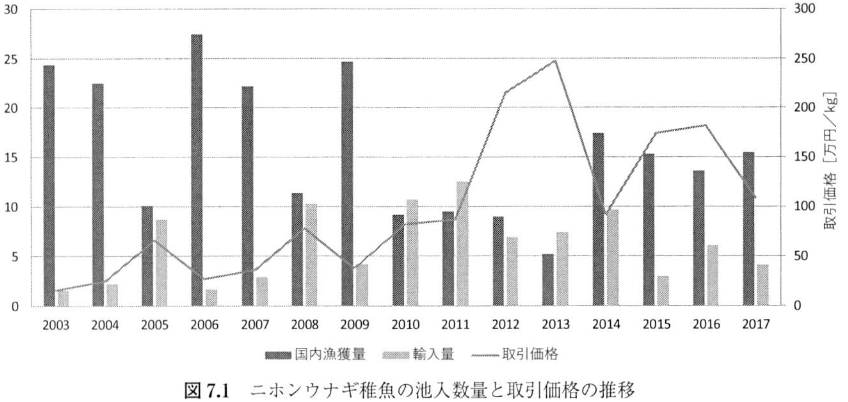

図 7.1　ニホンウナギ稚魚の池入数量と取引価格の推移

7.1.2 活鰻とウナギ調整品の流通

養殖業者はシラスウナギを6カ月～1年半かけ養殖し，1尾0.2gのシラスウナギを150～200gに育て活鰻として出荷する．活鰻が蒲焼きになって消費者に届くまでには5つの主な流通経路がある（増井，2013）．

(1) 養鰻業者→養鰻漁業協同組合→産地問屋→消費地問屋→ウナギ専門店→消費者
(2) 養鰻業者→産地問屋→消費地問屋→ウナギ専門店→消費者
(3) 養鰻業者→消費地問屋→ウナギ専門店→消費者
(4) 養鰻業者→養鰻漁業協同組合→産地卸売市場→消費地卸売市場→仲卸人→ウナギ専門店→消費者
(5) 養鰻業者→養鰻漁業協同組合→直売店→消費者

しかし，上記の末端に位置するウナギ専門店は，タウンページデータベース（2012年10月3日）によると，2002年3509店から2011年2866店と減りつつある．近年ではウナギは，専門店のみならず，和食店，居酒屋，ファミリーレストラン，寿司屋など様々な外食の業態で食することが可能である．さらにスーパーマーケットなどの小売店で購入される場合もあるし，コンビニエンスストアでも提供されている．

食卓に鰻丼（鰻重，鰻寿司）がどの程度出現していたかの調査（日本能率協会総合研究所，2012）で見ると，1981～1988年までは2週間100世帯あたり10回前後であったが，1990～1991年は15.7回に増えている．その後1993～2001年は10～14回であったものが2002～2005年は再び16.7回に増えている．その後は2006～2007年は11.3回になり，2009～2012年では7回に減ってきている．ウナギは1990年代から一気に大衆化し，2000年代はじめまで食卓でも数多く食べられていたが，取引価格（図7.1）が高騰する2011年頃から大幅に少なくなったといえる．

ウナギの供給元として中国，台湾からの輸入がある（7.3節参照）．活鰻は，ほとんどが航空便で輸入されてくる．蒲焼きは冷凍で，専用コンテナで海上輸送される．活鰻の原産国は，2016年では中国が65.1％，台湾は34.7％と，この2カ国でほぼ全量を占めている．2016年には，数量の97.7％，金額の96.8％が中国であり，それらは輸入業者を経て加工業者で加工され，半分ほどは量販店や外食，コンビニエンスストア，残りは産地問屋や消費地問屋を経てウナギ専門店や小売店で販売されている．一方，活鰻とウナギ調整品の流通は輸入によるところが大きい.

7.2 経　　済

寿司，天ぷら，そばに並び，ウナギは江戸の四大名物食であった．土用の丑の日に大量に食べられ，日本の食文化の代表となっているが，長期的にはその価格は大きな変動をみせている．

7.2.1 行事食としてのウナギ

ウナギの消費には季節性がみられ，小売店や外食店の販促キャンペーンとしても定着している．消費者の購買時期は明らかに土用の丑の日近辺に多い(図 7.2)．供給側の代表例として，築地市場のウナギの月別市況（月別卸売取扱数量，2013～2016 年）の 4 カ年平均を見ると，1～4 月くらいは 8000～1.1 万 kg 程度であり，5～6 月頃に増え，7 月がピークになって 3.7 万 kg 前後になる．その後は減り始め，9 月以降は 1 万～1.3 万 kg に減少していく，鋭く尖った山のような形になっている．取扱い金額で見ると，冬の期間は 4000 万円程度であるが，7 月は 1.6 億円以上と 4 倍の扱い量になる（図 7.2)．

さらに，消費者のウナギの蒲焼きへの世帯あたり月別消費支出金額（家計調査年報，家計収支編，2 人以上の世帯）を 4 カ年（2013～2016 年）の月ごとの平均

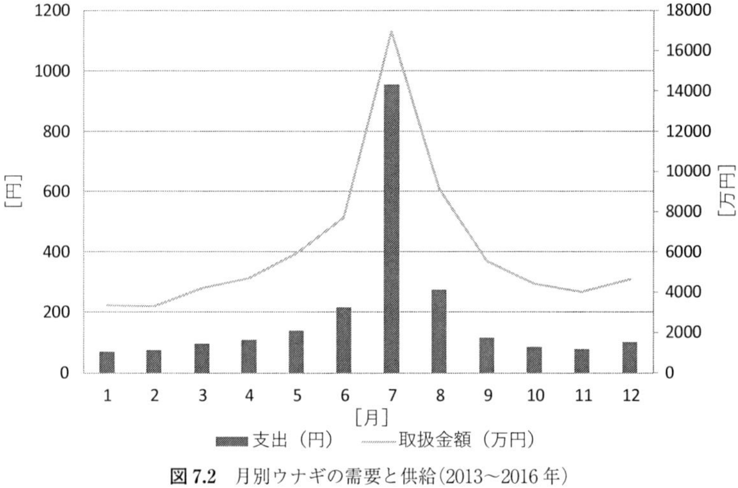

図 7.2 月別ウナギの需要と供給(2013～2016 年)

で見ると（図 7.2），やはり 7 月がピークとなっている．冠婚葬祭，誕生日，盆や正月など，特別の日に食べるのが行事食であるが，ウナギは行事食の代表事例になっているといえよう．

7.2.2　価格の推移

江戸時代のウナギの価格についていくつか記録が残っている．屋台で売られていた蒲焼きは一串 16 文であったが，料理茶屋で食べれば一皿 200 文であった（橋本，2015）．また『値段史年表 明治・大正・昭和』によると，慶応年間（1865～1868）には鰻重が 300 文，1941 年から終戦まで統制のために鰻重は禁止され，その後 1955 年には 350 円，1975 年には 1200 円，1987 年は 1600 円になっている．鰻重 1 人前の価格は，江戸前寿司 1 人前の 2～3 倍程度となっており，江戸時代以降ウナギは一貫して高級品だった（勝川，2014）．

それでは 1970 年以降の近年においてはウナギの価格がどのように変化してきたかを小売物価統計調査（動向編）における東京都区部小売価格（1970～2015 年）で見てみよう（図 7.3）．比較のために大衆的な商品である中華そばと，比較的高価な寿司（外食）の価格の推移も掲載した．これを見ると，3 品目の価格の推移が各々異なっていることがわかる．特に，ウナギの価格はほかの 2 品目に比べて大きく変動している．ウナギの蒲焼きは 1970 年に 250 円であったものが，1970 年代後半にかけ上昇していき，1989 年には 798 円にまで高くなった．ウナギは高級品という時代であった．1990 年には価格は急落して，2000 年からさらに低下し 500 円台にまで安くなっていった．ところが，2002 年を底に，以後は急激

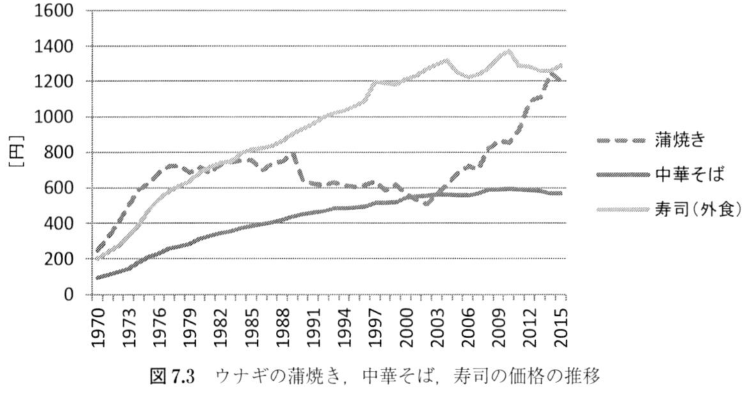

図 7.3　ウナギの蒲焼き，中華そば，寿司の価格の推移

に高騰し始める．2012年には1000円を超え，2014年で1249円と，1970年の5倍になった．

このようにウナギの価格は，(1) 高級化（1970年頃～1989年），(2) 大衆化（1990～2002年），(3) 再高級化（2003～2018年現在）の3相に分けることができる．

中華そばの価格と比較すると，ウナギの価格がいかに一時期大衆化したかがわかる．1970年では中華そばは，一杯96円で蒲焼きの方が2.6倍高かった．1985年まで2倍以上であり，1975年および1976年では蒲焼きが3倍も高価であった．しかし1986年には1.8倍となり，次第にその差は縮小し，2002年には中華そばが555円，蒲焼きが509円とはじめて逆転する．その後は2010年1.4倍，2015年には2.1倍になった．それでも1970年代半ばと比べれば相対的には安い水準であるといえる．なお『値段史年表 明治・大正・昭和』を見ると，1960年ではラーメンとうな重では価格に8.4倍もの開きがあった．

寿司と比較すると1970～1980年までは蒲焼きの方が高かったが，その後は寿司の方が高くなり，差は開く一方であった．しかし2000年代以降では1200円～1300円台で安定しており，現在は蒲焼きとほぼ同じ価格になりつつある．

ウナギは1990年代から大衆化し，2000年代はじめまで食卓でも数多く食べられていた（前節参照）．こうした消費動向には価格の安さが影響していた．すなわち，蒲焼きの価格について供給量を説明変数とし，価格を被説明変数とする回帰分析の結果，1990年以降は供給量の増減が価格に大きな影響を与えていることがわかった（相原，2017）．

昭和の時代には簡単に食べられないご馳走だったウナギが，平成になってスーパーマーケットや飲食店で手頃な価格で販売されるようになった．しかし，このような大量消費の結果，ウナギ資源は減少し，絶滅危惧種に指定されるに至った．ウナギ資源を保全し，持続的に利用することの重要性をわれわれ消費者も認識しなければならない．

7.3 輸　入

国内のウナギ供給量は，1980年代前半までは国内生産量が勝っていたが，最近では供給量の半分以上が輸入となっている．特に1997～2004年はその8割が輸入であった．本節では，ウナギ輸入量の動向を述べ，輸入量の変動要因を探る．なおシラスウナギの輸入については7.1節を参照されたい．

7.3.1　生産量の推移と輸入量の動向

ウナギの輸入には活鰻とウナギ調製品がある．東京税関によると，2016 年の数量構成比では活鰻が 33.4%，ウナギ調製品が 66.6%となっている．活鰻の輸入数量を月別に見ると毎年土用の丑の日がある 7 月の輸入が多く，2016 年では年間輸入量の 2 割弱を 7 月に輸入している．一方ウナギ調製品は 4～6 月がピークとなっている．

国内のウナギ生産量と輸入量，ならびに全体に占める輸入量の割合の推移を見ると（図 7.4），60 年にわたる期間の供給量全体の動向は，3 つの波に分けることができる．最初の波は 1950 年代末～1972 年の十数年間で，国内生産による供給が中心だった時代である．1960 年代に国内の養殖は 2 万 t に増加し，1968 年の 2.6 万 t をピークとして，その後 1.5 万 t まで減少した．

第 2 の波は 1970 年代半ば～1980 年代前半の約 10 年間で，輸入が増加するものの国内の生産量の方が多かった時代である．1973 年に輸入が本格化しはじめ，1979～1984 年には，ほぼ 5 万 t 前後が続いた．この波のピークは 1980 年の 5.3 万 t であり，第 1 波のピークの 2 倍の供給量となっている．輸入量は 1976 年に 1 万 t を超え，その後 1984 年までは大きな変化がなかったが，1985 年には前年比 2.4 倍の 4 万 t で国内生産量とほぼ同じ量となっている．

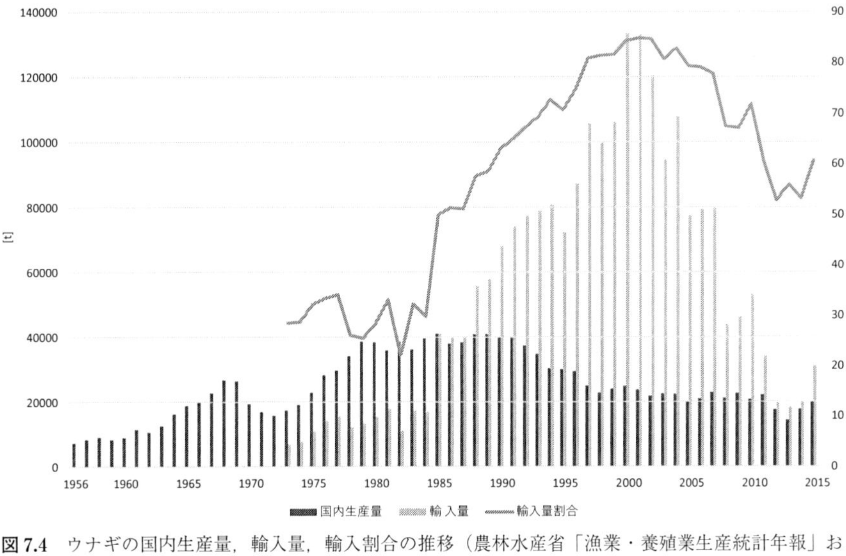

図 7.4　ウナギの国内生産量，輸入量，輸入割合の推移（農林水産省「漁業・養殖業生産統計年報」および財務省「貿易統計」）

第3の波は1985年以降現代まで続く輸入依存期である．輸入量の増大に伴い供給量が拡大して1990年には10万tに至るが，その約7割が輸入である．その後供給量10万t以上が続き，2000年には15.8万tのピークを迎えている．輸入量も増加していき2000年に13万tを超えるまでになった．この増加は，中国で日本向けにヨーロッパウナギの養殖が行われたためである．2005年頃から輸入量は減少，2012年頃には2万tにまで減ったが，2015年は再び増加し3万tになっている．

輸入量割合では，1985年の5割から右肩上がりで増加し，1997〜2004年は8割を超えた．その後は減少し5割強になったものの，2015年は6割になっている．第1の波，第2の波と波ごとにピークで供給量を倍増してきたが，第3の波では，2000年に前の波のピークの約3倍に達した．しかし，その後は急速に波が引いていき，輸入量も減ったため2015年ではピーク時の1/3へ減少し，1980年頃の水準になりつつある．

7.3.2 輸入の拡大と減少要因

1950〜2013年の世界のウナギ養殖生産量は東アジア（中国，日本，韓国，台湾）が主要な位置を占めている．最初リードしたのは日本であり，その生産量は1950〜1960年代末まで伸び続けた．その後を追ってきたのが台湾であり，1970年代〜1990年代，日本と同じように増加したが，最近では両国ともに生産量を減少させつつある．中国は1990年代から生産量を急増させ，以降圧倒的な生産量をみせる．2013年には世界の養殖生産量の実に85%を中国が占めている（白石・クルーク，2015）．生産国から日本への輸出量を見ると，1970年代後半〜1980年代は台湾からの輸出が主であったが，その後は中国が圧倒している（Monticini，2014）．

中国のウナギ養殖は1980年代に，浜松市の商社が養殖技術を供与したことがきっかけで始まり，現在では広東省と福建省を中心に養鰻場は3000軒を超え，ウナギ関連従業者は20万人以上になっている（陳，2016）．中国では，ニホンウナギの稚魚が不漁であった1997年にヨーロッパウナギの養殖を拡大し，最近はアメリカウナギの養殖も行っている．1990年代後半〜2000年にかけ毎年かなりの規模で外来シラスウナギが養殖されたことにより，ヨーロッパウナギの資源減少が起きた．そのため2007年ワシントン条約の附属書IIに掲載され，ヨーロッパウナギの国際取引は2009年3月より規制された．これが近年の日本への輸出量の減少要因となっている. 現在は広東省がニホンウナギ養殖, 福建省がヨーロッパウナギ養殖という分業体制になっており, 中国漁業統計年鑑による養殖量(2008〜2015年）を見ると常に20万tを超え, 2015年は約23万tになっている（陳, 2017). 1985〜2000年の日本のウナギ供給量の急増は中国からの輸入によるもので, その後の急減もまた, 中国からの輸入が減ったためである. ここ30年ほどの日本のウナギ消費は輸入の大波の中に飲み込まれている.

なお, ウナギの生産量に関するデータはFAO（国際連合食料農業機関）によるものが広く利用されているが, その信頼性については問題が指摘されている(白石・クルーク, 2015). 〔**相原　修**〕

文　　献

Monticini, P.(2014). Eel（*Anguilla* spp.）: Production and trade Production according to Washington Convention Legislation. *GLOBEFISH Research Programme*, **114**. http://www.fao.org/3/a-bb217e.pdf

相原　修（2017). 食文化の伝統と保存. 商学集志, **87**(1), 1-20.

井田徹治（2007). ウナギ―地球環境を語る魚, 岩波新書.

小野武雄（2009). 江戸物価事典, 展望社.

勝川俊雄（2014).「うなぎ」はこのまま超高級品になってしまうのか, PRESIDENT Online 8月18日号. http://president.jp/articles/-/13114

週刊朝日編（1988). 値段史年表 明治・大正・昭和, 朝日新聞社.

週刊東洋経済, 国内外で密流通が横行 狭まるウナギ監視網, 2016年8月13日〜8月20日合併号.

白石広美・ビッキー　クルーク（2015). うなぎの市場の動態：東アジアにおける生産・取引・消費の分析. http://www.trafficj.org/publication/15_Eel_Market_Dynamics_JP.pdf

水産庁（2018). ウナギをめぐる状況と対策について. http://www.jfa.maff.go.jp/j/saibai/unagi.html

タウンページデータベース, 日本全国ランキング「マーケティングデータ・統計データ」, 2012年10月3日第17回日本一うなぎ好き都道府県はどこ？　http://tpdb.jp/townpage/order

陳　文挙（2016). 中国のウナギ養殖と消費の実態, 日本大学学部連携研究プログラムうなぎプラネット.

陳　文挙（2017). 中国広東省ニホンウナギ養殖, 流通調査, 日本大学学部連携研究プログラムうなぎプラネットII.

塚本勝巳（2015). 大洋に一粒の卵を求めて―東大研究船, ウナギ一億年の謎に挑む, 新潮社.

筒井　功（2014). ウナギと日本人, 河出書房新社.

東京税関（2017). 特集 うなぎの輸入. http://www.customs.go.jp/tokyo/content/toku2905.pdf

日本能率協会総合研究所（2012). 食卓メニュートレンド・データブック2012, 日本能率協会総合研究所.

橋本直樹（2015). 食卓の日本史―和食文化の伝統と革新, 勉誠出版.

増井好男（2013). ウナギ養殖業の歴史, 筑波書房.

おわりに

本書を読んでどのように感じられただろうか．節によってはあまりなじみのない話題もあったり，ちょっと専門的すぎて難しいと思われたりしたかもしれない．逆に，もっと詳しく知りたいのにと，物足りなく感じられた部分もあったろう．それもこれも本書が39名というケタ違いに多くの著者によって書き上げられたはじめてのウナギ総合科学の本だからである．編者の力の及ぶ限り，各節の難易度の調整を行った．また，できるだけ平易な表現を使い，読者に読みやすい本にするよう努力した．しかし，それもやはり限界はある．当初の計画通りにいかなかった部分もあるが，それは編者の力量不足である．ご容赦願いたい．

しかし一方で，著者数が多いのはそれぞれの専門分野の最先端の情報をご本人の口で語ってもらえるというメリットがある．その結果，現時点のウナギの科学の最先端を全てこの本一冊に凝縮することができたのではないかと心密かに自負している．本書は読み物として一冊を通して楽しんでもらえると同時に，必要が生じたときには該当頁をめくり，「ウナギ事典」としても活用してもらえるのではないかと期待している．この本の趣旨にご賛同いただき，少ない割りあて頁にもかかわらず，簡潔に豊富な情報を盛り込んでくださった全著者の方々に厚くお礼を申し上げる．

この本が多くの人に読まれ，広く社会全体にウナギの理解が浸透していくことを願っている．またそれが，ウナギ資源の復活と持続的利用に繋がっていくことを切に希望している．最後に，本書を編む機会を与えてくださった本シリーズの総編集・良永知義先生に心から感謝する．また，朝倉書店編集部には編集の過程で様々なご助言とご教示をいただいた．ここに記して厚くお礼申し上げる．

塚本勝巳

索　引

欧　文

あ　行

か　行

さ　行

た　行

な　行

は　行

ま　行

や　行

ら　行

わ　行

編著者略歴

塚《つか》本《もと》勝《かつ》巳《み》

1948 年　岡山県に生まれる
1974 年　東京大学大学院農学系研究科水産学専門課程博士課程中退
1994 年　東京大学海洋研究所教授
2013 年　日本大学生物資源科学部教授
現　在　東京大学名誉教授・農学生命科学研究科特任教授
　　　　農学博士

シリーズ〈水産の科学〉2
ウナギの科学　　定価はカバーに表示

2019 年 6 月 15 日　初版第 1 刷
2022 年 12 月 25 日　第 3 刷

編著者　塚　本　勝　巳
発行者　朝　倉　誠　造
発行所　株式会社　朝　倉　書　店
東京都新宿区新小川町 6-29
郵便番号　162-8707
電　話　03(3260)0141
FAX　03(3260)0180
https://www.asakura.co.jp

〈検印省略〉

新日本印刷・渡辺製本

ISBN 978-4-254-48502-8　C 3362　Printed in Japan